入門 Pleasanter プリザンター

簡単、便利、快適！
無料で使える
OSSのノーコード
開発ツール

プリザンター開発者
株式会社インプリム 代表取締役社長
内田太志

秀和システム

注　意

1. 本書は著者が独自に調査した結果を出版したものです。

2. 本書の内容につきまして万全を期して制作しましたが、万一不備な点や誤り、記入漏れなどがございましたら、出版元まで書面にてご連絡ください。

3. 本書の内容に関して運用した結果の影響につきましては、上記2項にかかわらず責任を負いかねます。ご了承ください。

4. 本書の全部または一部について、出版元から文書による許諾を得ずに複製することは禁じられています。

商標などについて

- QR コードは株式会社デンソーウェーブの登録商標です。

- 本書では、プログラム名、システム名、CPU 名などについて一般的な呼称を用いて表記することがあります。

- 本書に記載されているプログラム名、システム名、CPU 名などは一般に各社の商標または登録商標です。

はじめに

　日夜、情報システムの現場で、デジタル化や業務改善に尽力されている情報システム担当者の皆様、あるいはシステムエンジニアの皆様、日々のお仕事、本当にお疲れさまです。日本の洗練された製品やサービス、それを可能にするための高度な情報システムは、皆様のご尽力に支えられていると感じています。

　さて、突然ですが、そんな皆さんに質問です。皆さんは、今どんなことに悩まれているでしょうか？ 想像するに、以下のような悩みがあるのではないかと思います。

- 管理部門により、さまざまなシステムが導入されたが、あまり効果が出ていない
- 現場の仕事はほとんどシステム化されておらず、煩雑な管理作業に追われている
- システム化のアイデアはたくさんあるが、お金も時間も足りていない

　本書『入門プリザンター』の執筆者、内田も約10年ほど前、みなさんと同じ情報システムの仕事に携わり、同じような悩みを抱えていました。その悩みを解決するために、一人で開発を始めたのが、本書で紹介する「プリザンター」です。

　プリザンターは、以下の特徴をもったノーコード開発ツールです。

- 管理業務を行うためのWebデータベースをノーコードで素早く開発できる
- オンプレミスでもクラウドでも環境を選ばずに導入できる
- オープンソースソフトウェアであり無償で利用することができる

　特にオープンソースという点は、類似のソフトウェアやクラウドサービスには見られない特徴です。読者の皆さんは、エンタープライズ向けのソフトウェアが無償で利用できると聞くと、どのように思いますか？

1. 無償版は制限が多く、有償版にしないと使い物にならないのではないか
2. 一般的な商用のソフトウェア・サービスと比べて、著しく機能が低いのではないか
3. 突然動かなくなったり、使えなくなったりするのではないか
4. 開発が終了してメンテナンスされなくなってしまうのではないか

　プリザンターを初めて知った方は、このような不安を感じるかもしれませんが、だまされたと思って、ぜひ本書をお読みください。実際にプリザンターに触れることで、こうした不安はすぐに払拭されるはずです。そして、これまでの情報システムの現場にはなかった新しい解決策を手に入れることができると思います。

　プリザンターは「知る人ぞ知る」ソフトウェアですが、すでに多くの実績を積み重ねています。その実績は、さまざまな業界での導入や活用を通じて、着実に広がりを見せています。

はじめに

2016年のファーストバージョンのリリースから進化を続け、現在、大手金融機関、自治体、グローバル製造業などのエンタープライズでの導入事例が多数公開されています。また、プリザンターをビジネスの道具として活用しているパートナー企業は、本書執筆時点で100社を超えました。これらのパートナー企業はプリザンターを活用したさまざまなソリューションを提供しており、プリザンターをプラットフォームとしたエコシステムを形成しています。

今回、本書を執筆したのには、入門書を作ることでプリザンター利用の敷居を下げたいという開発者としての想いがあります。また、プリザンターを一人でも多くの人に知ってもらい、支援してくれる方々と共に、現場の管理業務をより良くしたいという思いも込められています。

本書には、プリザンターの概要と、その活用方法を示す導入事例に始まり、インストール方法や基本的な操作方法、具体的なアプリケーションの開発手順、セキュリティや便利な機能について、紙面の許す限り盛り込みました。また、アプリケーション開発の手順を実施する際に参考となるよう、スクリーンショットを多数掲載しています。読者の皆さんができるだけ迷わずに手順を実施できるよう工夫しました。

ぜひ、本書とともにプリザンターによるノーコード開発を体験してみてください。これまで莫大なコストがかかっていた企業の業務システムが、驚くほど短い期間でランニングコストの低いシステムに生まれ変わるかもしれません。プリザンターの開発者として、また本書の著者として、本書が読者の皆さんの管理業務の快適化に役立つことを切に願っております。

最後に、導入事例の取材にご協力いただき、組織での活用のノウハウを惜しみなくご提供いただいた、株式会社りそな銀行様、岐阜県様、本田技研工業株式会社様に厚く御礼申し上げます。また、本書を世に送り出すにあたり、多大なご尽力を賜りました株式会社秀和システムの木津様、本書執筆の機会を作って頂いたファーエンドテクノロジー株式会社の前田社長、本書の執筆に際し、執筆時間の確保にご協力いただいた株式会社インプリム社員の皆さん、そして執筆を支えてくれた家族に心より感謝いたします。

2024年12月

プリザンター開発者

株式会社インプリム 代表取締役社長

内田 太志

本書の構成

本書は、導入編（1章〜3章）、入門編（4章〜7章）、応用編（8章〜10章）の3編10章で構成されています。入門編と応用編では、実際にプリザンターを操作し、アプリ開発などを行うための手順が収録されています。5章以降の手順を実施するためには、下図のとおり、まず3章の手順を完了し、その後に4章の手順を実施する必要があります。3章と4章の手順が完了した後は、5章から10章は順不同で実施できます。

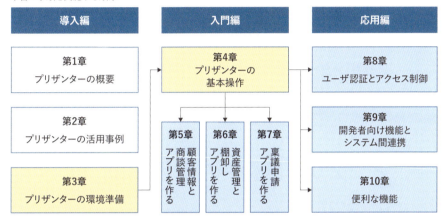

本書の手順を実施する順序

サンプルコードおよびサンプルデータのダウンロード

本書に記載されているサンプルコードや、本書で使用するサンプルデータは、以下のURLからダウンロードしてください。これらを業務に利用する際に、許可を求める必要はありません。正誤表など読者向け最新情報もこちらに掲載します。

サンプルコード、サンプルデータ、読者向け最新情報
https://pleasanter.org/books/000001/index.html

お問合せ

本書に関するお問合せは、株式会社インプリムが運営するプリザンターのWebサイト（pleasanter.org）のWebフォームからご連絡ください。

問い合わせ窓口
https://pleasanter.org/contact

目　次

はじめに ………………………………………………………………………………… 3

本書の構成、サンプルコードおよびサンプルデータのダウンロード ……………… 5

Chapter 1　プリザンターの概要

1.1　プリザンターとは ……………………………………………………………… 12

1.2　プリザンターが生まれた背景 ………………………………………………… 16

1.3　プリザンターにできること …………………………………………………… 19

1.4　プリザンターが無償で使える理由 …………………………………………… 26

Chapter 2　プリザンターの活用事例

2.1　株式会社りそな銀行での活用事例 …………………………………………… 30

2.2　岐阜県での活用事例 …………………………………………………………… 36

2.3　本田技研工業株式会社での活用事例 ………………………………………… 44

Chapter 3　プリザンターの環境準備

3.1　デモ環境で試す ………………………………………………………………… 56

3.2　サーバにインストールして使う ……………………………………………… 60

3.3　SaaSを使う ……………………………………………………………………… 96

目 次

Chapter 4 プリザンターの基本操作

4.1	起動、停止、再起動	108
4.2	ログイン、ログアウト	111
4.3	ユーザとグループの操作	113
4.4	サイトの操作	118
4.5	レコードの操作	127
4.6	レコードの編集画面の設定	138
4.7	項目の機能と設定	148
4.8	レコードの一覧画面の設定	164

Chapter 5 顧客情報と商談管理アプリを作る

5.1	顧客情報と商談管理アプリの概要	172
5.2	テンプレートからテーブルを作る	175
5.3	アクセス権を設定する	181
5.4	リンクを設定する	190
5.5	データをインポート／エクスポートする	198
5.6	ビューを設定する	203
5.7	サマリを設定する	208
5.8	計算式を設定する	215
5.9	通知を設定する	220
5.10	添付ファイルを共有する	226
5.11	カンバンでペーパーレス会議をする	229
5.12	クロス集計で集計結果を確認する	236

目 次

Chapter **6** 資産管理と棚卸しアプリを作る

6.1 資産管理アプリの概要 ……………………………………………… 246
6.2 資産管理テーブルを作る …………………………………………… 248
6.3 入力制限を設定する ………………………………………………… 251
6.4 自動採番を設定する ………………………………………………… 259
6.5 写真を登録する ……………………………………………………… 262
6.6 変更履歴を利用する ………………………………………………… 268
6.7 QRコードで棚卸しをする …………………………………………… 275

Chapter **7** 稟議申請アプリを作る

7.1 稟議申請アプリの概要 ……………………………………………… 282
7.2 承認者マスタと稟議申請テーブルを作る ………………………… 284
7.3 プロセスを設定する ………………………………………………… 291
7.4 リマインダーを設定する …………………………………………… 306
7.5 状況による制御を設定する ………………………………………… 311

Chapter **8** ユーザ認証とアクセス制御

8.1 ユーザ認証とアクセス制御の概要 ………………………………… 322
8.2 ユーザ認証 …………………………………………………………… 324
8.3 Active Directoryと同期する ……………………………………… 338
8.4 組織とグループとユーザ …………………………………………… 349
8.5 アクセス制御の設定 ………………………………………………… 365

Chapter **9** 開発者向け機能とシステム間連携

9.1 開発者向け機能の概要 ……………………………………………… 398

9.2 スクリプト ………………………………………………………… 401

9.3 スタイル（CSS） ………………………………………………… 409

9.4 サーバスクリプト ……………………………………………… 417

9.5 API ………………………………………………………………… 434

Chapter **10** 便利な機能

10.1 フィルタ機能 ……………………………………………………… 444

10.2 ソート機能 ………………………………………………………… 456

10.3 ガイド機能 ………………………………………………………… 459

10.4 横断検索機能 ……………………………………………………… 463

10.5 ビューモード ……………………………………………………… 465

10.6 サイト統合機能 …………………………………………………… 471

10.7 アナウンス機能 …………………………………………………… 474

10.8 ダッシュボード機能 ……………………………………………… 480

10.9 サイトパッケージ機能 …………………………………………… 485

10.10 システムログ機能 ……………………………………………… 489

索引 …………………………………………………………………………… 495

目　次

COLUMN

ユーザと開発チームのコミュニケーション ································· 54

年間サポートサービスの紹介 ·· 280

トレーニングサービスの紹介 ·· 320

認定パートナー制度の紹介 ·· 442

Chapter 1

プリザンターの概要

　プリザンターは、ブラウザで利用可能な業務システムをノーコードで開発できるオープンソースソフトウェアです。大手IT企業でさまざまな管理業務を経験した筆者が、2014年から開発を始め、2016年にファーストバージョンをリリースしました。現在は大手金融機関をはじめ多くの企業や団体の重要なシステムとして利用されており、無償で利用できるノーコード開発ツールとしては国内で最も実績があります。本章では、プリザンターとは何か、プリザンターをどのように活用できるかを説明します。

1.1 プリザンターとは

　プリザンターは、さまざまな業務システムをノーコードで開発することができるオープンソースソフトウェアです。C#で記述された.NETのWebアプリケーションであり、筆者が代表を務める株式会社インプリムによって開発・メンテナンスされています。プリザンターは機能制限やユーザ数の制限なく無償で使うことができるため、高額なライセンス費用を支払う事なく企業・団体で商用利用できます。またIT企業では、業務改善のツールとしてプリザンターを顧客に提案し、SI（システムインテグレーション）などのビジネスを行っています。DX（デジタルトランスフォーメーション）の必要性が高まる中、費用をかけずに手軽に導入できるプリザンターへの注目が高まっています。

1.1.1 現場の管理業務の問題点

　皆さんが所属する企業・団体では顧客情報の管理、案件管理、資産管理、契約管理など○○管理と名の付く業務がどのくらいあるでしょうか。筆者が前職で所属していたIT企業では品質ISOなどの各種認証取得で義務付けられていることもあり、非常に多くの管理業務がありました。そして、それらの多くはExcelなどのExcelや電子メールによって行われおり、デジタル化されていましたが、システム化はされていませんでした。そのため、本業ではないにも関わらず多大な労力を費やしていました。こうした現場の管理業務の問題を解決するために筆者が開発したソフトウェアがプリザンターです。

図1-1　プリザンターで解決できるExcel業務の問題

●Excel内のデータを手作業で紐付け

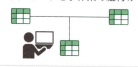

●設定でデータ同士をリンク付け

●Excelをメールでばら撒き、回収

●一元管理されたデータを全員で編集

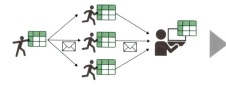
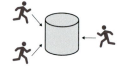

●変更履歴を手動で管理

　　○○○一覧_最新版.xlsx
　　○○○一覧_20220404.xlsx
　　○○○一覧_20220401_02.xlsx
　　○○○一覧_20220401.xlsx

●変更履歴を自動で保存

1.1.2 ノーコードで簡単にWebデータベースを開発できるプリザンター

プリザンターは、さまざまな管理業務を**Webデータベース**にして効率化するためのツールです。Webデータベースというと難しく感じるかもしれません。従来、こうしたWebデータベースを開発するには**プログラミング**が必要でしたが、**ノーコード開発ツール**であるプリザンターはプログラミングをしなくても、Webデータベースを開発することができるのです。Excelで管理したい項目を設定するのと同じくらいの手軽さでなので、IT専門職以外の方でもすぐに使い方を覚えることができます。

図1-2 プリザンターの画面イメージ

> **NOTE**
> プログラミングができなくてもアプリケーションを開発できるノーコード開発ツールが大きな注目を集めています。これまで、企業などが専用のアプリケーションを開発しようとすると、コードを書く必要があり、プログラミングのスキルを持つプログラマが不可欠でした。しかし、ノーコード開発ツールを活用すると、プログラムを書かずにGUIの操作だけで直感的に専用のアプリケーションを開発できます。

ⓘ NOTE

ノーコード開発ツールは製品毎に得意分野が異なります。そのため目的に合わせて製品を選定する必要があります。ノーコード開発ツールは得意分野に特化することで、その分野のアプリケーションに必要となる機能を部品化しています。また、複数の機能部品を組み合わせたテンプレートを用意して、目的にあわせたアプリケーションを数クリックで実現できるものもあります。ノーコード開発ツールの主要な分野と代表的な製品の例を下表に示します。

アプリケーションの分野	代表的な製品の例
Webサイト、Webアプリ	Wix / Bubble
ECサイト	Shopify / BASE
モバイルアプリ	Yappli / Adalo
データ連携	ASTERIA Warp / Zapier
Webデータベース	Kintone / Power Apps / **プリザンター**

1.1.3 プリザンターの特徴

⊙ 汎用性が高い

プリザンターは**CRM**（Customer Relationship Management: 顧客関係管理）や**SFA**（Sales Force Automation: 営業支援システム）など特定の業務に特化したソフトウェアではないため、Excelのように、さまざまな用途で使用できます。データの記録、共有、検索、集計、通知、アクセス制御といった業務システムに必要となる基本機能を備えており、これらを自由に組み合わせてさまざまなWebデータベースを開発できます。そのため、多くの管理業務を集約して業務の効率化を実現できます。

⊙ 動作が軽い

プリザンターは他のWebデータベースと比べ動作が軽くレスポンスが早いと言われています。独自に開発したUIエンジンで画面を描画するため、ユーザの待ち時間が少なく管理業務のストレスを軽減します。

⊙ 無償で商用利用できる

プリザンターは**AGPL**（Affero General Public License）で使用できる**オープンソースソフトウェア**です。**フリーソフトウェア**と同様に無償で利用できます。通常、無償のソフトウェアは機能制限やユーザ数の制限、商用利用の制限、試用期間の制限などがありますがプリザンターにはそれらの制限がありません。誰でも自由に使うことができます。また、**ソースコード**がインターネットに公開されていて、誰でも自由に閲覧、改変、配布できます。

1.1 プリザンターとは

● オンプレミスでもクラウドでも利用できる

プリザンターはオンプレミスのサーバ（Windows ServerやLinux）にインストールして使用できます。そのため金融機関、医療機関、自治体、工場などインターネットが使えない環境でも利用できます。サーバの構築が難しい場合には有料のクラウドサービス（Pleasanter.net）を使用することもできます。

● さまざまな拡張機能をもっている

多くのノーコード開発ツールは、ツールの標準機能では実現できない要件を拡張機能によって実現できます。例えばシステム間の連携や固有のビジネスロジックの実装などです。プリザンターはAPIによる外部アプリとの連携だけでなく、ブラウザ上で動作するスクリプトやサーバ上で動作するサーバスクリプトによる外部Webアプリとの連携、データベースと分析ツールの連携、LDAPやSAMLによる認証連携やチャットツールとの連携などさまざまな拡張機能を持っています。

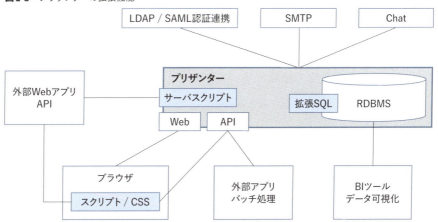

図1-3　プリザンターの拡張機能

● 大規模な組織の導入事例が多い

無償のソフトウェアは**大規模な用途**には使われないのでは？　と思う方が多いかもしれませんが、プリザンターは大企業や自治体など、規模の大きな組織で数多く導入されています。数千人、数万人規模で使用されることもあり、信頼性、可用性、セキュリティなどが高いレベルで求められるシステムにも採用されています。本書の「2 プリザンターの活用事例」（P.29）では、そのような事例の一部を紹介しています。

Chapter 1　プリザンターの概要

1.2　プリザンターが生まれた背景

「1.1.1 現場の管理業務の問題点」（P.12）でも触れましたが、組織が大きくなると本業以外にやらなければならない管理の仕事が多くなります。筆者の経験則ですが、ITエンジニアが所属するIT企業の現場でも、多くの管理業務はシステム化されていません。ここでは、その原因について考察し、なぜプリザンターの開発に至ったかについて説明します。

1.2.1　現場の管理業務がシステム化されない原因

◉ 管理業務は後回しにされやすい

管理の仕事は、業務の可視化や連携、ヒューマンエラーの防止、トラブルの早期発見、迅速な意思決定、法律や規制を遵守した経営を実現するために極めて重要なのですが、管理の仕事を進めても本業が進むわけではないため、どうしても後回しにされがちです。また、管理業務のシステム化には時間やコストがかかるので、管理業務がシステム化されることは稀です。システム化の一歩手前、電子メールやExcelを使った属人的なデジタル化による管理に留まる場合がほとんどです。

◉ 管理業務の種類が多い

大規模な組織であればあるほど、事業の遂行のために、さまざまな認証機関の認証を取得する必要があり、これに伴って管理業務の種類が多くなります。これらの管理業務を全てシステム化するとしたら、どのくらい時間とコストがかかるのでしょうか。こうした背景から多くの管理業務はシステム化されずに行われています。

◉ システム化がうまくいかない

管理システムを導入しても、運用がうまくいかない場合があります。現場がシステムを使ってくれなかったり、オンタイムにデータが入力されなかったりするのです。これには主に次のような理由が考えられます。

1. システムの操作性が悪い
2. システムのレスポンスが悪い
3. 同じような入力を複数のシステムから求められる
4. システムが多すぎてログイン方法がわからない

1.2.2 現場の管理業務がシステム化されないことによる影響

現場の管理業務ほど面倒で憂鬱なものはないと考える人も多いのではないでしょうか。筆者もその一人でした。ただし、管理業務を軽視すると組織に大きな問題を引き起こします。例えば以下のような事態です。

1. スケジュールの遅延に気が付かずプロジェクトが大幅に遅れてしまった
2. 社員に貸与したPC/携帯電話の貸与状況がわからなくなってしまった
3. 顧客のクレームが共有されず解約が相次ぎ売上が大幅にダウンした

これらの問題は現場の管理業務が快適ではないために、蔑ろにされてしまったことが原因ではないでしょうか。

1.2.3 汎用性とスピードを追求したノーコード開発ツール「プリザンター」

現場がこうした状況に陥らないよう、現場の管理業務のシステム化を無理なく実現するツールとして開発したのが**プリザンター**です。プリザンターを開発するにあたって最も重要視したポイントは、以下に示す**汎用性**と**3つのスピード**です。

1. さまざまな管理業務を一つのシステムに集約できる汎用性
2. システム化のスピード（非IT人材でも管理業務のシステム化を可能に）
3. システムの応答スピード（システムの利用にあたりストレスを感じさせない）
4. マネジメントサイクルのスピード（課題発見と改善の機会を増やし目標達成を支援）

1.2.4 プリザンターのコンセプト

筆者は管理業務は快適であるべきだと考えています。なぜなら、本業ではない管理業務は疎かにされやすく、機能不全になることがあるからです。筆者は管理業務の快適化を実現するため**マネジメント快適化**というコンセプトを発案しました。そしてマネジメント快適化を具体化するためのソフトウェア「**プリザンター**」を開発しました。プリザンターはマネジメント快適化を実現するために必要となる2つの重要な課題を解決します。

◉ マネジメントに時間をかけない

組織活動にとってマネジメントは重要ですが、時間をかけても効果はあがりません。プリザンターによってマネジメントの負担を減らし小回りの効く方法で日々の変化に適応することが重要です。プリザンターはいつでも気軽に**PDCA**を回せるように高効率なマネジメントの仕組みを提供します。

マネジメントに全員で取り組む

マネジメントをマネージャーだけの仕事にするのではなく、全員で取り組む仕事にすることが重要です。目標と現状のギャップをプリザンターで見える化する事で、一人ひとりが目標に向けて考え、行動するための**モチベーション**を醸成します。

図1-4　マネジメント快適化の概念図

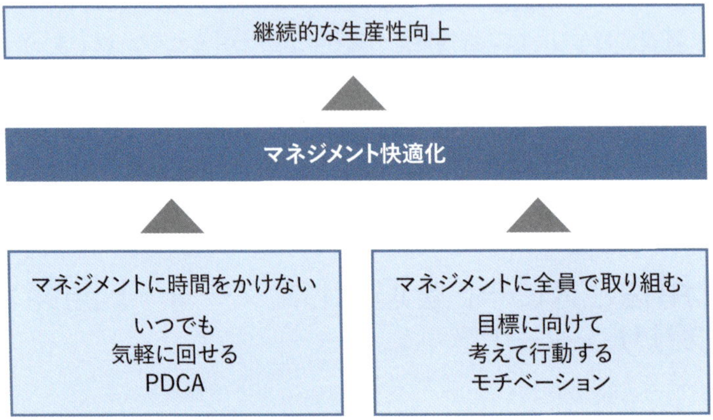

```
        継続的な生産性向上
               ▲
          マネジメント快適化
         ▲              ▲
マネジメントに時間をかけない   マネジメントに全員で取り組む
    いつでも                  目標に向けて
   気軽に回せる               考えて行動する
     PDCA                   モチベーション
```

> **NOTE**
> プリザンターの名前は **Pleasant**（快適、楽しい、心地よい）という単語が由来です。Pleasanterと **er** をつけて比較級にすることで**より快適に**という意味を持っています。ソフトウェアによってプロセスは最適化されますが、人が快適にならなければマネジメントはうまくいかないものです。プリザンターはプロセスと人の両面にアプローチすることで、**マネジメント快適化**を実現します。マネジメント快適化は株式会社インプリムの**登録商標**です。

> **NOTE**
> プリザンターのロゴマークには、**ハヤブサ**をモチーフにしたキャラクター『**HAYATO**』が使用されています。ハヤブサは世界最速で飛ぶ鳥として知られており、プリザンターの俊敏さを象徴するためにロゴマークに採用されました。

図1-5　プリザンターのロゴ

1.3　プリザンターにできること

プリザンターは汎用性が高いツールのため、ユーザの想像力次第で、さまざまな業務に活用できます。ここではプリザンターの機能を使うと、どのような業務を改善することができるか説明します。

1.3.1　検索システム

プリザンターには強力な**検索機能**が備わっています。プリザンターにデータを登録することによって、いつでも必要なデータを検索して業務を効率化できます。大量データであってもCSVデータの**インポート機能**によって一括で登録できるため、検索システムを素早く構築できます。また画像を表示する機能を使えば画像付きの検索結果を表示するシステムも実現可能です。

検索システムの活用例
1. 連絡先データベース（住所、氏名、所属などによる検索）
2. 商品情報データベース（商品コード、商品名、価格などによる検索）
3. 契約情報データベース（契約書名、契約期限などによる検索）
4. ナレッジデータベース（情報の分類、キーワードなどによる検索）

図1-6　連絡先データベースを中野区で検索

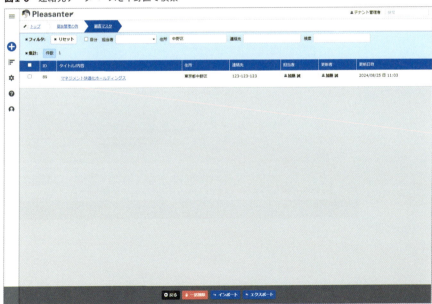

1.3.2 タスク管理システム

プリザンターには**カレンダー機能**、**ガントチャート機能**、**カンバン機能**など情報を見える化する機能が備わっており、タスクの状況を簡単に把握できます。また**コメント機能**や**通知機能**によってタスクの関係者同士がプリザンター上で簡単にコミュニケーションを行う機能があります。**リマインダー機能**を有効化すると担当者にタスクの期限をメールやチャットで通知することもできます。これらの機能によって複数人で行うタスク管理を無理なくスムーズに進行させることができます。

● タスク管理システムの活用例

1. 今週実施するタスクの把握（**カレンダー機能**）
2. タスクの進捗状況の把握（**ガントチャート機能**）
3. タスクのステータス管理（**カンバン機能**）
4. タスクの内容についてのコミュニケーション（**コメント機能**、**通知機能**）
5. タスクの実行忘れの防止（**リマインダー機能**）

図1-7 ガントチャート機能で進捗状況を把握

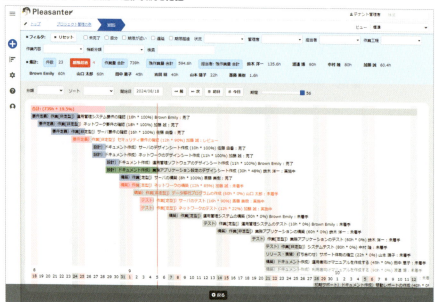

1.3.3 案件管理システム

　企業・団体で行う事業活動において商談対応などの案件管理を行うことは重要です。そのため案件管理は比較的システム化されていることが多い業務です。プリザンターを使えば高額な SFA（営業管理システム）などを使用せずに、さまざまな案件のステータス管理をローコストで実現できます。顧客情報をマスタ化すると、特定の顧客に関連する案件を**リンク機能**で関連付けできます。また**クロス集計機能**を使うと顧客別、月別の売上金額など任意の項目で集計できます。

● 案件管理システムの活用例

1. 顧客との商談のステータス管理
2. 顧客から設備の修理を依頼された際のステータス管理
3. 部門間の業務依頼のステータス管理

図1-8　商談状況の一覧

1.3.4 受け付けシステム

プリザンターを使うとシステム上で問合せなどを受け付けて回答を行うシステムを簡単に実現できます。**アクセス制御**を組み合わせることで、他の人の問い合わせは見せないようにコントロールすることができるため、掲示板システムでは実現できない機密性を備えたシステムを構築できます。

● 受け付けシステムの活用例

1. IT 部門ヘルプデスクの問い合わせ窓口
2. 法務部門のリーガルチェックの依頼窓口
3. アフターサービス部門の修理依頼窓口

図1-9　ITヘルプデスクの問合せ一覧

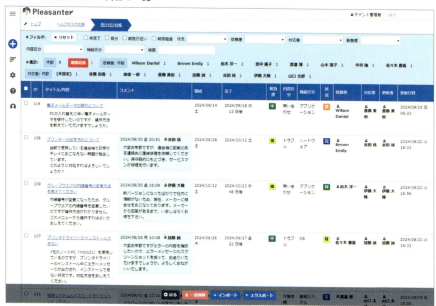

1.3.5 申請と承認を行うワークフロー

プリザンターの**プロセス機能**を使用するとさまざまな申請・承認業務を簡単にデジタル化できます。モバイル端末を利用して外出先からの承認が可能となる、申請情報がデジタル化され検索しやすくなる、申請・承認業務が迅速化するなどのメリットを享受できます。

◉ 申請と承認を行うワークフローの活用例

1. 備品購入の稟議申請
2. 交通費立て替え精算申請
3. 出張申請
4. 機密情報アクセス申請
5. 在宅勤務申請

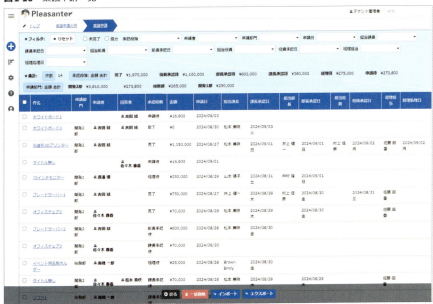

図1-10　稟議申請一覧

1.3.6 情報の記録簿

　企業・団体におけるさまざまな業務で発生するデータを記録する際に、デジタル化されてないものは多くあります。プリザンターは表形式のデータを簡単に作成できるため、これらの情報の管理にも適しています。また、いつ、だれが、どのように情報を変更したか**変更履歴**を記録・閲覧できます。

● 情報の記録簿の活用例

1. セキュリティエリアへの入退室記録簿
2. 固定資産の所在の管理と棚卸し記録簿
3. 情報システムのアカウントの貸与と返却の記録簿
4. イベントの開催と集客状況の記録簿

図**1-11**　勉強会リスト

1.3.7 店舗などからの情報収集

複数の店舗や拠点を持つ企業・団体では、経営判断を行うために現場からの情報収集が不可欠です。これらをFAXや電子メールで行っている場合、情報を集約する業務が必要となるため時間がかかります。プリザンターを使うと直接データベースにデータを登録してもらうだけでリアルタイムに情報収集を行えます。

● 店舗などからの情報収集の活用例

1. 各店舗の売上金額、来客数、在庫数の報告
2. 各店舗で入手した顧客アンケートやクレームの報告
3. 各店舗で発生した廃棄処分となった材料の報告
4. 各店舗における衛生活動の報告

図1-12　店舗から収集したデータの一覧

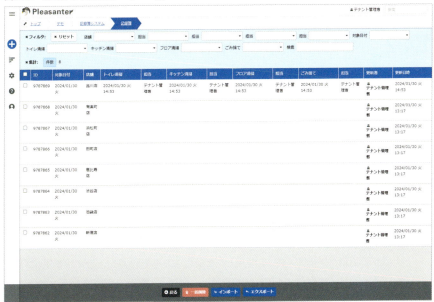

1.4 プリザンターが無償で使える理由

ノーコード・ローコード開発ツールの分野はさまざまな製品がありますが、機能制限、容量制限、ユーザ数の制限なく利用できる製品はプリザンター以外ほとんどありません。無償のツールと聞くと、怪しいのではないか?という疑問を持つ方も多くいらっしゃると思います。ここでは、それらの疑問にお答えしたいと思います。

1.4.1 本当に無償で使えるのでしょうか

こちらはよく聞かれる質問ですが本当です。プリザンターほどの高機能の製品が無償で使えることに疑問を感じる方は多くいらっしゃいます。無償で使える **Community Edition** はサポートサービスが利用できない以外に機能的な制限はありません。小規模な利用や、ミッションクリティカルではない用途での利用においてはサポートサービスを購入せずに、ずっと無償で利用可能です。

1.4.2 なぜ無償なのでしょうか

プリザンターは一般的な業務用ソフトウェアとは異なり、大きな先行投資をして開発された製品ではありません。ファーストバージョンは、筆者が個人で費用をかけずに開発したため、投資の回収を必要としません。プリザンターは、「2.2 プリザンターが生まれた背景」（P.16）で説明したマネジメント快適化を世の中に普及させることを最大の目的としています。これを実現するため、誰もが手軽に利用できるよう無償で提供しています。

1.4.3 ビジネスとして成り立っているのでしょうか

プリザンターを無償で提供しているため、ボランティアのように捉える方や、他のビジネスで収益を上げていると考える方が多いようです。しかし、筆者が所属する株式会社インプリムは、プリザンターを活用したビジネスのみで収益を上げています。プリザンターのユーザの多くは無償で利用していますが、数千人、数万人規模で利用しているユーザが**サポートサービス**や**トレーニングサービス**などを購入していただくことで**マネタイズ**しています。大規模な組織のデータベースや業務プロセスを担うことが多いため、有償サービスを購入することで、より安心して利用できると考えるユーザが多いのです。

1.4 プリザンターが無償で使える理由

図1-13 プリザンターの有償サービス

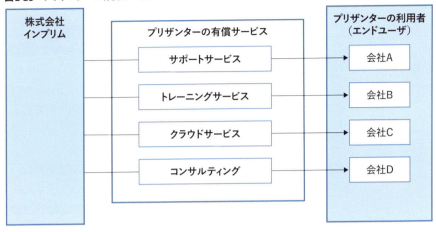

また、プリザンターを顧客に提案する**パートナー企業**は、本書の執筆時点で100社以上存在します。パートナー企業は、プリザンターのユーザであることが多く、製品のファンとしてプリザンターを提案してくれます。さらに、プリザンターは業種や業務を問わず導入できるソフトウェアであり、多様な顧客のニーズに応えることが可能です。その結果、プリザンターは多くのユーザを獲得し、パートナー企業を中心としたビジネスの規模も年々拡大しています。

図1-14 パートナー企業との協業

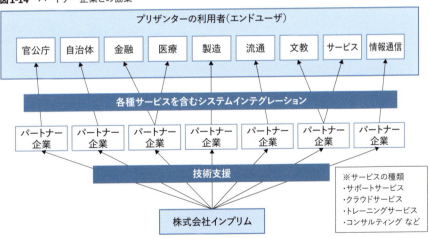

Chapter 1　プリザンターの概要

1.4.4　突然なくなってしまいませんか

　こちらもよく聞かれます。プリザンターのメーカーである株式会社インプリムが倒産してしまうなどのリスクを気にされることは当然です。プリザンターは多くの組織の重要な業務を担っておりプリザンターのメンテナンスが終了するとユーザへのインパクトが非常に大きいです。将来なくなってしまう可能性をゼロにすることはできませんが、そうならないように企業として最大限の努力をしています。筆者はこのような疑問に対して以下のように回答しています。

1. プリザンターは健全なビジネスとしてきちんと収益をあげています。
2. プリザンターは非常に多くのパートナー企業に支えられています。
3. パートナー企業の技術者がプリザンターのメンテナンスに協力して頂いています。
4. プリザンターのソースコードは公開されていて誰でもメンテナンスが可能です。

Chapter

2

プリザンターの活用事例

　プリザンターは、業種・業務を問わず、仕事のデジタル化・効率化に役立つ汎用ツールです。汎用ツールは、さまざまな用途に使用できる反面、どのように使えばよいか分かりにくいものです。本章では、金融機関（株式会社りそな銀行）、自治体（岐阜県）、製造業（本田技研工業株式会社）の事例を取り上げ、それぞれの組織でプリザンターがどのように活用されているか紹介します。

> **NOTE**
> 紙面の都合により、本書には事例の一部のみを掲載しています。現在公開中の全ての事例は、以下のURLで参照できます。
> https://pleasanter.org/cases

Chapter 2　プリザンターの活用事例

2.1　株式会社りそな銀行での活用事例

りそな銀行は、りそなホールディングス（HD）傘下のりそなグループの銀行であり、顧客の財産管理を行う「信託」併営銀行としては国内最大級です。同じ傘下の埼玉りそな銀行、関西みらい銀行、みなと銀行と合わせた、りそなグループ全体の総資産は約76兆円に上り、3大メガバンクに次ぐ規模となっています。そうした中、近年注力しているのが、グループ全体の業務効率化です。2017年6月にはRPA（ロボティックプロセスオートメーション：人が行ってきた業務をソフトウェアロボットによって自動化する技術）を試行導入し、同年12月、りそなHDのデジタル化推進部（現プロセス改革部）に「AI・RPA推進チーム」を設置。以来、デジタル化・プロセス改革の一環として、りそなグループ全体にRPAの導入、活用を推進しています。

2.1.1　プリザンターによる金融機関の業務効率化

りそな銀行ではプリザンターを数万人で活用し、これまで紙で行われてきたアナログな業務をデジタル化する取り組みを推進しています。プリザンターは100種類以上の業務で活用されていますが、ここでは以下の3つを紹介します。

1. 外国為替業務の未処理取引管理簿
2. 住宅ローンの保管書類のイメージ画像依頼
3. 能登半島地震における取引先の被災状況の共有

2.1.2　外国為替業務の未処理取引管理簿

最初の本格的な導入は、外国為替業務オフィスで、プリザンターを未処理取引管理簿として活用することです。顧客の外国送金では、店名や口座番号、名前を誤って記載するなどのミスで、相手先の海外の銀行に入金できないケースが多々あります。その場合、顧客や先方の銀行から事情を聴取し、交渉の経緯を紙の管理簿に記録して、事態が完了するまで繰り返し、上席、そのまた上の上席と、回覧して押印する作業が延々と行われていたのが実態でした。同部署でも、過去にシステム化の案件を会社側に要望していますが、多額の開発費がかかるという理由から採択されず、AI・RPA推進チームに「何とかデジタル化する方法はないか」と、相談があったのが事の発端です。

2.1　株式会社りそな銀行での活用事例

図2-1　未処理取引管理簿（紙）

図2-2　未処理取引管理簿（プリザンター）

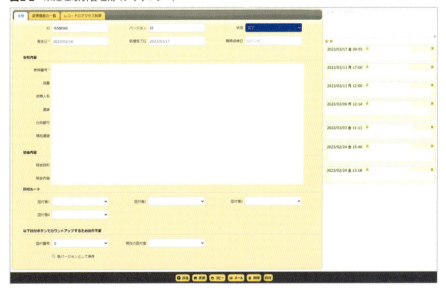

デジタル回付によるペーパーレス化

　　システムがリリースされて以後、紙に押印する回覧が一切なくなり、プリザンター上のデジタル回付で業務が完結するようになっています。**未完了フィルタ**を使用すると完了していない取引を瞬時に抽出することができます。また**キーワード検索**を使用すると送金依頼人名やコメントに記載されたキーワードなどで必要な情報を瞬時に検索することができます。これにより大幅な業務効率化を達成しました。

Chapter 2　プリザンターの活用事例

図2-3　未完了フィルタをオンにしたレコードの一覧画面

● コメント機能を利用した交渉記録

交渉記録は**コメント機能**を使ってデジタルに行われます。コメントを書き込んだユーザや日時が自動的に記録されるため、後から証跡として利用することもできます。

● 履歴機能を利用した回付記録

同じ案件を繰り返し回付するような場合であっても、**履歴機能**によって過去の経緯をすべて保存しておくことができます。そのため**変更履歴の一覧**を確認することで、回付記録をすぐに確認することができます。

図2-4　履歴機能を表示した画面

2.1.3　住宅ローンの保管書類のイメージ画像依頼

この業務ではセンターで保管している住宅ローンの契約書類のコピー依頼を支店から行います。従来は支店からセンターへの依頼やセンターから支店への契約書類のコピー送付時にFAXを利用していましたが、プリザンターによってペーパーレスでの運用が可能となりました。

2.1 株式会社りそな銀行での活用事例

● 年間20万枚以上の紙削減や受信確認の効率化

プリザンターを導入することでFAXによる送信を廃止し、年間20万枚以上の紙の使用を削減するとともに、FAX誤送信のリスクもなくすことができました。また、プリザンターの通知機能を使って支店がセンターに依頼したときと、センターが画面にイメージを添付したときに自動的にメールによるお知らせが送信されるよう設定しています。これにより依頼や結果の受信確認がスムーズに行われ大きな効率化に繋がっています。

図2-5 導入前と導入後の業務フローの違い

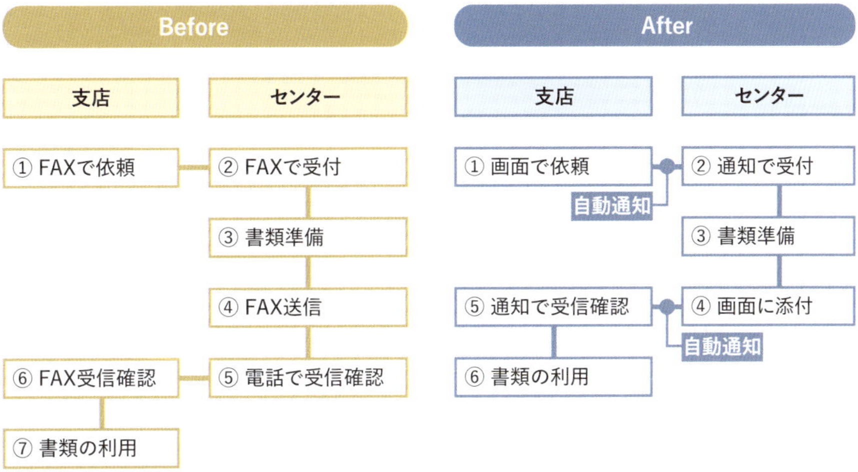

Before

支店 / センター
① FAXで依頼 → ② FAXで受付
③ 書類準備
④ FAX送信
⑥ FAX受信確認 ← ⑤ 電話で受信確認
⑦ 書類の利用

After

支店 / センター
① 画面で依頼 → ② 通知で受付（自動通知）
③ 書類準備
⑤ 通知で受信確認 ← ④ 画面に添付（自動通知）
⑥ 書類の利用

● レコードの一覧画面で進捗状況を確認

センターでの書類準備にかかる対応ステップ毎の状況をレコードの一覧画面で確認できるようにしています。これにより依頼した支店では進捗状況を確認することができます。また、センター側では対応ステップ毎の項目で**フィルタ**をかけることにより、対応待ちの依頼を抽出することができますので、未対応のステップが放置されるような問題の発生を抑止することができます。

図2-6 保管書類のイメージ画像依頼テーブルのレコードの一覧画面

Chapter 2　プリザンターの活用事例

図2-7　保管書類のイメージ画像依頼テーブルのレコードの編集画面

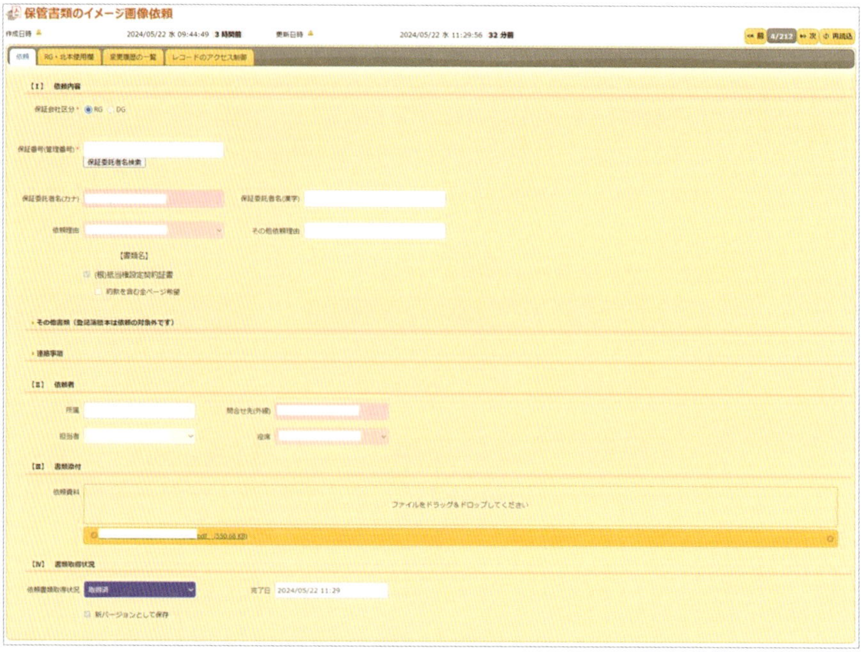

2.1.4　能登半島地震における取引先の被災状況の共有

　この業務では緊急事態が発生した際に必要となる現場の情報を収集し、リアルタイムな状況把握を行うために、プリザンターを活用しました。

◉ 各拠点からの報告を手間なく集約できた

　災害時において情報収集のスピードが重要です。メールとスプレッドシートで各拠点から情報を収集しようとすると、下図のBeforeのようにメールの受信と転記の作業が必要となるため、リアルタイムに情報を集めることが難しくなります。プリザンターを使うことで情報収集用のWebフォームが即座に作成できるため、支店／本部間のリアルタイムな状況報告が可能となりました。

2.1 株式会社りそな銀行での活用事例

図2-8 導入前と導入後の業務フローの違い

● 災害発生から即日でアプリを提供できた

プリザンターでは**サイトパッケージ**という機能を使用して、作成したアプリをテンプレートとしてダウンロードすることができます。このテンプレートを用いると、緊急事態が発生した際の報告業務を瞬時に立ち上げることが可能です。これにより能登半島地震が発生した際には、即日報告用のアプリが立ち上がり、情報の収集が無理なく行える環境を提供することができました。アプリの提供までの手順は以下のように簡単です。

1. 事前に準備しておいた**サイトパッケージ**をインポート
2. 情報として収集したい項目の追加／削除
3. 各拠点にアクセス権を付与
4. アプリのURLを各拠点にアナウンス

図2-9 テンプレートから作成したアプリのレコードの新規作成画面

Chapter 2　プリザンターの活用事例

2.2　岐阜県での活用事例

　　岐阜県は、高齢化と人口減少の進行する社会において「県民生活を豊かに・安心に・便利に」というコンセプトのもと2022年にDX推進計画を策定しました。この計画は行政のデジタル化、市町村行政のDX支援、各分野のDXを三本柱とし、「誰一人取り残されないデジタル社会である岐阜県」を目指しています。

　　その中でも「行政のデジタル化」は、AI・RPAなどのデジタル技術を活用し、業務プロセスの最適化や新たな基盤整備を行うことで行政の職員による内部事務を効率化し、持続可能な行政の実現を目指しています。内部事務の効率化は、より高いレベルの県民サービスを提供することにつながるため、岐阜県では全庁を挙げてこの取り組みを推進しており、その手段の一つが「プリザンター」です。

2.2.1　プリザンターによる行政事務の効率化

　　岐阜県ではローコード・ノーコードへのアプローチを業務類型に応じて適用することが重要と考え、2020年から行政手続きやアンケートに活用できるオンライン型となるローコード・ノーコードの「LoGoフォーム」を導入し、2022年にはWebデータベース型の「プリザンター」を導入しました。

> **🛈 NOTE**
>
> LoGoフォームとは、株式会社トラストバンクが提供し、全国710自治体で利用されているクラウドサービス。LoGoフォームはデジタル庁のサービス/システムカタログ（2024年夏版）でも推奨されており、マイナンバーカードを利用した本人確認、オンライン決済機能、インターネットから内部ネットワークへのシームレスなデータ連携などを有しながら申請フォームの専門知識を必要としない自治体専用の電子申請システムとして広く浸透しています。

> **🛈 NOTE**
>
> Webデータベースとは、Webブラウザを使ってデータベースのデータ検索、参照、登録、更新、さらにはデータベース（テーブルなど）を作成するなどあらゆる操作ができるアプリケーションのことを指しています。

　　ここでは、Excelでは運用が難しかった以下の3つの事例を紹介します。

1. 新型コロナ管理台帳システム
2. ID/パスワード通知台帳
3. インシデント管理台帳

2.2.2　新型コロナ管理台帳システム

2022年5月、新型コロナウイルスの感染拡大により、行政のコロナ関連業務が逼迫していました。感染者情報を手書きで記録し、FAXやメールで共有・報告するのに多くの時間がかかっていたためです。プリザンターを導入し、感染者情報を一元管理することで、ペーパーレス化を実現し、最新情報をリアルタイムで共有できるようになりました。その結果、応援要員の計画立案が容易になり、内部事務の大幅な改善を短期間で実現しています。

図2-10　明細画面

● 容易なアプリ開発とExcelデータ移行

作業開始後、職員が約1ヶ月でリリースしました。アプリケーション開発はプリザンターの**スケーラビリティ**を利用し、パソコンでプロトタイプの開発・デモ・検証を繰り返す**アジャイル開発**で行い、多くの画面項目に対して自動計算、転記、相関チェックなど多くの工夫により入力の効率化と操作ミス防止を実現しています。さらに運用時はサーバへ、プリザンターのサイトパッケージ機能を使用して簡易に環境移行を行うことができました。また、データ移行は従来10拠点で個別に管理していたバラバラなフォーマットのExcel管理台帳をプリザンターのインポート機能を活用して容易に行えます。

● 多くの入力項目をミスなく、漏れなく入力してもらう工夫（例:コメント表示切替）

画面項目が約720と多かったことに対処する工夫例としてコメント欄について記します。レコード新規作成時（感染者情報の初回入力時）はコメントを非表示、更新時はコメントを表示、コメント表示切替ボタン押下のスクリプトを作成することで画面上に多くの項目を表示し、コメント欄のサイズ調整を行うことで効果的で見やすいように配置しています。

画面	コメント表示	コメントサイズ調整	表示を切り替える目的
レコード新規作成時	×	−	画面上に多くの項目を表示
レコード編集時	○	○	コメント欄を見やすく表示

> **NOTE**
> プリザンターは、ノーコードで画面を作成できますが、標準機能では対応できない動作を実現する場合、JavaScriptを使用したスクリプト機能が利用可能です。スクリプト機能の詳細は、「9.2 スクリプト」（P.401）を参照してください。

● LoGoフォーム連携

プリザンターのインポート機能を利用し外部サービスのLoGoフォームで届出されたデータを自動的にシステムに登録していきます。これにより、県内全感染者の日々の容態などを状況把握する内部事務について効率化が図られました。

図2-11 外部サービスからデータを取込む処理の流れ

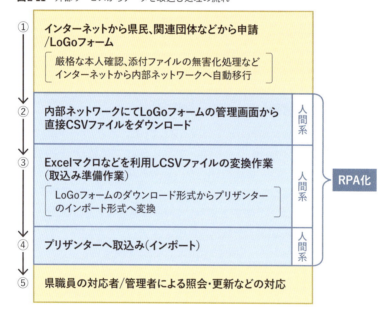

● リリース後の柔軟な対応

リリース後も使い勝手の向上や国の制度見直しに伴う改修など柔軟に対応し、2023年1月のピーク時には10拠点500名の職員が対象データ数：約33万件で利用しました。利用頻度が高まり対象データが激増する中で**同時アクセス対応**やトランザクション制御による**データの一貫性保証**をプリザンターに任せて運用が行えました。

2.2.3 ID/パスワード通知台帳

　本台帳は「情報システムを利用するためのIDやパスワードを、システム利用者に対して通知する」という一見、単純に思える内部事務ですが、県の調達システムでは、業務範囲や予算単位に応じたアクセス権限を担当課や係（人に紐づかないID体系）毎に付与していたため、毎年の人事異動で手間となっていました。通知書やマニュアルに本台帳のURLを記すことで、システム利用者はスムーズにログインが行え、システムへの問合せも減らすことができました。

図2-12　一覧画面

● レコード毎のアクセス権の付与

　以下の**きめ細かいアクセス制御**をプリザンターのサーバスクリプト（view.Filters機能）で実現しました。担当課の係毎に固有のIDを割当て、担当課毎に該当レコードのアクセス権（読取り、作成、更新、削除の権限）を付与します。ただし、全体管理を担う特定課やシステム管理グループは全レコードへのアクセス権限を有するアクセス制御を行っています。

図2-13　レコードのアクセス制御の処理フロー

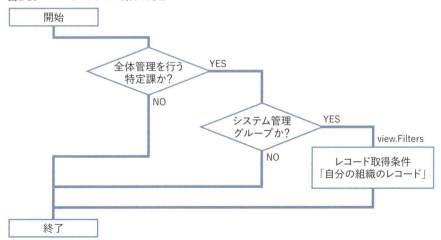

> **❗ NOTE**
> プリザンターでは、標準機能で対応できない動作を実現するために、JavaScriptを用いたサーバスクリプト機能を利用できます。サーバスクリプト機能の詳細については「9.4 サーバスクリプト」を参照してください。サーバスクリプトのview.Filtersについては、以下のURLを参照してください。
> https://pleasanter.org/ja/manual/server-script-view-filters

2.2.4 インシデント管理台帳

　岐阜県では、約180の情報システムがあり、運用時に使用する課題管理台帳、障害管理台帳、QA管理台帳などが運用受託者毎に異なる様式で運用されています。この状況を統一・標準化することで、運用受託者の対応内容の精査や人事異動時の影響を軽減し、運用コストの適正化を図ることを目指しインシデント（QA、作業依頼、故障、要望）の管理台帳を整備しました。現在、いくつかのシステムに適用し検証中ですが、プリザンターを利用した背景は以下のとおりです。

- 各台帳がExcelで作られているため移行が容易
- 全体管理者が必要な時に各台帳を確認できる
- インシデントの区分に応じて管理項目の表示・非表示を簡単に制御できる
- 項目間の相関チェックができる
- 登録するインシデント件数が多くなっても起動遅延がない

図2-14　インシデント管理画面

● 項目間の相関チェック

　プリザンターの**スクリプト**を利用し、インシデントの「状況」を「完了」とする場合に、必須項目が入力されているかチェックしました。入力されていない場合は、ポップアップでメッセージを表示することで、入力漏れを防ぎます。

図2-15　入力漏れがあることをポップアップで表示

No	項目名	表示名	チェック内容
1	日付C	完了日・完了予定日	未入力の場合にエラー
2	分類G	対応区分	未入力の場合にエラー
3	説明J	対応内容	未入力の場合にエラー

> **NOTE**
>
> ここでは、スクリプト設定による複雑な**入力チェック**を行っています。一般的なJavaScriptを記述できるため個別の入力チェック・相関チェックや、入力項目による活性・非活性などをきめ細かく制御することが可能となっています。また、状況に応じて入力必須の制御を行う場合は、「状況による制御」機能を使用できます。詳細については「7.5 状況による制御を設定する」を参照してください。

● 俯瞰的な状況把握の容易化

　プリザンターの**クロス集計**機能により全体的な状況が瞬時に把握できるようになりました。例えば、図2-16、図2-17では、システム管理者が当日のインシデントの発生状況、未着手の状況、完了の状況を必要な時に直ちに見て取れるためデータ整理の時間が短縮し、プロジェクト管理のマネージメントに費やす時間（考える時間）を増やすことができます。

図2-16　クロス集計（サブシステム×状況別）

Chapter 2　プリザンターの活用事例

図2-17　クロス集計（インシデント区分×状況別）

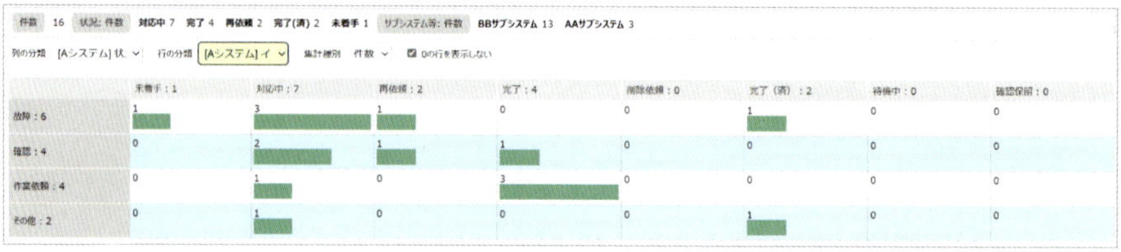

2.2.5　まとめ

Excelは行数と列数に上限値があり、限界値に達していなくても大量のデータを処理しはじめると起動や検索処理に時間がかかったり、動作が不安定になったりすることがあります。Webデータベースのプリザンターは、**スケーラビリティ**、**同時アクセス対応**、**データの一貫性保証**、**きめ細かいアクセス制御**を実現し、Excelの限界を超える解決策の一つとなります。

図2-18　Excelとプリザンターの比較（岐阜県による独自調査）

（凡例）○…満たす、△…一部満たす、×…満たさない

		スプレッドシート（Excel）		Webデータベース（プリザンター）	
検索	フィルタ	○	指定での検索可能	○	指定での検索可能
更新	一覧更新	○	まとめて更新可能、コピペも容易	△	設定により、まとめて更新可能
	同時更新	△	共有設定で同時更新可（同じレコードは不可）	○	同時更新可（同じレコードは不可）
	入力チェック	×	複雑な入力チェックは難しい（チェックを入れても無視が可能）	○	複雑な入力チェックも可
データ管理	大量データ	×	処理が重くなる、かつ、破損する可能性あり	○	遅延なし、破損する可能性もほぼなし
	アクセス制御	△	ファイル、シート毎でのアクセス権の設定は可能	○	レコード毎でのアクセス権の設定が可能

2.2　岐阜県での活用事例

> 🛈 **NOTE**
>
> 最初の導入となる「新型コロナ管理台帳システム」の開発では、プリザンターの導入実績が豊富なCTC
> システムマネジメント社の**伴走型サポート**を利用しました。業務効率化の目標や適用範囲の選定など具
> 体的な技術支援を受けて、岐阜県職員のITスキル向上のきっかけとなっています。さらに、職員が自律
> 的にシステム開発を進めることができ、DX推進に向けた改善も図ることができました。中でもサンプル
> コードの提供やトレーニングなど、利用者のニーズに応じたきめ細やかな支援がポイントでした。
>
> 企業名：**CTCシステムマネジメント株式会社**
> 事業内容：システム運用から維持管理まで、お客様に合わせたオーダーメイド型の業務運用を提供。
> 　　　　　システム自動化やプリザンターを含むOSS（オープンソースソフトウェア）を活用したIT環
> 　　　　　境の構築・運用にも注力。
> ホームページ：https://www.ctcs.co.jp/

2.3 本田技研工業株式会社での活用事例

Hondaでは、データやデジタル技術を活用し、より良い製品やサービスを提供するため、社内のデジタルトランスフォーメーション（以下、DX）を積極的に推進しています。事業やものづくり、そして社内業務のプロセスを見直し、DXを進めることで、既存業務の効率向上と新価値の創造拡大を目指しています。

DX活動の一つとして位置づけられているのが「社内業務の効率化」です。各ビジネス部門内の業務を良く知る"トップガン"を中心に、業務分析・不要な業務の断捨離・整理を行った上で、残った業務はデジタルツールを活用して効率化を図る活動を進めており、デジタル部門はこれらの活動がスムーズに進むようサポートすることで、Honda全体の社内業務効率化を推進しています。

2.3.1 プリザンターのサイトテンプレートによる部門への展開

本田技研工業のデジタル基盤改革部は「現場部門が自ら提供されたサービス内で開発・推進を行う」ことを目指し、ノーコード開発ツールである「プリザンター」を導入しました。経験上、ツールを導入するだけでは自然に現場に浸透することはありません。現場部門で迅速にプリザンターを使いこなせるようにするため、**サイトパッケージ機能**を使用してサイトテンプレートを準備しました。

◉ サイトテンプレートを準備した背景

1. 現場部門の視点
   ツールで実現したいことがあっても、そのツールでの構築スキルがゼロスタートだと、業務利用開始する前に時間をかけた学習が必要となるため、その時間がハードルとなり利用開始までたどり着かない恐れがありました。
2. DX支援部門（デジタル基盤改革部）の視点
   支援対象となる現場部門の人数は万単位と非常に多く、問合せ対応や案件実装支援など、案件個別の支援のみを継続し続けることは限界があり非効率なため、事前に作りこんだコンテンツを中心とした支援に切り替えていく必要がありました。

◉ サイトテンプレートの目的

上記の背景を踏まえ、サイトテンプレートの目的を以下のように設定しました。

1. 案件個別の実装支援のコンテンツ化を行うことで、今後同様の案件相談があった時の支援対応速度を高速化・省力化する
2. 成功事例の水平展開を行う
3. プリザンターでアプリ構築を行う上でのベストプラクティスを入れ込むことで、ユーザがアプリ構築を学習する参考となるサンプルとする

2.3　本田技研工業株式会社での活用事例

● 開発したサイトテンプレートの種類

具体的には下表に示すサイトテンプレートが提供されています。現場部門はサイトテンプレートをダウンロードして**サイトパッケージのインポート**機能で予め用意されたアプリをインポートして即座に使用することができます。

No	テンプレート名	概要
1	備品予約・申請管理	備品のマスタ管理、および備品貸出予約フォーム
2	課題管理	プロジェクトなどの課題管理
3	PDCA管理	方針系統のPDCA管理
4	室課名簿管理	特定組織内の名簿、および組織構成ツリーのデータ管理
5	問合せフォーム	問合せを含む、汎用的な申請フォーム
6	アクセス権申請・棚卸	汎用的なアクセス権の申請・棚卸フォーム

図2-19　サイトテンプレートの一覧

「備品予約申請管理」と「PDCA管理」の詳細について後述します。

2.3.2 サイトテンプレート「備品予約・貸出管理」

このテンプレートは備品の予約・貸出をプリザンター上で行うためのものです。「備品マスタ」と「備品予約・貸出・返却申請フォーム」の2つのテーブルが含まれています。「備品マスタ」の内容を変更することで、さまざまな部門で汎用的に利用できます。

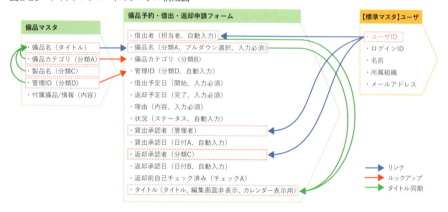

図2-20 サイトテンプレートのテーブル構成図

● プロセス機能によるワークフロー

「備品予約・貸出・返却申請フォーム」には**プロセス**機能によるワークフローが設定されています。下図のように申請者がプリザンターで貸出予約や返却の申請を行い、承認者が承認する業務をデジタル化することができます。

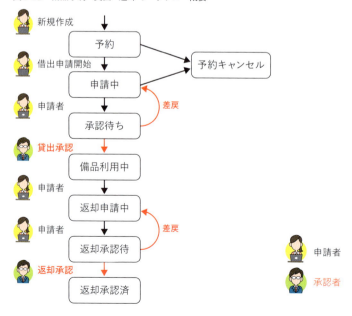

図2-21 備品予約・貸出・返却 ワークフロー概要

プロセス機能は下図のように設定します。

図2-22　プロセスの設定一覧

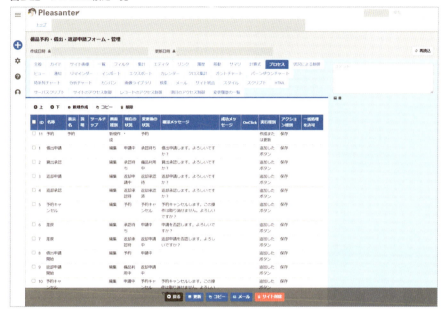

● ビュー機能による表示の切り替え

ビュー機能を使用すると予め表示する項目や表示用の**ビューモード**を設定しておくことができます。例えば、予約状況確認用の**カレンダー**や、自分の予約を確認するためのレコードの**一覧画面**など、複数の観点での見方を切り替えることができるため、1つのデータを複数の業務シーンで役立てることができます。

ビューはレコードの一覧画面の右上にあるドロップダウンリストで切り替えます。図2-23と図2-24はビューを切り替えた際の画面の違いを表しています。

図2-23　予約中カレンダー

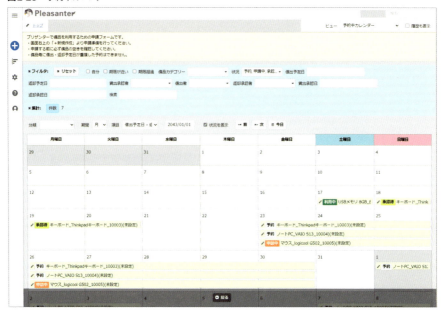

図2-24　管理用——全予約一覧

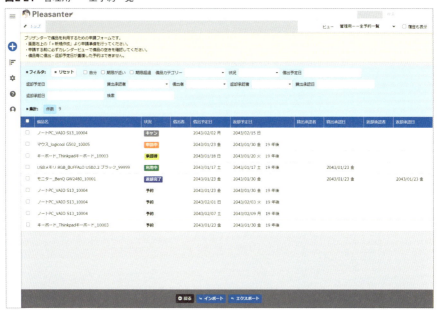

ビューは下表のような用途で使用しています。

2.3 本田技研工業株式会社での活用事例

No	ビュー	用途
1	予約中カレンダー	ユーザが現在予約されている備品と日付を確認するためのカレンダー
2	自分の予約一覧	ユーザがユーザ自身の全予約情報を確認するためのレコードの一覧画面
3	管理用――全予約一覧	管理者がすべての予約状況を確認するためのレコードの一覧画面
4	管理用――リマインダーメール送信対象	予約日が近いが申請が完了していない人にリマインダーを送信するためのフィルタ条件設定
5	備品単位予約カレンダー	ユーザが備品単位で現在予約されている日付を確認するためのカレンダー

図2-25 ビューの設定一覧

● カレンダー機能による空き状況の確認

　カレンダー機能を使用すると、備品の予約状況をカレンダー形式で表示することができます。下図は備品単位予約カレンダーのビューを表示した際の画面です。備品単位に分けて表示することで、どの備品がどのタイミングで使用可能なのか、簡単に把握することができきます。

図2-26　備品単位予約カレンダー

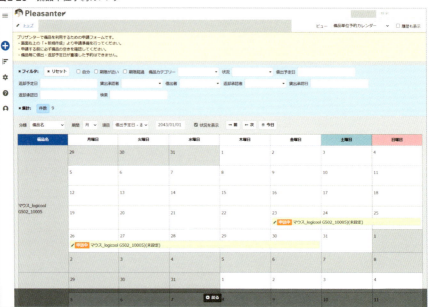

2.3.3　サイトテンプレート「PDCA管理」

　このテンプレートは業務改善施策などの進捗状況を管理し、上層部にペーパレスで報告するためのものです。業務改善のテーマを設定し、P:管理項目、P:達成基準、D:実績、D:評価、C:差異の分析、A:アクションを入力してPDCAサイクルの管理をプリザンターでデジタル化します。

2.3 本田技研工業株式会社での活用事例

図2-27 PDCA管理テーブルのレコードの一覧画面

このテンプレートには「L1テーマ」（上位）と「L2-L3テーマ」（下位）のテーブルおよび、それらの古いデータをアーカイブするための「L1過去PDCA保管」と「L2-L3過去PDCA保管」の計4つのテーブルが含まれています。「L1テーマ」と「L2-L3テーマ」は**リンク**していて、上位の「L1テーマ」で下位の「L2-L3テーマ」をグループ化することができます。例えば「L1テーマ」に「技術部門の業務効率化」を設定して、「L2-L3テーマ」に「進捗管理ツール活用」や「情報共有効率の向上」などを紐づけて管理することができます。

図2-28 PDCA管理テーブル構成図

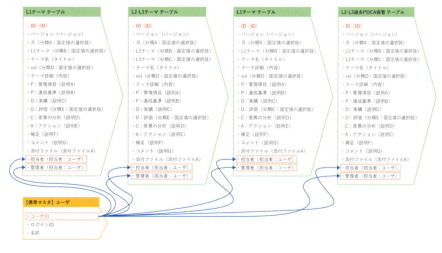

Chapter 2　プリザンターの活用事例

◉ 集計結果の確認

集計機能を使用すると施策全体の件数や、評価で使用している分類「○×△」毎の件数をレコードの**一覧画面**に表示することができます。**フィルタ**機能と連動するため、検索でヒットしたレコードを対象とした集計結果が確認できます。

図2-29　集計結果

◉ PDCA保管テーブルへの移行

過去のデータをアーカイブしておくために定期的にPDCA保管テーブルにデータを移行する運用をしています。「L1テーマ」や「L2-L3テーマ」のテーブルで**エクスポート**機能を使用してCSVを出力し、「L1過去PDCA保管」や「L2-L3過去PDCA保管」テーブルに**インポート**機能を使用してCSVを取り込みます。取り込んだ後は**テーブルのロック**機能を使用してテーブルを読み取り専用にします。これにより不用意な過去データの編集が行われないようにします。

2.3 本田技研工業株式会社での活用事例

図2-30 ロックされているテーブル

2.3.4 HondaのDX推進

社内業務の効率化を進めるためには、業務を単純に置き換えるのではなく、まず業務の断捨離・見直しを行い、その上で必要な業務を最適なソリューションで効率化していくことが重要だとHondaでは考えています。現場部門の担当者が自律的にDX施策を進められるような仕掛けを準備し支援することで、効果的にDXを推進しています。

図2-31 HondaのDX推進

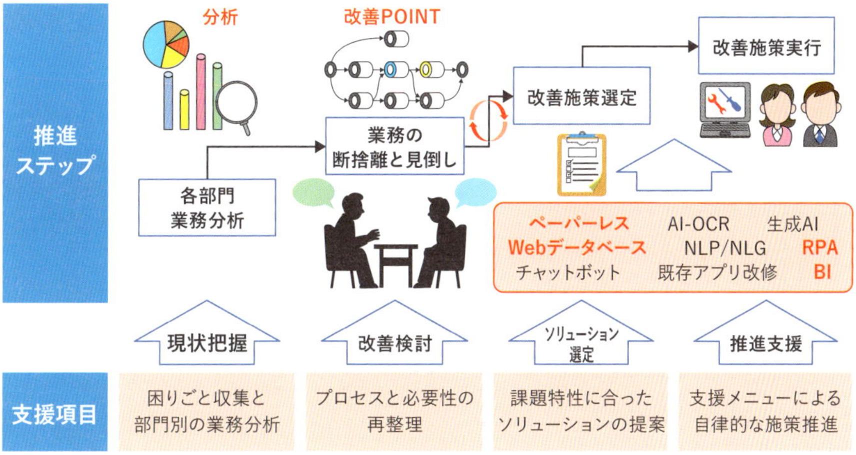

COLUMN　ユーザと開発チームのコミュニケーション

プリザンターの開発チームは、ユーザとのコミュニケーションを大切にしています。今後も
オープンソースソフトウェアとして、発展し続けるには、そのようにすることがベストと考えて
いるからです。本コラムでは開発チームとのコミュニケーションの接点をいくつか紹介します。

◉ 1. GitHub

プリザンターの最新のソースコードを公開しているサイトです。このサイトでは不具合の報
告や、機能の追加要望などが書き込めるIssue、ソースコードの修正依頼を受け付けるプル
リクエストを利用できます。

https://github.com/Implem/Implem.Pleasanter

◉ 2. Pleasanter User Meetup

年に2回程度実施するユーザと開発チームの交流イベントです。新しい機能の紹介や、事
例の紹介、立食パーティー形式の交流会などを行います。開催日は公式サイトでアナウンス
します。

https://pleasanter.org/

◉ 3. オープンソースカンファレンス

オープンソースソフトウェアの文化祭と呼ばれるイベントで、全国各地で開催されています。
ここでは、プリザンター Users Groupとして展示ブースを出しています。

https://www.ospn.jp/

◉ 4. Pleasanter Lounge

東京都中野区にある、Pleasanterの名前を冠したイベントスペースです。プリザンターに
限らず、IT関連の勉強会やセミナーであれば無償で利用できます。プリザンターの勉強会や
セミナーの多くは、ここで開催しています。

https://pleasanter.org/forms/pleasanter-lounge-reservation

◉ 5. ITreview

IT製品やSaaSのレビューサイトです。プリザンターを使用した感想をレビューとして投稿
できます。開発チームは、これらの内容をプリザンター開発の参考にしています。

https://www.itreview.jp/products/pleasanter/reviews

Chapter 3

プリザンターの環境準備

プリザンターを利用するためには、プリザンターが動作する環境を準備する必要があります。プリザンターは、クラウド環境とオンプレミス環境の両方で利用できます。本章では、環境を準備するための3つの方法について説明します。それぞれの手順を詳しく解説していますので、実際に試してみてください。

環境を準備する手順 （参照ページ）	インストール 作業の要否	クラウド環境/ オンプレミス環境	費用	利用期限
3.1 デモ環境で試す（P.56）	不要	クラウド環境のみ	無料	60日間
3.2 サーバにインストールして使う（P.60）	要	オンプレミス環境 （クラウド環境も可）	無料	無期限
3.3 SaaSを使う（P.96）	不要	クラウド環境のみ	有料 （3人まで無料）	無期限

Chapter 3 プリザンターの環境準備

3.1 デモ環境で試す

プリザンターを手軽に試すには、環境構築が不要なデモ環境が便利です。デモ環境はプリザンターの機能を60日間無料で試すことができるインターネット上に公開された環境です。

3.1.1 デモ環境を利用するための準備

デモ環境の利用を開始するための手順は簡単です。以下の手順でユーザ登録を行うと、すぐに利用を開始できます。

1. デモ環境の申し込みサイトにアクセスし、メールアドレスなど必要事項を入力して申し込みを行います。デモ環境の申し込みサイトは以下のURLでアクセス可能です。
   https://pleasanter.org/demo/

2. 申し込みから数分後、入力したメールアドレスに宛てにデモ環境を使用するための20件のIDとパスワードが送付されます。デモ環境利用中はこのIDとパスワードを大切に保管してください。

3. デモサイトのURLにアクセスし、届いたメールアドレスに記載されているIDとパスワードでログインします。
   https://demo.pleasanter.org/

3.1.2 デモ環境でできること

● デモ環境へのアクセス

登録後に届くメールには、管理者ID 1件、一般ユーザID 19件のIDとパスワードが記載されています。任意のユーザでログインしてください。複数人で同時にアクセスすることもできますので、チームのメンバーによる情報共有を試してみてください。デモ環境へのアクセスはインターネットに接続されたパソコン、スマートフォン、タブレットのブラウザが使用できます。

デモ環境申し込み後に届くメール

デモ環境ご利用へのお申し込みありがとうございます。

以下のURLにアクセスし、ID/PWでログインしてください。

```
https://demo.pleasanter.org


管理者ID
ID: Tenant13968_User1 PW: ****************


一般ユーザID（19IDご利用いただけます）
ID: Tenant13968_User2 PW: ****************
ID: Tenant13968_User3 PW: ****************
ID: Tenant13968_User4 PW: ****************
```

```
ID: Tenant13968_User20 PW: ****************


デモ環境は60日間ご利用いただけます。


デモサイトは事前の告知なくメンテナンスを実施する場合がありますので予めご了承ください。
```

◉ デモデータによる機能の確認

デモ環境にはデモ用のデータが登録されていますので、それらのデータの閲覧、検索、更新、削除などを行うことができます。管理者IDを使用すると既存のアプリの設定を確認したり、変更したりすることができます。

◉ 本書で紹介する機能の動作確認

第4章以降で紹介するプリザンターの基本操作やアプリ作成の手順を、デモ環境で試すことができます。

> ⚠ **CAUTION**
> デモ環境では、後述の制限事項に記載されているパラメータの変更などができないため、本書に記載された手順の一部を実施できません。手順を完全に実施するには、「3.2 サーバにインストールして使う」（P.60）を参照し、環境を準備してください。

◉ 開発者向け機能の確認

「9 開発者向け機能とシステム間連携」（P.397）で紹介する開発者向け機能を試すこともできます。スクリプト、CSS、サーバスクリプト、APIなどを使用するとノーコードでは実現できない高度なカスタマイズ機能を利用することができます。

3.1.3　デモ環境の制限事項

　ここではデモ環境の制限事項を記載します。これらの制限が利用目的にそぐわない場合は、「3.2 サーバにインストールして使う」（P.60）を検討してください。

◉ 試用期間

　デモ環境はプリザンターの試用を目的とした環境です。そのため60日以上利用することができません。

> ⚠ **WARNING**
> デモ環境は60日後に自動的にアクセスできなくなりますので、注意してください。

> ❗ **NOTE**
> デモ環境は何度でも申し込みを行って利用することができます。

◉ パラメータの変更

　デモ環境ではパラメータの変更ができません。そのためパラメータの変更によって動作する機能を使用することはできません。

◉ 使用量の制限

- **インポート時のレコード数の上限**：10,000件
- **登録可能な添付ファイル1つ当たりのサイズ**：500MB

◉ 使用できない機能の一覧

- ユーザ認証に関連する機能（LDAP認証/SAML認証/TOTP認証/2段階認証）
- 特権ユーザ
- ユーザ招待機能
- 拡張機能（拡張CSS/拡張スクリプト/拡張SQL）
- アナウンス機能

◉ その他の制限

- プリザンターの停止、再起動

3.1.4 デモ環境で本書の手順を実施する場合の注意事項

　デモ環境では、本書に記載されている手順の一部において、ログインIDを適宜読み替えて使用する必要があります。デモ環境を申し込んだ際に送られてきたメールに記載されている管理者IDがTenant13968_User1である場合、下表のように読み替えてください。TenantXXXXXのXXXXXの部分のみ読み替えが必要となります。また、パスワードは、メールに記載のパスワードに読み替えてください。

本書に記載のログインID	読み替えるログインID
Tenant1_User1	Tenant13968_User1
Tenant1_User2	Tenant13968_User2
Tenant1_User3	Tenant13968_User3
Tenant1_User4	Tenant13968_User4
Tenant1_User5	Tenant13968_User5
（以下同様）	（以下同様）

3.2 サーバにインストールして使う

プリザンターはサーバにインストールして利用できます。近年、インターネット上ですぐに利用できるSaaSが主流となっています。そのため、インストール作業を手間に感じる方も多いでしょう。しかしながらプリザンターを利用する場合には、サーバにインストールして使用することをお勧めします。ここでは**Community Edition**のインストール方法を詳しく解説します。

3.2.1 インストールをお勧めする理由

プリザンターをインストールして使用する場合には、以下のようなメリットがあります。これらのメリットに魅力を感じる方は、ぜひチャレンジしてみてください。

1. 機能の制限、ユーザ数の制限、試用期間の制限なく、無償で利用できる
2. オンプレミスや自社契約のクラウド環境などクローズドな環境で利用できる
3. パラメータの変更などプリザンターの詳細な設定をコントロールできる
4. LDAPやSAMLなど組織のユーザ認証基盤と連携できる
5. データベースにBIツールを直接接続するなど高度なカスタマイズができる

3.2.2 プリザンターを利用するための構成要素

プリザンターはマイクロソフト社の.NETを使用したアプリケーションです。WindowsでもLinuxでも動作可能です。プリザンターを動作させるにはWebサーバとリレーショナルデータベース（以下、RDBMSといいます）が必要です。また、プリザンターにアクセスするクライアントにはGoogle ChromeやMicrosoft EdgeなどのWebブラウザが必要です。クライアントとサーバ間のネットワークは、インターネットでもローカルネットワークでも構いません。

図3-1 プリザンターを利用するための構成要素

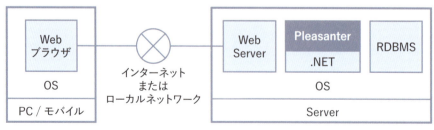

3.2.3 プリザンターの動作環境

プリザンターは、さまざまな環境にインストールできます。そのため普段から使い慣れているOSやRDBMSを選択することができます。

項目	対応するソフトウェア
OS	Windows / Linux（.NET8が動作するOS）
Webサーバ	IIS / nginx / Apacheなど
RDBMS	SQL Server / PostgreSQL / MySQL

> **ℹ NOTE**
> 上記以外にも **Microsoft Azure** のAppServiceとSQL Databaseを組み合わせて**サーバレス**の環境を構築できます。構築手順については、以下のマニュアルを参照してください。
> https://pleasanter.org/ja/manual/getting-started-pleasanter-azure
> また、**Docker** を使用する場合は、以下のマニュアルを参照してください。
> https://pleasanter.org/ja/manual/getting-started-pleasanter-docker

3.2.4 プリザンターをWindowsにインストールする手順

ここでは、プリザンターをWindowsにインストールする手順を紹介します。検証用としてWindows 11へのインストール手順を紹介しますが、本番環境にインストールする場合は、Windows Server 2022などのサーバOSを使用してください。サーバOSへのインストール方法については、以下のURLのドキュメントを参照してください。

プリザンターをWindows Server 2022にインストールする
https://pleasanter.org/ja/manual/getting-started-pleasanter-windows-server2022

◉ インストールの構成

本手順でインストールを行うソフトウェア構成は下表のとおりです。

項目	使用するソフトウェア
OS	Windows 11
ランタイム	.NET8、ASP.NET Core ランタイム8 Hosting Bundle
Webサーバ	IIS（インターネットインフォメーションサービス）
RDBMS	SQL Server 2022 Express（無償で利用可能）、SQL Server Management Studio

Chapter 3　プリザンターの環境準備

> ⚠ **CAUTION**
>
> SQL Server 2022 Expressは10GB以上のデータを格納できない制限があります。それ以上のデータを格納する場合にはPostgreSQLなど他のRDBMSを選択してください。

前提条件

本書の手順は以下の前提条件で記載しています。

1. Windows 10/11 ProまたはWindows Server 2016以上がインストールされたコンピュータがある
2. Windowsに管理者権限でログインできる
3. インターネットに接続しソフトウェアがダウンロードできる
4. 他のWebアプリケーションやRDBMSがインストールされていない
5. ソフトウェアのダウンロードURLについては執筆時点の情報です

インストール手順

プリザンターをWindowsにインストールするには、以下の手順を実施してください。

1. Windowsの機能の有効化
2. IISの設定
3. SQL Server 2022 Expressのダウンロードとインストール
4. SQL Server 2022 Express with Advanced Servicesの設定
5. SQL Server Management Studioのダウンロードとインストール
6. .NET8.0のダウンロードとインストール
7. プリザンターのダウンロードと配置
8. データベースの作成
9. IISのセットアップ
10. プリザンターへのアクセスと初期パスワードの変更

以降では、各手順の詳細を説明します。

1. Windowsの機能の有効化

スタートボタンをクリックして、**コントロール**または**control**などと入力し、**コントロールパネル**をクリックしてください。下図の画面が表示されるので、**プログラム**をクリックしてください。

図3-2　コントロールパネル

下図の画面が表示されるので、**Windowsの機能の有効化または無効化**をクリックしてください。

図3-3　コントロールパネルのプログラム

下図のダイアログが表示されるので、**インターネットインフォメーションサービス**のチェックをオンにしてください。その後、**インターネットインフォメーションサービス**のツリーを展開し、**ASP.NET 4.x**のチェックをオンにしてください。それらをチェックした際に自動的にチェックがオンとなる項目はそのままで構いません。下図のようになっている事を確認し、**OK**ボタンをクリックしてください。

図3-4 Windowsの機能の有効化または無効化

Windows Update からファイルをダウンロードするをクリックしてください。

図3-5 Windowsの機能画面

⚠ **CAUTION**
選択した機能が既にインストールされている場合、この画面は表示されません。次の手順へ進んでください。

閉じるボタンをクリックしてください。

図3-6 インストールが完了した際の画面

● 2. IISの設定

スタートボタンをクリックして、**IIS**などと入力し、**インターネットインフォメーションサービス（IIS）マネージャー**をクリックしてください。その後、**アプリケーションプール**の**DefaultAppPool**を選択し、**アプリケーションプールの既定値の設定**をクリックしてください。

図3-7　IISマネージャーの画面

　下図のダイアログが表示されるので、**プロセスモデル**の**アイドルタイムアウトの操作**を、**Terminate**から**Suspend**に変更し、**OK**をクリックしてください。設定が完了したら、**インターネットインフォメーションサービス（IIS）マネージャー**を閉じてください。

図3-8　アプリケーションプールの既定値のダイアログ

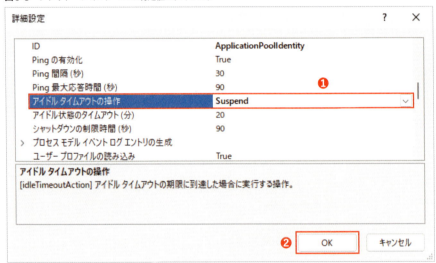

● 3. SQL Server 2022 Expressのダウンロードとインストール

　以下のURLにアクセスしExpressエディションの**今すぐダウンロード**ボタンをクリックしてください。

SQL Serverダウンロード
https://www.microsoft.com/ja-jp/sql-server/sql-server-downloads

3.2　サーバにインストールして使う

図3-9　SQL Server 2022 Expressのダウンロードページ

ファイルのダウンロードが完了したら**ファイルを開く**をクリックしてください。

⚠ CAUTION

ユーザアカウント制御の画面が表示されたら、**はい**ボタンをクリックして許可してください。

下図の画面が表示されるので、**メディアのダウンロード（D）**をクリックしてください。

図3-10　ダウンロードしたファイルを開くと表示される画面

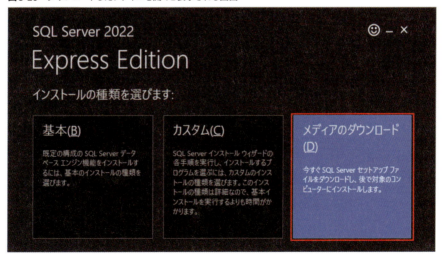

言語の選択で日本語を選択し、Express Advancedにチェックをオン、ダウンロード(D) ボタンをクリックしてください。

図3-11　必要なインストーラーを指定する画面

ダウンロードが完了するまで待ちます。

図3-12　SQL Server ダウンロード中

ダウンロードに成功しました。と表示されたらフォルダーを開くボタンをクリックしてください。エクスプローラが表示されたら、ダウンロードに成功しました。と表示されているウインドウの閉じるボタンをクリックしてください。終了しますか?とウインドウが表示されるのではいをクリックしてください。

図3-13 SQL Server ダウンロードに成功

エクスプローラに表示されている **SQLEXPRADV_x64_JPN** をダブルクリックしてください。

図3-14 SQL Server SQLEXPRADV_x64_JPN

> ⚠ **CAUTION**
> ユーザアカウント制御の画面が表示されたら、**はい**ボタンをクリックして許可してください。

展開されたファイルのディレクトリの選択ダイアログが表示されるので **OK** ボタンをクリックしてください。

図3-15 SQL Server 展開されたファイルのディレクトリの選択ダイアログ

展開の準備が完了するまで待ちます。

図3-16 SQL Server インストーラーファイルを展開中の画面

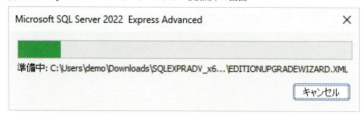

SQL Serverの新規スタンドアロン インストールを実行するか、既存のインストールに機能を追加をクリックしてください。

図3-17 SQL Server インストールセンターの画面

ライセンス条項と次に同意します（A）：のチェックをオンにし**次へ（N）>**ボタンをクリックしてください。

図3-18 ライセンス条項の確認画面

Microsoft Updateの画面で**次へ（N）**をクリックしてください。

3.2　サーバにインストールして使う

図3-19　Microsoft Updateの確認画面

インストール ルールの画面で**次へ（N）**をクリックしてしてください。Windows ファイアウォールに警告が表示されますが、問題ありません。

図3-20　インストール ルールの確認画面

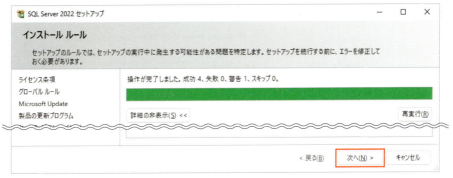

SQL Server用Azure拡張機能をチェックをオフにし**次へ（N）>**ボタンをクリックしてください。

図3-21 SQL Server 用 Azure 拡張機能画面

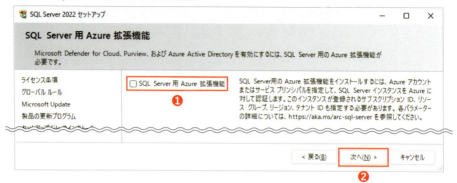

データベース エンジン サービスおよび**検索のためのフルテキスト抽出とセマンティック抽出**のみにチェックを行い**次へ（N）>**ボタンをクリックしてください。

図3-22 機能の選択画面

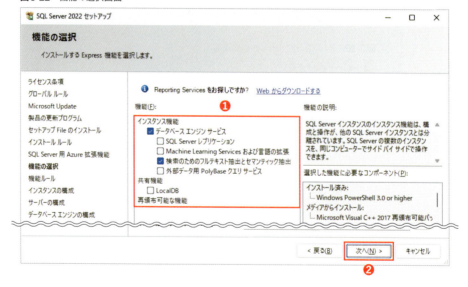

既定のインスタンス（D）のチェックをオンにし**次へ（N）>**ボタンをクリックしてください。

⚠ **CAUTION**

既定のインスタンスを選択しないと、本書の手順どおりにインストールできません。誤ったインスタンスを選択してインストールした場合、後から変更できないため、一度アンインストールしてから再インストールする必要があります。

図3-23 インスタンスの構成画面

次へ（N）＞ボタンをクリックしてください。

図3-24 サーバの構成画面

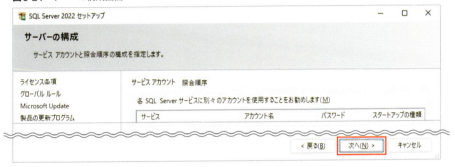

混合モード（SQL Server 認証と Windows 認証）（M）のチェックをオン、saアカウントの任意のパスワードを設定してください。設定したパスワードは、**プリザンターのダウンロードと配置**（P.81）にて使用するため控えてください。その後、**次へ（N）＞**ボタンをクリックしてください。

図3-25 データベースエンジンの構成画面

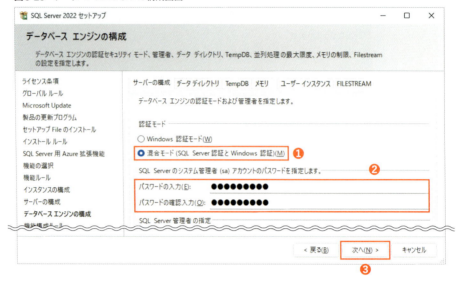

インストールが完了するまで待ちます。

図3-26 インストールの進行状況画面

正常にインストールされていることを確認し**閉じる**ボタンをクリックしてください。

図3-27 インストール完了時の画面

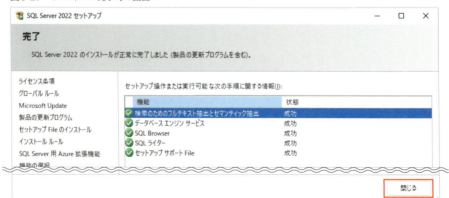

3.2 サーバにインストールして使う

SQL Server インストール センターは画面右上の**X**ボタンをクリックして閉じてください。

図3-28　SQL Server インストール センター画面

● 4. SQL Server 2022 Express with Advanced Services の設定

スタートボタンをクリックして表示されるメニューで、**すべてのアプリ-Microsoft SQL Server 2022-SQL Server 2022 構成マネージャー**をクリックしてください。

> ⚠ CAUTION
> ユーザアカウント制御の画面が表示されたら、**はい**ボタンをクリックして許可してください。

左ペインにて**SQL Server ネットワークの構成-MSSQLSERVERのプロトコル**を選択してください。その後、右ペインにて**TCP/IP**を右クリックし**有効にする（E）**をクリックしてください。

図3-29　SQL Server MSSQLSERVERのプロトコルの設定

Chapter 3 プリザンターの環境準備

> ⚠ **CAUTION**
> ここで次のような**警告**が表示されたら、**OK**ボタンをクリックします。

図3-30 警告

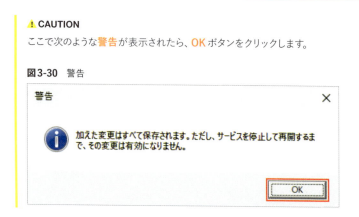

左ペインにて**SQL Serverのサービス**を選択してください。そして、右ペインにて**SQL Server（MSSQLSERVER）**を右クリックし**再起動（T）**をクリックしてください。

図3-31 SQL Serverの再起動

再起動が完了したら**SQL Server 2022 構成マネージャー**を閉じます。

● 5. SQL Server Management Studioのダウンロードとインストール

以下のURLにアクセスし、**日本語**をクリックしてください。

SQL Server Management Studio（SSMS）のダウンロード
https://learn.microsoft.com/ja-jp/sql/ssms/download-sql-server-management-studio-ssms?view=sql-server-ver16#available-languages

3.2 サーバにインストールして使う

図3-32 SQL Server Management Studio ダウンロードページ

ダウンロードした **SSMS-Setup-JPN.exe** を起動します。

図3-33 SQL Server Management Studio SSMS-Setup-JPN.exe

⚠ **CAUTION**
ユーザアカウント制御の画面が表示されたら、**はい**ボタンをクリックして許可してください。

インストールボタンをクリックしてください

図3-34　SQL Server Management Studio インストール画面

インストールが完了するまで待ちます。

図3-35　SQL Server Management Studio インストール中の画面

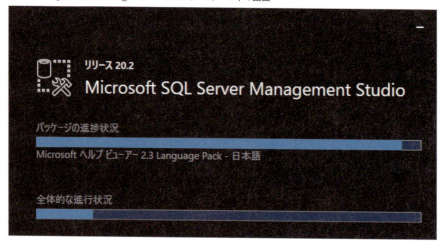

閉じるボタンをクリックしてください。

図3-36　SQL Server Management Studio インストール完了時の画面

● 6. .NET8.0のダウンロードとインストール

ブラウザを起動し、以下のURLへアクセスしてください。

.NET 8.0（Linux、macOS、Windows）のダウンロード
https://dotnet.microsoft.com/download/dotnet/8.0

下図のWebサイトより**SDK 8.0.x**の最新バージョンをダウンロードし、インストールしてください。

図3-37　.NET8

　インストールが完了したら、コマンドプロンプトまたはPowerShellを起動して以下のコマンドを実行し、**8.0.x**が表示されることを確認してください。

```
> dotnet --version
> 8.0.404
```

　ASP.NET Coreランタイムの**Windows**の欄にある**Hosting Bundle**をダウンロードし、インストールしてください。

図3-38　.NET8 Hosting Bundle

● 7. プリザンターのダウンロードと配置

以下のURLへアクセスしてください。

プリザンター｜ダウンロードセンター
https://pleasanter.org/dlcenter

1. **プリザンターのダウンロードはこちら**のフォームにメールアドレスを入力して送信します。
2. ダウンロード用のリンクがメールに返信されるのでリンクをクリックしてダウンロードを行います。
3. ダウンロードしたzipファイルを解凍してください。
4. 解凍したファイルを任意のインストール先に移動します。

> **❶ NOTE**
> 以降の手順はCドライブに**web**フォルダーを作成し、そこに**pleasanter**フォルダーを配置するものとして記述します。

図3-39 プリザンター フォルダ構成

5. SQL Serverと接続するための接続文字列の設定を行います。
   `C:¥web¥pleasanter¥Implem.Pleasanter¥App_Data¥Parameters¥Rds.json`を以下のように編集してください。

Chapter 3　プリザンターの環境準備

属性	設定値	備考
Dbms	SQLServer	
SaConnectionString	"Server=(local);Database=master;UID=sa;**PWD=XXX**;"	ＰＷＤの値はＳＱＬServerのsaアカウントのパスワードを入力してください。
OwnerConnectionString	"Server=(local);Database=#ServiceName#;UID=#ServiceName#_Owner;**PWD=YYY**;"	※PWDの値は任意のパスワードを入力してください。
UserConnectionString	"Server=(local);Database=#ServiceName#;UID=#ServiceName#_User;**PWD=ZZZ**;"	※PWDの値は任意のパスワードを入力してください。

> **ⓘ NOTE**
>
> saアカウントのパスワードは**SQL Server 2022 Expressのダウンロードとインストール**(P.73)の手順で入力したパスワードを使用してください。

◉ 8. データベースの作成

コマンドプロンプトまたはPowerShellを起動し、`Implem.CodeDefiner`フォルダーに移動し**CodeDefiner**を実行します。実行確認が表示されますので**y**を入力し、Enterを押下してください。正常に完了すると以下のように<**SUCCESS**>で始まるメッセージが2行表示されます。

```
> cd C:¥web¥pleasanter¥Implem.CodeDefiner
> dotnet Implem.CodeDefiner.dll _rds /l "ja" /z "Tokyo Standard 
Time"
<INFO> Starter.Main: Implem.CodeDefiner 1.4.10.3
<INFO> RdsConfigurator.CreateDatabase: Implem.Pleasanter
<INFO> UsersConfigurator.Execute: Implem.Pleasanter_Owner
<INFO> UsersConfigurator.Execute: Implem.Pleasanter_User
<INFO> SchemaConfigurator.Configure:
<INFO> Configurator.OutputLicenseInfo:
ServerName: (local)
Database: master
Deadline: 0001/01/01
Licensee:
Users: 0
<INFO> Configurator.OutputLicenseInfo: This edition is "Community 
Edition".
Type "y" (yes) if the license is correct, otherwise type "n" (no).
```

3.2　サーバにインストールして使う

```
...
...　（インストール中の処理状況が出力されます）
...
<SUCCESS> Starter.ConfigureDatabase: Database configuration has
been completed.
<SUCCESS> Starter.Main: All of the processes have been completed.
```

> **NOTE**
> Implem.CodeDefinerのバージョン1.4.XXX.XXXの**XXX**部分は、インストール時期に応じて異なります。

◉ 9. IISのセットアップ

インターネットインフォメーションサービス（IIS）マネージャーを開いて**アプリケーションプール**の**DefaultAppPool**を選択し、**基本設定**をクリックしてください。

図3-40　IISマネージャーのアプリケーションプールの画面

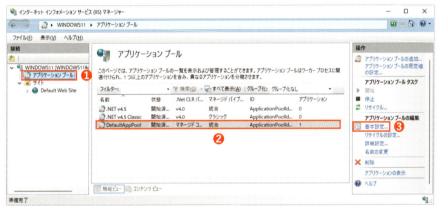

Net CLR バージョンを、**マネージコードなし**に変更し、OKボタンをクリックしてください。

図3-41 アプリケーションプールの設定画面

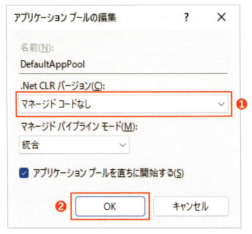

左ペインより、**サイト-Default Web Site**を選択して、右ペインの**詳細設定**をクリックしてください。

図3-42 IISマネージャー Default Web Siteの画面

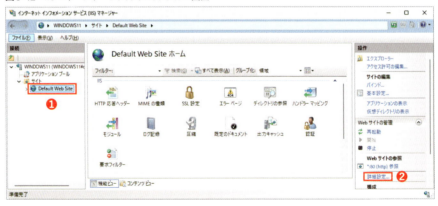

物理パスを、`C:¥web¥pleasanter¥Implem.Pleasanter`と入力して、**OK**ボタンをクリックしてください。

3.2　サーバにインストールして使う

図3-43　Default Web Siteの詳細設定ダイアログ

左ペインより、**ツリーの最上位**を選択して、右ペインの**再起動**をクリックして、IISを再起動してください。

図3-44　IISマネージャーのサーバの画面

10. プリザンターへのアクセスと初期パスワードの変更

IISの再起動後、右ペインの***.80(http)参照**をクリックし、プリザンターを起動してください。

> ⚠ **CAUTION**
> 2回目以降、プリザンターの起動を行うには、ブラウザに以下のURLを入力し、ブックマークに追加しておくと便利です。
> http://localhost

図3-45 IISマネージャー Default Web Siteの画面

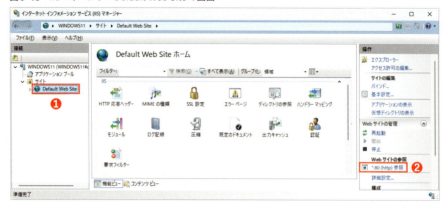

プリザンターのログイン画面にて**ログインID：Administrator**、**初期パスワード：pleasanter**を入力し、**ログイン**ボタンをクリックしてください。

図3-46 プリザンター 初期ログイン画面

ログイン後に**Administrator**ユーザのパスワード変更を求められるので、任意のパスワードを入力し、**変更**ボタンをクリックしてください。

> ⚠ WARNING
> パスワードを忘れると、プリザンターにログインできなくなるため注意してください。

図3-47 プリザンター 初期パスワード変更ダイアログ

初期画面が表示されたらインストールは成功です！

3.2.5　プリザンターを AlmaLinux にインストールする手順

ここではプリザンターを **AlmaLinux** にインストールする手順を紹介します。AlmaLinux は **CentOS** の後継として無償で利用可能な Linux OS です。この手順では Web サーバ、RDBMS など全てのソフトウェアをオープンソースソフトウェアで構成します。

◉ インストールの構成

本手順でインストールを行うソフトウェア構成は下表のとおりです。

項目	使用するソフトウェア
OS	AlmaLinux 9.x
ランタイム	.NET8
Web サーバ	nginx
RDBMS	PostgreSQL 16

◉ 前提条件

本書の手順は以下の前提条件で記載しています。

1. AlmaLinux 9.x の環境が準備されている
2. AlmaLinux に管理者権限でログインできる
3. AlmaLinux に SSH で接続可能なソフトウェアが準備できている
4. AlmaLinux がインターネットに接続されていてソフトウェアがダウンロードできる
5. AlmaLinux に他の Web アプリケーションや RDBMS がインストールされていない
6. プリザンターを起動するユーザが準備できている（手順の中で記載している＜プリザンターを起動するユーザ＞はこのユーザを指します）
7. ソフトウェアのダウンロード URL については執筆時点の情報です

◉ インストール手順

プリザンターを AlmaLinux にインストールするには、以下の手順を実施してください。

1. .NET8.0 のインストール
2. PostgreSQL のインストールと設定
3. プリザンターのインストール
4. nginx のインストール
5. プリザンターへのアクセスと初期パスワードの変更

以降では、各手順の詳細を説明します。

1. .NET8.0 のインストール

以下のコマンドを入力し、.NET 8をインストールしてください。

```
sudo wget https://dot.net/v1/dotnet-install.sh -O dotnet-install.sh
sudo chmod +x ./dotnet-install.sh
sudo ./dotnet-install.sh -c 8.0 -i /usr/local/bin
dotnet --version
8.0.404
```

> **❶ NOTE**
>
> .NETのバージョン8.0.XXXの**XXX**部分は、インストール時期に応じて異なります。

2. PostgreSQL のインストールと設定

以下のコマンドを入力し、PostgreSQL 16をインストールしてください。

```
sudo dnf install -y https://download.postgresql.org/pub/repos/yum/
reporpms/EL-9-x86_64/pgdg-redhat-repo-latest.noarch.rpm
sudo dnf install -y postgresql16-server postgresql16-contrib
```

　以下のコマンドを入力してデータベースを初期化してください。新しいスーパーユーザのパスワードが求められるので、任意のパスワードを入力してください。設定したパスワードは、**プリザンターのインストール**（P.89）にて使用するため控えてください。

```
sudo su - postgres -c '/usr/pgsql-16/bin/initdb -E UTF8 -A scram-
sha-256 -W'
```

　ログ出力の設定を行います。**/var/lib/pgsql/16/data/postgresql.conf** を（vi などの）テキストエディタで開き、以下のように編集して保存してください。

/var/lib/pgsql/16/data/postgresql.conf

```
log_destination = 'stderr'
logging_collector = on
log_line_prefix = '[%t]%u %d %p[%l]'
```

> **❶ NOTE**
> vi (vim) の使い方は、以下のURLを参照してください。
>
> Vim Cheat Sheet
> https://vim.rtorr.com/lang/ja/

以下のコマンドを入力してPostgreSQLを再起動し、サービス化してください。

```
sudo systemctl restart postgresql-16
sudo systemctl enable postgresql-16
```

外部からデータベースへのアクセス許可を行います。/var/lib/pgsql/16/data/postgresql.conf を (vi などの) テキストエディタで開き、以下の2行のコメントを解除して以下のように編集して保存してください。

/var/lib/pgsql/16/data/postgresql.conf

```
# - Connection Settings -
listen_addresses = '*'   # what IP address(es) to listen on;
port = 5432              # (change requires restart)
```

同様に /var/lib/pgsql/16/data/pg_hba.conf を (vi などの) テキストエディタで開き、に以下の行を追加します。Address欄にはアクセスを許可するIPアドレスの範囲を入力して保存してください。

/var/lib/pgsql/16/data/pg_hba.conf

```
# TYPE  DATABASE        USER            ADDRESS                 METHOD
host    all             all             192.168.1.0/24          scram-sha-256
```

以下のコマンドを入力してPostgreSQLのサービスを再起動してください。

```
sudo systemctl restart postgresql-16
```

3. プリザンターのインストール

以下のURLからプリザンターの最新バージョンをダウンロードしてください。

Pleasanter GitHub リポジトリ
https://github.com/Implem/Implem.Pleasanter/releases

Chapter 3　プリザンターの環境準備

　以下のコマンドでルートに/webディレクトリを作成し、ダウンロードしたzipファイルを解凍してください。1.4.x.xのバージョン番号の部分はダウンロードしたファイル名に合わせて入力してください。

```
sudo mkdir /web
sudo unzip Pleasanter_1.4.x.x.zip -d /web
```

❶ NOTE

unzipがインストールされていない場合は、次のように実行してください。

```
sudo dnf install unzip -y
```

　以下のコマンドでpleasanterディレクトリ配下の所有者をあらかじめ決めたプリザンターを起動するユーザに変更します。

```
sudo chown -R <プリザンターを起動するユーザ> /web/pleasanter
```

　/web/pleasanter/Implem.Pleasanter/App_Data/Parameters/Rds.jsonを（viなどの）テキストエディタで開き、接続文字列を以下のように編集して保存してください。

/web/pleasanter/Implem.Pleasanter/App_Data/Parameters/Rds.json

```
{
    "Dbms": "PostgreSQL",
    "Provider": "Local",
    "SaConnectionString": "Server=localhost;Port=5432;Database=pos
tgres;UID=postgres;PWD=<データベースを初期化した際に設定したパスワード>",
    "OwnerConnectionString": "Server=localhost;Port=5432;Database=
#ServiceName#;UID=#ServiceName#_Owner;PWD=<任意のパスワード>",
    "UserConnectionString": "Server=localhost;Port=5432;Database=#
ServiceName#;UID=#ServiceName#_User;PWD=<任意のパスワード>",
    "SqlCommandTimeOut": 600,
    "MinimumTime": 3,
    "DeadlockRetryCount": 4,
    "DeadlockRetryInterval": 1000,
    "DisableIndexChangeDetection": true,
    "SysLogsSchemaVersion": 1
}
```

3.2 サーバにインストールして使う

　以下のコマンドを実行しプリザンターのデータベースを作成してください。実行確認が表示されますのでyを入力し、Enterを押下してください。正常に完了すると以下のように<SUCCESS>で始まるメッセージが2行表示されます。

```
cd /web/pleasanter/Implem.CodeDefiner
sudo -u <プリザンターを起動するユーザ> /usr/local/bin/dotnet Implem.
CodeDefiner.dll _rds /l "ja" /z "Asia/Tokyo"
<INFO> Starter.Main: Implem.CodeDefiner 1.4.10.3
<INFO> RdsConfigurator.CreateDatabase: Implem.Pleasanter
<INFO> UsersConfigurator.Execute: Implem.Pleasanter_Owner
<INFO> UsersConfigurator.Execute: Implem.Pleasanter_User
<INFO> SchemaConfigurator.Configure: Implem.Pleasanter
<INFO> Configurator.OutputLicenseInfo:
ServerName: localhost
Database: postgres
Deadline: 0001/01/01
Licensee:
Users: 0
<INFO> Configurator.OutputLicenseInfo: This edition is "Community
Edition".
Type "y" (yes) if the license is correct, otherwise type "n" (no).
 ...
 ... （インストール中の処理状況が出力されます）
 ...
<SUCCESS> Starter.ConfigureDatabase: Database configuration has
been completed.
<SUCCESS> Starter.Main: All of the processes have been completed.
```

> **ⓘ NOTE**
> Implem.CodeDefinerのバージョン1.4.XXX.XXXのXXX部分は、インストール時期に応じて異なります。

> **⚠ CAUTION**
> タイムゾーンを指定する /z の記述は、Windows環境とLinux環境で異なりますので、注意してください。

　プリザンターをサービスとして起動するためのスクリプトを作成します。（viなどの）テキストエディタで/etc/systemd/system/pleasanter.serviceを作成し、以下の内容を入力して保存してください。Userにはプリザンターを起動するユーザを定義します。

Chapter 3　プリザンターの環境準備

/etc/systemd/system/pleasanter.service

```
[Unit]
Description = Pleasanter
Documentation =
Wants=network.target
After=network.target

[Service]
ExecStart = /usr/local/bin/dotnet Implem.Pleasanter.dll
WorkingDirectory = /web/pleasanter/Implem.Pleasanter
Restart = always
RestartSec = 10
KillSignal=SIGINT
SyslogIdentifier=dotnet-pleasanter
User = <プリザンターを起動するユーザ>
Group = root
Environment=ASPNETCORE_ENVIRONMENT=Production
Environment=DOTNET_PRINT_TELEMETRY_MESSAGE=false

[Install]
WantedBy = multi-user.target
```

以下のコマンドを実行しプリザンターをサービスとして登録・起動してください。

```
sudo systemctl daemon-reload
sudo systemctl enable pleasanter
sudo systemctl start pleasanter
```

● 4.SELinuxの設定変更

SELinuxによるリバースプロキシの制限の解除が必用な場合があります。以下コマンドを実行してください。

```
getenforce
```

a.「コマンド 'getenforce' が見つかりません。」「Permissive」「Disabled」のいずれかが表示された場合、「5.nginxのインストール」に進んでください。

b.「Enforcing」が表示された場合、以下のコマンドを実行し、リバースプロキシの制限を解除してください。

```
sudo setsebool -P httpd_can_network_connect on
```

> **⚠ CAUTION**
> 上記コマンドを実行すると、該当のサーバにおいてスクリプトやモジュールによるネットワーク接続がすべて許可されます。

● 5. nginxのインストール

HTTP:80でアクセスできるようnginxをインストールします。以下のコマンドを実行してください。

```
sudo dnf install -y nginx
sudo systemctl enable nginx
```

nginxの設定を行います。（viなどの）テキストエディタで/etc/nginx/conf.d/pleasanter.confを作成し、以下の内容を入力して保存してください。**server_name**行には実際にアクセスする**サーバのホスト名**または**IPアドレス**を指定します。

/etc/nginx/conf.d/pleasanter.conf

```
server {
    listen  80;
    server_name  192.168.1.100;
    client_max_body_size 100M;
    location / {
        proxy_pass        http://localhost:5000;
        proxy_http_version 1.1;
        proxy_set_header   Upgrade $http_upgrade;
        proxy_set_header   Connection keep-alive;
        proxy_set_header   Host $host;
        proxy_cache_bypass $http_upgrade;
        proxy_set_header   X-Forwarded-For $proxy_add_x_forwarded_
for;
        proxy_set_header   X-Forwarded-Proto $scheme;
    }
}
```

nginxのサービスを再起動します。以下のコマンドを入力してください。

```
sudo systemctl restart nginx
```

6. プリザンターへのアクセスと初期パスワードの変更

Webブラウザを開き以下のURLを入力するとプリザンターのログイン画面が表示されます。192.168.1.100の部分はAlmaLinuxのIPアドレスを入力してください。

プリザンターのログイン画面URL
http://192.168.1.100/

図3-48 プリザンター 初期ログイン

ログイン後に**Administrator**ユーザのパスワード変更を求められるので、任意のパスワードを入力し、**変更**ボタンをクリックしてください。

図3-49 プリザンター 初期パスワード変更ダイアログ

初期画面が表示されたらインストールは成功です！

3.2.6　メールが送信できるよう設定する手順

プリザンターをサーバにインストールして使う場合、メールが送信できるようにするには、パラメータファイル`/web/pleasanter/Implem.Pleasanter/App_Data/Parameters/Mail.json`を以下のように設定してください。設定が完了したら、「4.1.3 再起動」（P.110）を参考にプリザンターを再起動してください。

◉ 一般的なSMTPサーバを使用する場合

/web/pleasanter/Implem.Pleasanter/App_Data/Parameters/Mail.json

```
{
    "SmtpHost": "smtp.example.com",   // SMTPサーバのアドレスを指定。
    "SmtpPort": 25,                   // PORT番号を指定。
    "SmtpUserName": "User",           // SMTP-AUTHのユーザ名を指定。ユー
ザ認証を行わない場合にはnullを指定。
    "SmtpPassword": "********",       // SMTP-AUTHのパスワードを指定。ユ
ーザ認証を行わない場合にはnullを指定。
    "SmtpEnableSsl": false,          // SSLを有効化する場合にはtrueを指定。
～～ 中略 ～～
}
```

⚠ **CAUTION**

接続先のSMTPサーバによっては、上記以外の詳細設定が必要となる場合があります。メール送信が行えない場合には、以下のURLを参照し、追加の設定を行ってください。
https://pleasanter.org/ja/manual/mail.json

◉ SendGridを使用する場合

/web/pleasanter/Implem.Pleasanter/App_Data/Parameters/Mail.json

```
{
    "SmtpHost": "smtp.sendgrid.net", // SendGridのアドレスを指定。
    "SmtpPort": 0,                   // PORT番号は設定不要。
    "SmtpUserName": "apikey",        // "apikey"（固定値）を指定。
    "SmtpPassword": "********",      // SendGridのAPIキーを指定。
～～ 中略 ～～
}
```

Chapter 3　プリザンターの環境準備

3.3　SaaSを使う

　　プリザンターを比較的少人数で使う場合は**Pleasanter.net**を使うのが便利です。Pleasanter.net は株式会社インプリムが提供するプリザンターの**クラウドサービス** (SaaS) です。ユーザ課金の有料サービスですが、インストール作業や環境のメンテナンスを行わずに利用できます。

> ⚠️ **CAUTION**
>
> Pleasanter.netでは、ユーザ管理機能などが使用できないため、第4章以降の手順をそのまま実施できません。第4章以降の手順をそのまま実施するには、「3.1 デモ環境で試す」(P.56) または「3.2 サーバにインストールして使う」(P.60) を参照し、環境を準備してください。

> ⚠️ **CAUTION**
>
> Pleasanter.netのプラン、機能、価格、利用開始の手順、制限事項などは変更となる可能性がありますので注意してください。最新の情報については以下のURLを確認してください。
> https://pleasanter.net

3.3.1　Pleasanter.net のプラン

　　Pleasanter.net はリーズナブルな料金で利用可能なクラウドサービスです。フォームから申し込むだけで利用できます。フリープランを使用すると3名まで無料で利用できます。また有料のライトプランやスタンダードプランも申し込みの翌月末まで最大2か月間、無料で利用できます。

プラン	利用できるユーザ数	月額料金	レコード上限	オプション機能
フリープラン	3人	無料	500行	×
ライトプラン	10人	¥1,000	1,000行	×
スタンダードプラン	10人〜1000人	¥500/ユーザ	300,000行	○

3.3.2　Pleasanter.netのオプション機能

スタンダードプランではオプション機能の利用が可能です。オプション機能は下表のとおりです。

機能	説明
ReportCreate	サードパーティ製品で、ExcelやPDFの**帳票**を出力できます。
情報公開機能	ログインしていないユーザにテーブルの情報を公開できます。
IPアドレス制限	指定したIPアドレスの範囲以外からのアクセスを抑止します。
サーバスクリプト	サーバサイドで動作するスクリプトを利用可能にします。

3.3.3　Pleasanter.netの申し込み手順

◉ 1. Pleasanter.netへのアクセス

ブラウザを開いて`https://pleasanter.net`にアクセスしてください。ここで開く画面のことを**Pleasanter.netポータル**と呼びます。

◉ 2. Pleasanter.netへの登録

画面右上にある**登録**をクリックしてください。

図3-50　Pleasanter.netポータルのトップ画面

新規ユーザ登録画面が表示されるので、メールアドレスと任意のパスワードを入力し、プライバシーポリシーを確認した上で**プライバシーポリシーに同意し登録する**ボタンをクリックしてください。

図3-51　新規ユーザ登録画面

この時点でユーザの仮登録が行われます。仮登録が完了すると**電子メールを送信しました**と表示されます。

図3-52　新規ユーザ仮登録完了時の画面

電子メールをチェックし、以下の内容のメールが届いていることを確認してください。**こちら**の部分にリンクが設定されているので、クリックしてブラウザを開いてください。

> `Pleasanter.net`にご登録いただきありがとうございます。
> ユーザ登録を完了するためには、**こちら** をクリックして下さい。

⚠ **CAUTION**

メールアドレスに記載された**こちら**のリンクをクリックしないとPleasanter.netポータルのユーザの本登録は完了しません。メールが届いたら速やかにリンクをクリックしてください。メールが受信ボックスに見当たらない場合、迷惑メールに分類されてしまっている可能性があります。メーラーの迷惑メールフォルダをチェックしてください。

3. 新規ご契約

メールに記載されている**こちら**のリンクを開くと**ようこそ**画面が表示されます。**無料で始める**をクリックしてください。

図3-53 新規ユーザ登録完了後に表示されるようこそ画面

新規ご契約画面が表示されます。必要事項を入力し、利用規約を確認した上で**利用規約に同意する**にチェックを入れてください。その後、**次へ**ボタンをクリックしてください。

図3-54 新規ご契約の必要事項入力画面

お支払い画面が表示され、入力内容の確認を促されます。表示された内容に間違いがないことを確認して登録ボタンをクリックしてください。

図3-55　新規ご契約の入力内容確認画面

新規ご契約が完了すると、登録完了画面が表示されます。サービスにログインするボタンをクリックしてください。

図3-56　新規ご契約の完了画面

Pleasanter.netを利用するための**ログイン**画面が表示されます。ここで開くプリザンターの画面のことを**Pleasanter.netサービス**と呼びます。登録時に使用したメールアドレスとパスワードを入力し、**ログイン**ボタンをクリックしてください。

図3-57　Pleasanter.netサービスのログイン画面

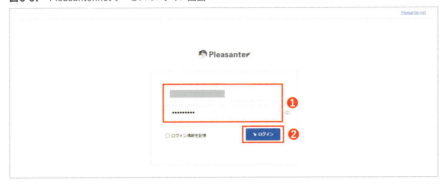

Pleasanter.netサービスへのログインが成功すると、プリザンターの機能を使用することができます。

図3-58　ログインが成功したあとに表示される画面

> **❶ NOTE**
> ここで契約した**Pleasanter.netサービス**のことを**テナント**と呼びます。Pleasanter.netでは、1つのメールアドレスで複数のテナントを契約・利用することができます。

● 4. ユーザの招待

Pleasanter.netサービスではユーザの管理機能を使用することができません。ユーザを追加するには、**Pleasanter.netポータル**を使用して、ユーザの招待を行います。

　ブラウザを開いて`https://pleasanter.net`にアクセスしてください。画面右上の**ログイン**をクリックしてください。下図のログイン画面が表示されるので、登録時に使用したメールアドレスとパスワードを入力し、**ログイン**ボタンをクリックしてください。

Chapter 3　プリザンターの環境準備

> ⚠ **CAUTION**
> Pleasanter.netポータルにログイン済みの場合、画面右上に**ログイン**は表示されません。画面右上にメールアドレスが表示されるので、それをクリックしてください。

図3-59　Pleasanter.netポータルのログイン画面

ログインが完了すると、**マイページ**画面が表示されます。**ご契約一覧**に契約中の**テナント**のリストが表示されますので、対象の**テナント**をクリックしてください。

図3-60　マイページ画面

テナントをクリックすると**テナントの管理**画面が表示されます。**ユーザの管理**をクリックしてください。

図3-61 テナント管理画面

ユーザの管理画面が表示されます。**ユーザを招待する**をクリックしてください。

図3-62 ユーザの管理画面

ユーザの招待画面が表示されます。招待したいユーザのメールアドレスを入力し、**招待する**をクリックしてください。**○○○ に招待メールを送信しました。**と表示されます。

図3-63 ユーザの招待画面

> **❶ NOTE**
> 管理者のチェックをオンにして招待を送ると、**Pleasanter.netサービス**の管理者として設定することができます。**Pleasanter.netサービス**の管理者は、ユーザの招待や削除を行うことができます。

● 5. 招待されたユーザの登録

> **⚠ CAUTION**
> この手順を実施する際は、Pleasanter.netにログインしている場合、必ずログアウトしてください。他のユーザでログイン中に操作を行うと、正しく実行できないことがあります。一人で複数のメールアドレスを管理し、**4. ユーザの招待**の手順を同じパソコンで続けて操作する場合は注意してください。

招待を受けたユーザのメーラーには、以下のメールが届きます。**こちら**の部分にリンクが設定されているので、クリックしてブラウザを開いてください。

```
○○○（○○○）様から Pleasanter.net の** ○○○○○ **に招待されています。
ご利用いただくためには こちら をクリックしていただき、ユーザ登録をお願いします。
```

リンクをクリックすると、新しいアカウントの作成画面が開きます。任意のパスワードを入力し、プライバシーポリシーを確認した上で**プライバシーポリシーに同意し登録する**ボタンをクリックしてください。

図3-64 招待されたユーザのアカウントの作成画面

利用規約の確認画面が開きます。利用規約を確認した上で**利用規約に同意する**にチェックを入れてください。その後、**登録する**ボタンをクリックしてください。

図3-65 利用規約の確認画面

Pleasanter.netサービスのログイン画面が表示されます。登録時に使用したメールアドレスとパスワードを入力し、**ログイン**ボタンをクリックしてください。

図3-66 Pleasanter.netサービスのログイン画面

Pleasanter.netサービスへのログインが成功すると、プリザンターの機能を使用することができます。

図3-67 ログインが成功したあとに表示される画面

Chapter 3　プリザンターの環境準備

3.3.4　Pleasanter.netの利用用途

数人から数十人のチームでの情報共有、顧客情報の管理、プロジェクト管理、ワークフローなどを行う用途に適しています。インターネットで利用できるため、企業間の情報共有やコラボレーションを行うこともできます。

3.3.5　Pleasanter.netの制限事項

ここではPleasanter.netの制限事項を記載します。これらの制限が利用目的にそぐわない場合は、「3.2 サーバにインストールして使う」（P.60）を検討してください。

◉ パラメータの変更

Pleasanter.netではパラメータの変更ができません。そのためパラメータの変更によって動作する機能を使用することはできません。

◉ 使用量の制限

- **レコード数の最大値**：スタンダードプランで300,000件
- **ユーザ数の最大値**：スタンダードプランで1,000人
- **インポート時のレコード数の上限**：10,000件
- **登録可能な添付ファイル1つ当たりの最大サイズ**：500MB

◉ 使用できない機能の一覧

- ユーザ管理機能（ユーザの追加、変更、削除はPleasanter.netの管理画面を使用してください）
- 組織管理機能（グループ機能で代替してください）
- ユーザ認証に関連する機能（LDAP認証 /SAML認証 /TOTP認証 /2段階認証）
- 特権ユーザ
- ユーザ招待機能（Pleasanter.net独自の招待機能を使用してください）
- 拡張機能（拡張CSS/ 拡張スクリプト/ 拡張SQL）
- アナウンス機能

◉ その他の制限

- プリザンターの停止、再起動（定期メンテナンス時以外は常時起動しています）

Chapter 4

プリザンターの基本操作

　本章は、第5章から第7章で行うアプリ開発のための事前準備と、必要な前提知識を習得することを目的としています。プリザンターは多機能なため、基本を理解せずに操作を始めると、理解に時間がかかる場合があります。プリザンターの基本的な操作方法を学習するために、本章の手順を必ず実施してください。

4.1 起動、停止、再起動

この節では、プリザンターの起動、停止、再起動の手順について説明します。Windows環境とLinux環境で手順が異なりますので、対応するOSの手順を参照してください。

> **⚠ CAUTION**
> 本節の手順はデモ環境で実施することができません。この手順を実施するには、「3.2 サーバにインストールして使う」（P.60）を参照し、環境を準備してください。

> **⚠ WARNING**
> プリザンターの停止や再起動を行うと、一時的にプリザンターを利用できなくなりますので注意してください。事前に利用者へシステム停止をアナウンスすることをお勧めします。プリザンターには、画面上にお知らせを表示できるアナウンス機能があります。アナウンス機能の詳細については「10.7 アナウンス機能」（P.474）を参照してください。

4.1.1 起動

本節の手順でプリザンターをインストールすると、OSの起動時にプリザンターが自動的に起動します。本項では、「4.1.2 停止」（P.109）の手順でプリザンターを停止した場合の起動手順について説明します。

● Windows

1. 管理者アカウントでログインし、**インターネット インフォメーション サービス（IIS）マネージャー**を起動してください。
2. 下図の画面が表示されますので、**開始**ボタンをクリックしてください。**開始**ボタンがアクティブになっていない場合には既に開始しています。

図4-1 IISマネージャー（開始）

● Linux

1. 管理者アカウントでログインし、以下のコマンドを入力してください。

```
sudo systemctl start pleasanter
```

4.1.2 停止

システムのメンテナンスなどで、プリザンターへのアクセスを遮断したい場合、以下の手順でプリザンターを停止してください。

> **❶ NOTE**
> サーバのシャットダウンが必要な場合には、各OSをシャットダウンしてください。事前にプリザンターを停止する必要はありません。

● Windows

1. 管理者アカウントでログインし、**インターネット インフォメーション サービス（IIS）マネージャー**を起動してください。
2. 下図の画面が表示されますので、**停止**ボタンをクリックしてください。**停止**ボタンがアクティブになっていない場合には既に停止しています。

図4-2　IISマネージャー（停止）

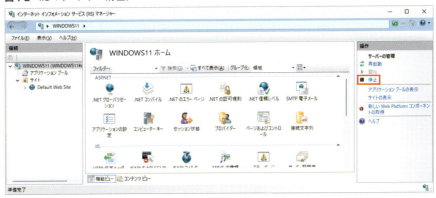

● Linux

1. 管理者アカウントでログインし、以下のコマンドを入力してください。

```
sudo systemctl stop pleasanter
```

4.1.3 再起動

パラメータファイルを変更した場合、変更を反映させるにはプリザンターを再起動してください。再起動の手順は以下のとおりです。

● Windows

1. 管理者アカウントでログインし、**インターネット インフォメーション サービス（IIS）マネージャー**を起動してください。
2. 下図の画面が表示されますので、**再起動**ボタンをクリックしてください。**再起動**ボタンがアクティブになっていない場合には停止しているため、**起動**ボタンをクリックしてください。

図4-3　IISマネージャー（再起動）

● Linux

1. 管理者アカウントでログインし、以下のコマンドを入力してください。

```
sudo systemctl restart pleasanter
```

4.2 ログイン、ログアウト

この節では、プリザンターのログインおよびログアウトについて説明します。プリザンターでは、ユーザ毎に操作権限が異なるため、どのユーザで操作するかが重要です。本書の各手順には、実施する際に必要なユーザが明記されています。手順を実施する際は、ユーザを間違えないように十分注意してください。本節では、ユーザのログインおよびログアウトの操作方法について説明します。

4.2.1 ログイン

プリザンターにログインするには、ブラウザでプリザンターのURLにアクセスします。ログイン画面では、**ログインID**と**パスワード**を入力し、**ログイン**ボタンをクリックしてください。

図4-4 ログイン画面

> **❶ NOTE**
> プリザンターには、テーブルやレコードに直接アクセスするためのURLが存在します。ログインしていない状態でこれらのURLにアクセスすると、ログイン画面が表示されます。ログインIDとパスワードを入力してログインに成功すると、リクエストしたURLに自動的に遷移します。

4.2.2 ログアウト

ログイン中にログアウトするには、ナビゲーションメニューの**人間**アイコンをクリックし、**ログアウト**をクリックしてください。

図4-5 ログアウトメニュー

⚠ **WARNING**

ログアウトすると、ブラウザの別のタブで開いている画面も操作できなくなります。ログアウトする前に、保存していないデータがないか確認してください。

4.3 ユーザとグループの操作

4.3 ユーザとグループの操作

　プリザンターは複数人で利用するためのWebデータベースです。はじめに複数人で利用するための事前準備として、**ユーザ**や**グループ**の登録を行います。

> **! NOTE**
> この手順以降、プリザンターの画面の呼称を使用します。下図を参考に覚えてください。
>
> フィルタエリア、ナビゲーションメニュー、コマンドボタンエリア

メッセージ

4.3.1 ユーザの登録

> ⚠ **CAUTION**
> デモ環境には、デモデータとしてユーザの登録が済んでいます。そのため、本手順は省略し、「4.3.2 グループの登録」(P.116) に進んでください。

ユーザを登録するとログインIDとパスワードでプリザンターにログインできます。他のユーザでログイン中の場合にはログアウトを行い、下表に示すユーザでログインしなおしてください。

ログインID	パスワード
Administrator	「3.2 サーバにインストールして使う」(P.60) で設定したパスワード

ナビゲーションメニューの**歯車**ボタンをクリックしてください。管理メニューが開くので**ユーザの管理**をクリックしてください。

図4-6 ユーザの管理メニュー

ユーザの一覧画面が表示されます。**インポート**ボタンをクリックしてください。

図4-7 ユーザの一覧画面（インポートボタン）

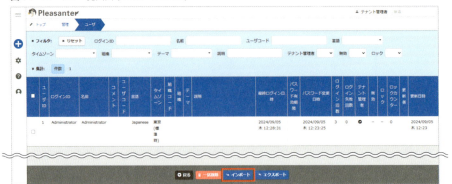

4.3　ユーザとグループの操作

ファイル名にサンプルデータ**sample04-03-01-01.csv**を指定し、文字コードは**Shift-JIS**のまま**インポート**ボタンをクリックしてください。

図4-8　ユーザのインポートダイアログ

インポートが完了すると、**20件追加し、0件更新しました。**と表示されます。

図4-9　ユーザのインポートが完了した画面

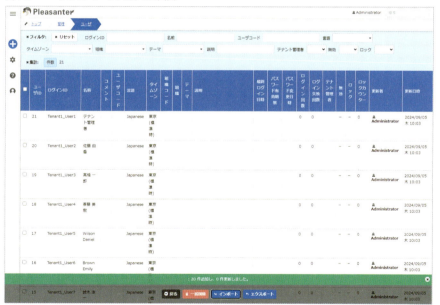

> **ⓘ NOTE**
> **ユーザ**はナビゲーションメニューの**+**ボタンから1件ずつ追加することもできますが、人数が多い場合にはCSVを使った一括登録をお勧めします。

> **ⓘ NOTE**
> AD（Active Directory）やSAMLといったユーザ認証基盤が導入されている場合には、これらと連携してユーザ管理を簡略化できます。詳細については、「8.2 ユーザ認証」（P.324）を参照してください。

4.3.2 グループの登録

この操作は前項を実施した後に続けて行ってください。他のユーザでログイン中の場合にはログアウトを行い、下表に示すユーザでログインしなおしてください。

環境	ログインID	パスワード
デモ環境の場合	管理者ID（例:Tenant13968_User1）	管理者IDのパスワード
サーバにインストールした環境の場合	Administrator	「3.2 サーバにインストールして使う」（P.60）で設定したパスワード

> **! CAUTION**
> デモ環境には **Administrator** が存在しません。デモ環境でこの手順を実施する場合は、申し込み後に届いたメールに記載されている管理者IDとパスワードを使用してください。

ナビゲーションメニューの**歯車**ボタンをクリックしてください。管理メニューが開くので**グループの管理**をクリックしてください。

図4-10　グループの管理メニュー

インポートボタンをクリックすると、下図のダイアログが開きます。ファイル名にサンプルデータ **sample04-03-02-01.csv** を指定し文字コードは **Shift-JIS** のまま**インポート**ボタンをクリックしてください。

> **! CAUTION**
> デモ環境の場合、事前にCSVを編集する必要があります。メモ帳などでCSVを開き、Tenant1の部分をTenanto13968のように修正してください。13968の部分はデモ環境登録時に届いたメールで確認してください。

```
グループ名,メンバー種別,メンバーキー,メンバー名,メンバーは管理者
人事部,User,Tenant13968_User7,鈴木 洋一,FALSE
人事部,User,Tenant13968_User8,田中 恵子,FALSE
```

```
人事部,User,Tenant13968_User9,渡邉 博,FALSE
人事部,User,Tenant13968_User10,山本 陽子,FALSE
営業部,User,Tenant13968_User11,中村 隆,FALSE
営業部,User,Tenant13968_User12,小林 佳子,FALSE
営業部,User,Tenant13968_User13,加藤 誠,FALSE
営業部,User,Tenant13968_User14,吉田 結,FALSE
営業部,User,Tenant13968_User15,伊藤 大輔,FALSE
技術部,User,Tenant13968_User16,佐々木 春香,FALSE
技術部,User,Tenant13968_User17,山口 太郎,FALSE
技術部,User,Tenant13968_User18,松本 美咲,FALSE
技術部,User,Tenant13968_User19,井上 健一,FALSE
技術部,User,Tenant13968_User20,村上 佳奈,FALSE
```

図4-11 グループのインポートダイアログ

インポートが完了すると下図のようにメッセージが表示されます。

図4-12 グループのインポートが完了した画面

Chapter 4　プリザンターの基本操作

4.4　サイトの操作

　ここではプリザンターの情報を格納する入れ物である**サイト**について説明します。**サイト**には下表に示す5つの種類があります。期限付きテーブルや記録テーブルは、Excelのようにさまざまなデータを格納できます。リンク機能を使えば、テーブル同士を簡単に関連付けることができます。例えば、顧客情報テーブルを作成し、関連する契約情報テーブル、商談情報テーブル、問合せ情報テーブルといったものを関連付けることで、業務システムとして利用できます。

No	サイトの種類	説明
1	フォルダ	**テーブル**、**Wiki**、**フォルダ**を格納しツリー構造でデータを管理するための機能
2	期限付きテーブル	タスク管理など期限の管理を行うための一覧表を作るための機能
3	記録テーブル	資産管理やノウハウ集など情報の記録や管理に役立つ一覧表を作るための機能
4	Wiki	メモやリンク集などに利用できるWikiを作るための機能
5	ダッシュボード	新着情報やお知らせや掲示板、他のサイトへのリンクやテーブルの内容表示など必要な情報を一覧で表示するダッシュボードを作るための機能

4.4.1　フォルダの操作

　フォルダ機能を使うと情報を階層構造化できます。組織の単位や、プロジェクトの単位などに情報を分類、整理できます。また**フォルダ**に**アクセス権**を設定し、特定のメンバーのみで情報共有を行うことができます。

　この操作は前節を実施した後に続けて行ってください。他のユーザでログイン中の場合にはログアウトを行い、下表に示すユーザでログインしなおしてください。

名前	グループ	ログインID	パスワード
テナント管理者	なし	Tenant1_User1	pleasanter!

　画面左上のロゴをクリックし、**トップ**画面に移動してください。

4.4　サイトの操作

図4-13　トップ画面

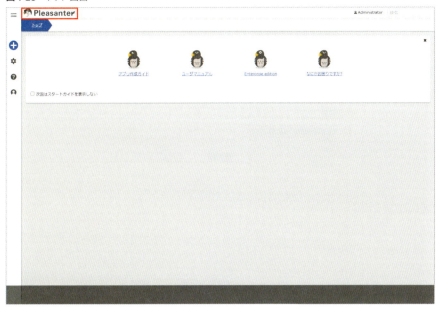

ナビゲーションメニューの**＋**ボタンをクリックしてください。テンプレート選択画面が開きます。

図4-14　テンプレート選択画面

標準タブの中から**フォルダ**を選択し画面下部にある**作成**ボタンをクリックしてください。

図4-15 テンプレート選択画面（フォルダ選択）

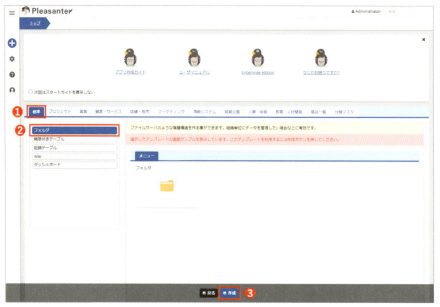

フォルダのタイトルを入力するためのダイアログが表示されるので、タイトルに**練習用フォルダ4**と入力し、**作成**ボタンをクリックしてください。

図4-16 フォルダのタイトル入力ダイアログ

作成したフォルダが表示されます。

図4-17 フォルダの作成が完了

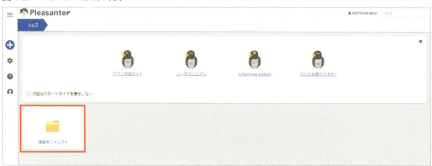

4.4 サイトの操作

作成したフォルダをクリックしフォルダ内の画面に遷移してください。

図4-18　フォルダを開いた画面

> **NOTE**
> フォルダの中には、フォルダやテーブル、Wiki、ダッシュボードを格納できます。フォルダの中にフォルダを入れて階層構造を作ることも可能です。

4.4.2　フォルダへのアクセス権の設定

この操作は前項を実施した後に続けて行ってください。他のユーザでログイン中の場合にはログアウトを行い、下表に示すユーザでログインしなおしてください。

名前	グループ	ログインID	パスワード
テナント管理者	なし	Tenant1_User1	pleasanter!

練習用フォルダ4を開いた画面でナビゲーションメニューの**歯車**アイコンをクリックし、**フォルダの管理**をクリックしてください。

図4-19　フォルダの管理メニュー

下図のような画面が開きます。

図4-20 フォルダの管理画面

サイトのアクセス制御タブを開き権限設定の中にある右側のリストから[グループ x] 人事部、[グループ x] 営業部、[グループ x] 技術部を選択してください。デモ環境では[組織 x] 人事部などもあり、間違いやすいので注意してください。マウスのドラッグ操作を行うと複数同時に選択可能です。

図4-21 サイトのアクセス制御

権限追加ボタンをクリックしてください。左側のリストに3つのグループが移動します。

4.4　サイトの操作

図4-22　サイトのアクセス制御（3つのグループの有効化）

左側のリストの**人事部**をクリックし1つだけ選択した状態にし、**詳細設定**ボタンをクリックしてください。

図4-23　サイトのアクセス制御（人事部を選択）

詳細設定ダイアログが開くので、**パターン**から**管理者**を選択し、**変更**ボタンをクリックしてください。

Chapter 4　プリザンターの基本操作

図4-24　サイトのアクセス制御（人事部の詳細設定）

コマンドボタンエリアの更新ボタンをクリックしてください。" 練習用フォルダ4 " を更新しました。と表示されます。

図4-25　フォルダの管理（更新完了）

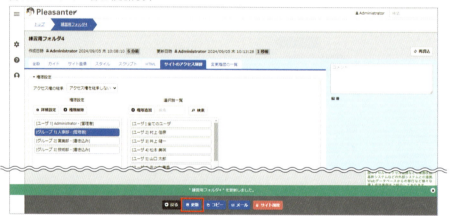

コマンドボタンエリアの戻るボタンをクリックしフォルダの画面に戻ってください。

図4-26　フォルダを開いた画面

> **❶ NOTE**
> プリザンターのアクセス制御はサイト単位だけでなく、レコード単位や項目単位に設定できます。詳しくは「8 ユーザ認証とアクセス制御」（P.322）を参照してください。

4.4.3 テーブルの操作

テーブル機能はプリザンターの中で最も重要な機能です。Excelのように自由に項目を設定することができるため、ブラウザで利用可能な汎用的なデータベースを簡単に作ることができます。

この操作は前項を実施した後に続けて行ってください。他のユーザでログイン中の場合にはログアウトを行い、下表に示すユーザでログインしなおしてください。

名前	グループ	ログインID	パスワード
テナント管理者	なし	Tenant1_User1	pleasanter!

練習用フォルダ4を開いた画面でナビゲーションメニューの**+**ボタンをクリックしてください。テンプレート選択画面が開きます。

図4-27 フォルダ内で+をクリック

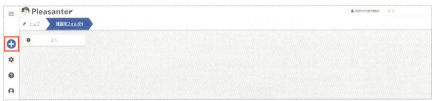

営業タブの中から**顧客情報**を選択しコマンドボタンエリアの**作成**ボタンをクリックしてください。

図4-28 テンプレート（営業タブ）

フォルダのタイトルを入力するためのダイアログが表示されるので、タイトルに**顧客情報4**と入力し、**作成**ボタンをクリックしてください。

図4-29 テーブルのタイトル入力ダイアログ

作成したテーブルが表示されます。

図4-30 フォルダ内に作成されたテーブル

顧客情報4をクリックしてください。**顧客情報4**テーブルのレコードの一覧画面が表示されます。

図4-31 作成したテーブルのレコードの一覧画面

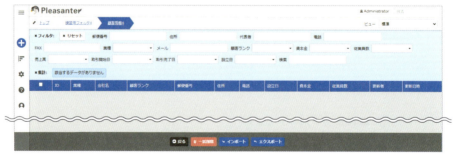

> **ⓘ NOTE**
> プリザンターでテーブルを作成する際、200種類以上のテンプレートから選択できます。

4.5 レコードの操作

レコードは**テーブル**に格納するデータで、Excelの行に相当します。**レコード**は新規登録画面から1件ずつ登録できます。また、**インポート**機能でCSVデータから一括で登録できます。格納したデータは**フィルタ**機能を使って検索できます。また、複数人で**レコード**を更新することができるため、頻繁に変更されるデータの管理に利用すると便利です。**レコード**の更新を行うと**変更履歴**機能により、変更前のデータが自動的に保存されます。

4.5.1 レコードの新規作成

この操作は前節を実施した後に続けて行ってください。他のユーザでログイン中の場合にはログアウトを行い、下表に示すユーザでログインしなおしてください。

名前	グループ	ログインID	パスワード
テナント管理者	なし	Tenant1_User1	pleasanter!

「4.4.3 テーブルの操作」（P.125）で作成した**顧客情報4**テーブルのレコードの一覧画面を開いてください。

図4-32　顧客情報4テーブルのレコードの一覧画面

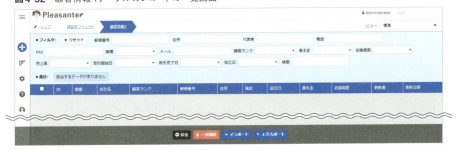

ナビゲーションメニューの**+**ボタンをクリックしてください。レコードの新規作成画面が開きます。**会社名**に**株式会社テスト4**と入力し、コマンドボタンエリアの**作成**ボタンをクリックしてください。

図4-33 顧客情報4テーブルのレコードの新規作成画面

"株式会社テスト4"を作成しましたと表示されます。

図4-34 レコードの作成が完了した画面

> 🛈 NOTE
> 新規にレコードを作成するとレコードに固有のIDが付与されます。このIDはプリザンター全体で一意のもので、レコードのURLにも含まれます。また検索キーワードとしても利用できます。

4.5.2 CSVデータによるレコードのインポート

　この操作は前項を実施した後に続けて行ってください。他のユーザでログイン中の場合にはログアウトを行い、下表に示すユーザでログインしなおしてください。

名前	グループ	ログインID	パスワード
テナント管理者	なし	Tenant1_User1	pleasanter!

　顧客情報4テーブルのレコードの一覧画面を開いてください。

図4-35　顧客情報4テーブルのレコードの一覧画面

インポートボタンをクリックすると、下図のダイアログが開きます。CSVファイルにサンプルデータsample04-05-01-01.csvを指定し文字コードは**Shift-JIS**のまま**インポート**ボタンをクリックしてください。

図4-36　インポートのダイアログ

インポートが完了すると下図のように顧客情報テーブルのレコードの一覧が表示されます。

図4-37　サンプルデータのインポートが完了した画面

> **❶ NOTE**
> エクスポートしたCSVを編集して、上書きインポートすることも可能です。上書きインポートを行う場合にはダイアログにある**キーが一致するレコードを更新する**チェックをオンにします。

4.5.3　レコードの検索

　この操作は前項を実施した後に続けて行ってください。他のユーザでログイン中の場合にはログアウトを行い、下表に示すユーザでログインしなおしてください。

名前	グループ	ログインID	パスワード
テナント管理者	なし	Tenant1_User1	pleasanter!

● 顧客ランクによるフィルタ

　「4.4.3 テーブルの操作」（P.125）で作成した**顧客情報4**テーブルのレコードの一覧画面を開いてください。

図4-38　顧客情報4テーブルのレコードの一覧画面

　顧客ランクフィルタのドロップダウンリストを開き**A**にチェックを入れてください。**顧客ランク**が**A**のレコードがフィルタ結果として表示されます。

図4-39　顧客ランクがAのレコードがフィルタされた画面

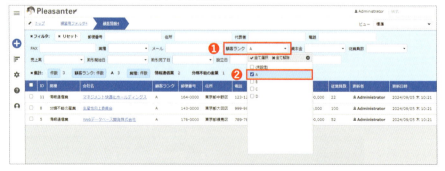

4.5　レコードの操作

リセットボタンをクリックしてフィルタを解除してください。

図4-40　フィルタが解除された画面

> **❶ NOTE**
> 選択式の項目でフィルタを行う場合、複数の選択肢にチェックを付けることで、OR条件で検索できます。

● キーワードによるフィルタ

顧客情報4テーブルのレコードの一覧画面を開いてください。

図4-41　顧客情報4テーブルのレコードの一覧画面

検索テキストボックスにプリザンターと入力しEnterキーを押下してください。プリザンターという検索文字列を含んだレコードがフィルタされて表示されます。

図4-42 プリザンターという検索文字列でフィルタされた画面

リセットボタンをクリックしてフィルタを解除してください。

図4-43 フィルタが解除された画面

> **! NOTE**
> キーワードをスペースで区切って複数入力した場合にはAND条件での検索となります。OR条件で検索する場合には**プリザンター or 快適化**のように入力してください。orの前後には半角の空白が必要です。

> **! NOTE**
> フィルタ機能の詳細については「10.1 フィルタ機能」（P.444）を参照してください。

4.5.4 レコードのソート

この操作は前項を実施した後に続けて行ってください。他のユーザでログイン中の場合にはログアウトを行い、下表に示すユーザでログインしなおしてください。

名前	グループ	ログインID	パスワード
テナント管理者	なし	Tenant1_User1	pleasanter!

「4.4.3 テーブルの操作」（P.125）で作成した**顧客情報4**テーブルのレコードの一覧画面を開いてください。

4.5 レコードの操作

図4-44 顧客情報4テーブルのレコードの一覧画面

一覧のヘッダにある**資本金**をクリックしてください。一覧が**資本金**の低い順にソートされて表示されます。

図4-45 資本金の低い順にソートされた画面

もう一度**資本金**をクリックしてください。一覧が**資本金**の高い順にソートされて表示されます。

Chapter 4　プリザンターの基本操作

図4-46　資本金の高い順にソートされた画面

もう一度クリックするか、**資本金**にマウスを乗せた際に表示されるメニューから**リセット**をクリックしてください。ソートが解除され元の並び（**更新日時**の降順）に戻ります。

図4-47　ソートが解除された画面

> **NOTE**
>
> ソートは複数の項目で行うことが出来ます。**資本金**で降順のソート、**従業員数**で降順のソートの順番に操作した場合、**資本金**の降順でソートされ、**資本金**が同じレコードは**従業員数**の降順で並びます。

> **NOTE**
>
> プリザンターのテーブルの既定のソート順は**更新日時**の降順となります。最近、更新されたものが一番上に表示される仕様となっています。

134

4.5 レコードの操作

> ❗ NOTE
> ソート機能の詳細については「10.2 ソート機能」（P.456）を参照してください。

4.5.5 レコードの更新

この操作は前項を実施した後に続けて行ってください。他のユーザでログイン中の場合にはログアウトを行い、下表に示すユーザでログインしなおしてください。

名前	グループ	ログインID	パスワード
テナント管理者	なし	Tenant1_User1	pleasanter!

「4.4.3 テーブルの操作」（P.125）で作成した**顧客情報4**テーブルのレコードの一覧画面を開いてください。**株式会社プリザンター**をクリックしてください。

図4-48　顧客情報4テーブルのレコードの一覧画面

レコードの編集画面が開きます。

図4-49　レコードの編集画面

顧客ランクをAに変更、コメント欄に**顧客ランクをAに変更しました。**と入力してください。コマンドボタンエリアの**更新**ボタンをクリックしてください。

図4-50 コメント欄に顧客ランクをAに変更しましたと入力した画面

"**株式会社プリザンター**"**を更新しました。**と表示されます。

図4-51 レコードの更新が完了した画面

> **NOTE**
> レコードの更新者と異なるユーザで更新した場合や、レコードの更新日時が前日より前の場合には、更新前のデータが自動的に変更履歴に保存されます。この条件に該当しない場合でも編集画面にある**新バージョンとして保存**のチェックを入れると変更履歴が保存されます。

4.5.6　レコードのエクスポート

この操作は前項を実施した後に続けて行ってください。他のユーザでログイン中の場合にはログアウトを行い、下表に示すユーザでログインしなおしてください。

名前	グループ	ログインID	パスワード
テナント管理者	なし	Tenant1_User1	pleasanter!

4.5 レコードの操作

「4.4.3 テーブルの操作」（P.125）で作成した**顧客情報4**テーブルのレコードの一覧画面を開いてください。**エクスポート**ボタンをクリックしてください。

図4-52　顧客情報4テーブルのレコードの一覧画面

エクスポートダイアログが開くので、**書式**を**標準**、**文字コード**をShift-JISにして**エクスポート**ボタンをクリックしてください。

図4-53　エクスポートのダイアログ

エクスポートが完了するとダウンロードフォルダに**顧客情報4_YYYY_MM_DD HH_MM_SS.csv**という名前のファイルがダウンロードされます。YYYY_MM_DD HH_MM_SSの部分はエクスポートした時刻（年_月_日_時_分_秒）となります。このファイルをメモ帳で開くと下図のようにCSVデータが記録されています。

図4-54　CSVデータをメモ帳で開いた画面

> **NOTE**
> **エクスポート**したCSVデータはレコードの**一覧画面**で設定した**フィルタ**や**ソート**の状態が適用されます。

4.6 レコードの編集画面の設定

プリザンターはユーザがデータを入力する編集画面を簡単にカスタマイズできます。ここでは、テーブルのレコードの編集画面をカスタマイズする方法について説明します。

図4-55 テーブルのレコードの編集画面

4.6.1 プリザンターの項目について

プリザンターにはデータを格納するためのさまざまな項目があります。これらを組み合わせてユーザがデータを入力するための編集画面を開発できます。プリザンターで利用できる項目は以下のとおりです。一部の項目は期限付きテーブルでのみ使用できます。各項目の詳細については後述の「4.7 項目の機能と設定」（P.148）を参照してください。

No	名称	データの種類	読み取り専用	概要	期限付きテーブル	記録テーブル
1	ID	数値	○	レコードの一意なID	○	○
2	バージョン	数値	○	レコードのバージョン番号	○	○
3	タイトル	文字列		レコードを識別するためのタイトル	○	○
4	内容	文字列		自由入力、マークダウン、画像	○	○

5	開始	日時		タスクの開始を示す日時	○	
6	完了	日時		タスクの完了を示す日時	○	
7	作業量	数値		作業量を格納する項目	○	
8	進捗率	数値		進捗率（0～100%）	○	
9	残作業量	数値	○	作業量と進捗率から残作業量を自動計算	○	
10	状況	数値		レコードの状況	○	○
11	管理者	ユーザ		レコードの管理者	○	○
12	担当者	ユーザ		レコードの担当者	○	○
13	ロック	オン/オフ		レコードのロック	○	○
14	分類（A～Z）	文字列		（汎用項目）フリーテキスト入力またはドロップダウンリスト	○	○
15	数値（A～Z）	数値		（汎用項目）整数や小数	○	○
16	日付（A～Z）	日時		（汎用項目）日付と時刻	○	○
17	説明（A～Z）	文字列		（汎用項目）自由入力、マークダウン、画像	○	○
18	チェック（A～Z）	オン/オフ		（汎用項目）チェックボックス	○	○
19	添付ファイル（A～Z）	ファイル		（汎用項目）添付ファイル	○	○
20	コメント	文字列		自由入力、マークダウン、画像	○	○
21	作成者	ユーザ	○	レコードの作成者	○	○
22	更新者	ユーザ	○	レコードの更新者	○	○
23	作成日時	日時	○	レコードの作成日時	○	○
24	更新日時	日時	○	レコードの更新日時	○	○

❶ NOTE

（**汎用項目**）と記載されている分類、数値、日付、説明、チェック、添付ファイルの各項目は、それぞれA～Zの26項目まで使用できます。26項目で足りなくなった場合は、Enterprise Editionへのアップグレードにより項目数を増やすことが可能です。Enterprise Editionの詳細は、以下のURLから確認できます。
https://pleasanter.org/enterprise

❶ NOTE

内容項目、説明項目、コメント項目は、文字列の先頭に[md]と記述することでマークダウン記法を使用できます。また、画像をクリップボード経由で貼り付けることができます。

> **❗ NOTE**
> コメント項目に入力すると、コメントしたユーザと日時が自動的に記録されます。プリザンターでは、この項目を活用することで、レコードの内容について簡単にコミュニケーションを取ることができます。

4.6.2 新しい項目を追加する手順

この操作は前節を実施した後に続けて行ってください。他のユーザでログイン中の場合にはログアウトを行い、下表に示すユーザでログインしなおしてください。

名前	グループ	ログインID	パスワード
テナント管理者	なし	Tenant1_User1	pleasanter!

「4.4.3 テーブルの操作」（P.125）で作成した**顧客情報4**テーブルのレコードの一覧画面を開いてください。

図4-56 顧客情報4テーブルのレコードの一覧画面

ナビゲーションメニューの**歯車**アイコンをクリックし、**テーブルの管理**をクリックしてください。

図4-57 テーブルの管理メニュー

4.6 レコードの編集画面の設定

下図の画面が開きます。

図4-58 テーブルの管理画面

エディタタブを開きエディタの設定の中にある右側のリストから[顧客情報4]分類Iをクリックし、有効化ボタンをクリックしてください。

図4-59 [顧客情報4]分類Iをクリックし選択した画面

[顧客情報4]分類Iが左側のリストの最下部に移動します。そのまま詳細設定ボタンをクリックしてください。詳細設定画面が開くので、下表のとおり入力してください。入力が完了したら変更ボタンをクリックしてダイアログを閉じてください。

項目	設定値
表示名	与信ランク
選択肢一覧	A B C D E

図4-60 ［顧客情報4］分類Iの詳細設定画面

> **❶ NOTE**
> 項目の詳細設定画面にはさまざまな設定項目があります。ここでは詳細を割愛し、5～7章以降のアプリを作る手順で使い方を説明します。

　左側のリストの上にある**上**ボタンで、追加した［**顧客情報4**］**与信ランク**の項目の位置を変更します。［**顧客情報4**］**顧客ランク**の下の位置になるまで**上**ボタンを何度かクリックしてください。コマンドボタンエリアの**更新**ボタンをクリックしてください。

図4-61 ［顧客情報4］与信ランクの項目の位置を変更した画面

"**顧客情報4**"**を更新しました。**と表示されます。コマンドボタンエリアの**戻る**ボタンをク

リックしてレコードの一覧画面に戻ってください。

図4-62 テーブルの設定変更が完了した画面

レコードの一覧が表示されるので、任意のレコードをクリックしてください。下図のようにレコードの編集画面に新しい項目**与信ランク**が表示されます。

図4-63 レコードの編集画面に新しい与信ランク項目が表示された画面

4.6.3　不要な項目を無効化する手順

　この操作は前項を実施した後に続けて行ってください。他のユーザでログイン中の場合にはログアウトを行い、下表に示すユーザでログインしなおしてください。

Chapter 4　プリザンターの基本操作

名前	グループ	ログインID	パスワード
テナント管理者	なし	Tenant1_User1	pleasanter!

「4.4.3　テーブルの操作」（P.125）で作成した**顧客情報4**テーブルのレコードの一覧画面を開いてください。

図4-64　顧客情報4テーブルのレコードの一覧画面

ナビゲーションメニューの**歯車**アイコンをクリックし、**テーブルの管理**をクリックしてください。

図4-65　テーブルの管理メニュー

下図の画面が開きます。

図4-66　テーブルの管理画面

この手順では**業種**項目を無効にします。**エディタ**タブを開き**エディタの設定**の中にある左側のリストから[**顧客情報4**]**業種**をクリックし、**詳細設定**ボタンをクリックしてください。

図4-67 ［顧客情報4］業種をクリックし選択した画面

下図のダイアログが表示されますので、ダイアログの下部にある**リセット**ボタンをクリックしてください。

図4-68 ［顧客情報4］業種の詳細設定画面

確認メッセージ**本当にリセットしてもよろしいですか?**が表示されますので、**OK**をクリックしてください。項目の表示名が**分類F**の既定値に戻りますので**変更**ボタンをクリックし、ダイアログを閉じてください。

❶ NOTE
項目を無効化する際、リセットは必須ではありません。項目を再度利用する可能性がある場合や、レコードの編集画面では使用しないがレコードの一覧画面で使用する場合などは、リセットせずに無効化しておくことができます。

❶ NOTE
リセットや無効化を行っても、項目に登録したデータはクリアされません。

図4-69 ［顧客情報4］業種の詳細設定がリセットされ分類Fに戻った画面

　左側のリストの[顧客情報4]分類Fが選択されている状態で、**無効化**ボタンをクリックしてください。[顧客情報4]分類F項目が無効化されます。

図4-70 ［顧客情報4］分類Fを無効化する前の画面

4.6 レコードの編集画面の設定

コマンドボタンエリアの**更新**ボタンをクリックしてください。**" 顧客情報4 "** を更新しまし**た。**と表示されます。コマンドボタンエリアの**戻る**ボタンをクリックしてレコードの一覧画面に戻ってください。

図4-71 テーブルの設定変更が完了した画面

レコードの一覧が表示されるので、任意のレコードをクリックしてください。下図のように項目**業種**が無い状態でレコードの編集画面が表示されます。

図4-72 業種項目を無効化したあとのレコードの編集画面

147

Chapter 4　プリザンターの基本操作

4.7　項目の機能と設定

　プリザンターの項目は、さまざまな機能を備えています。また、項目毎に異なる設定で動作を変更できます。この節では、プリザンターで使用できる各項目の機能や設定について説明します。

4.7.1　ID

　レコード作成時に、プリザンターが自動的に付与する数値のIDです。IDはシステム全体で一意となるため、IDによってレコードを特定できます。IDはレコードだけでなく、サイト（フォルダ、テーブル、Wiki、ダッシュボード）にも付与されます。そのため、ID 100がレコードを示すとは限りません。IDは作成した順に1から連番で付与されるので重複することはありません。

> **ⓘ NOTE**
> IDはレコードのURLにも含まれます。デモ環境におけるID 9753994のレコードの編集画面のURLは以下のとおりです。
> https://demo.pleasanter.org/items/9753994

> **ⓘ NOTE**
> IDの上限値は2の63乗から1を引いた数（900兆を超える数）です。そのため、ほぼ無制限にサイトやレコードを作成できます。

4.7.2　バージョン

　レコードの変更履歴に付与されるバージョン番号です。バージョンは1から始まり、変更履歴を保存する毎に1ずつ増えていきます。変更履歴機能については、「6.6 変更履歴を利用する」（P.268）の説明を参照してください。

4.7.3　タイトル

　タイトルはプリザンターのレコードを識別するために使用する任意の文字列を入力可能な項目です。タイトルは、**カレンダー**や**カンバン**などで、レコードを識別するための文字列として使用されます。

4.7 項目の機能と設定

図4-73 カンバンの各レコードにタイトルが表示された画面

> **! NOTE**
> タイトル項目は、複数の項目を連結してタイトルを作成する**タイトル結合**という便利な機能を持っています。タイトル結合の詳細については以下のマニュアルを参照してください。
> https://pleasanter.org/ja/manual/table-management-title-combination

4.7.4　内容

後述の**説明**項目と同等の機能を有するテキストエリアです。機能の詳細は**4.7.17 説明（A～Z）**を参照してください。**内容**項目のみにある機能として、レコードの一覧画面では**タイトル/内容**項目を使用することで、**タイトル**項目と**内容**項目を1つのセルにまとめて表示できます。

図4-74　レコードの一覧画面でタイトル/内容が表示された画面

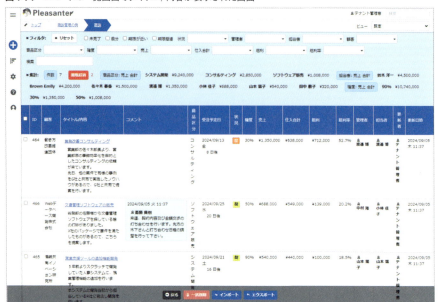

4.7.5　開始

タスク管理などの業務で使用する、作業の開始日時を入力する項目です。**ガントチャート**はこの項目を使用してチャートを描画します。この項目は**期限付きテーブル**でのみ使用できます。

4.7.6　完了

タスク管理などの業務で使用する、作業の完了日時を入力する項目です。**4.7.5 開始**項目と同様に**ガントチャート**はこの項目を使用してチャートを描画します。また、**完了**項目に設定した日時を超過していると、下図のように期限超過のアラートが表示されます。この項目は**期限付きテーブル**でのみ使用できます。

4.7 項目の機能と設定

図4-75 期限超過のアラートが表示された画面

4.7.7 作業量

タスク管理などの業務で使用する、作業の量を数値入力する項目です。既定では単位が**h**となっており時間を入力する項目となっていますが、単位は変更できるため、個数を入力することも可能です。この項目は**期限付きテーブル**でのみ使用できます。

4.7.8 進捗率

4.7.7 作業量の消化状況のパーセンテージを数値入力する項目です。**ガントチャート**では、進捗状況を示す項目として使用されます。下図では、**業務アプリケーション設定のデザインシート作成**というタスクが緑色で表示されていますが、これは、スケジュールの消化率よりも進捗率48%が上回っていることを示しています。下回っている場合にはピンク色で表示されます。この項目は**期限付きテーブル**でのみ使用できます。

図4-76 ガントチャートでタスクの進捗状況を表示した画面

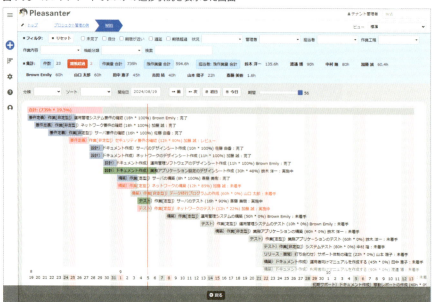

4.7.9　残作業量

4.7.7 作業量と**4.7.8 進捗率**を元に自動的に計算される残りの作業量を示す項目です。この項目は自動計算された数字を表示する項目のため、手動で入力することはできません。この項目は**期限付きテーブル**でのみ使用できます。

> **NOTE**
> 残作業量の数値は以下の計算式で計算されます。
> **作業量**－（**作業量**×**進捗率**）

4.7.10　状況

この項目は、レコードの状況（ステータス）を指定するための項目です。レコードの編集画面では、ドロップダウンリストで入力します。この項目には、既定でスタイルシート（CSS）が割り当てられており、下図のように色で状況を識別しやすくなっています。

図4-77　スタイルシートにより色で状況を識別できるようにした画面

　状況項目の選択肢は、既定で以下のように設定されています。この内容は業務に合わせて変更できます。

sample04-06-04-01.txt

```
100,未着手,未,status-new
150,準備,準,status-preparation
200,実施中,実,status-inprogress
300,レビュー,レ,status-review
900,完了,完,status-closed
910,保留,留,status-rejected
```

　選択肢はカンマ区切りのCSV形式で記述します。CSVの各列に入力されている値の意味は下表のとおりです。選択肢の完了と保留は1列目に900以上の数値が設定されているため、これが選択されているレコードは完了したものとして扱われます。

列	内容
1列目	データベースに格納するための値です。1以上の整数で入力してください。900以上の数値は完了したものとして扱われます。
2列目	レコードの編集画面に表示する際の状況の表示名です。
3列目	レコードの一覧画面などで表示する際の表示名の省略形です。
4列目	スタイルシート（CSS）のクラス名です。独自のものを設定する場合は、先頭にstatus-とつけてください。

> **NOTE**
>
> 1列目が900未満の選択肢を選択しているレコードは未完了の作業として扱われます。フィルタ機能に備わっている未完了フィルタを使用すると、これらの未完了のレコードを抽出できます。

図4-78 未完了フィルタで完了していないレコードを抽出した画面

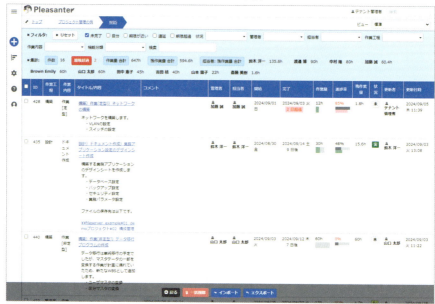

4.7.11 管理者

この項目は、レコードに記載されている内容を管理する立場にあるユーザを指定するための項目です。選択肢には [[Users]] が指定されています。ドロップダウンリストから、このテーブルにアクセスする権限を持ったユーザを選択できます。全てのユーザから選択したい場合には、[[Users*]] と指定してください。

4.7.12 担当者

この項目は、レコードに記載されている内容を担当する立場にあるユーザを指定するための項目です。管理者と同様の機能を持っています。

4.7.13 ロック

レコードのロック状態をオン/オフする項目です。この項目のチェックをオンにすると、レコードの更新や削除が禁止されます。特定のレコードを強制的に編集不可にしたい場合に使用します。ロックの解除はロックしたユーザまたは特権ユーザ以外が行うことはできないため注意してください。

> **NOTE**
> ロックされたレコードは下図のように表示されます。この状態では、レコードの**更新**ボタンや**削除**ボタンが表示されません。

図4-79 ロックされたレコードの編集画面

4.7.14 分類（A～Z）

データの分類に使用できる汎用項目です。分類Aから分類Zまで、最大26項目を使用できます。入力方法は**フリーテキスト入力**と、**選択肢**（ドロップダウンリスト）から選択する方式があります。

No	入力方法	選択肢の種類	説明
1	フリーテキスト入力	（選択肢なし）	自由に文字列を入力
2	選択肢	選択肢に記述したリスト	選択肢に記述したリストから選択
3	選択肢	リンク	他のテーブルのレコードの一覧から選択（他のテーブルをマスタデータとして使用）
4	選択肢	組織	組織の一覧から選択
5	選択肢	グループ	グループの一覧から選択
6	選択肢	ユーザ	ユーザの一覧から選択

　分類項目の詳細設定にある**選択肢**欄に下図のように記述することで、上表のNo1〜6を使い分けることができます。下図は、No2の設定を行ったケースです。選択肢の記述方法は、**4.7.10 状況**と同じカンマ区切りのCSV形式です。下図では、3列目（省略形）と4列目（CSSのクラス名）は省略しています。

図4-80 分類項目の詳細設定で選択肢にリストを記述した画面

　上図の設定を行うと、レコードの編集画面で下図のように選択肢が表示されます。

図4-81 選択肢にリストを記述した分類項目のドロップダウンリスト

No3のリンクを使用する場合は、選択肢に以下のようにリンク先の**サイトID**をJSON形式で記述してください。リンク機能の詳細については、後述の「5.4　リンクを設定する」（P.190）を参照してください。

sample04-06-04-02.json

```
[
    {
        "SiteId": 427
    }
]
```

No4の組織を使用する場合、選択肢には以下のようにJSON形式で記述してください。**MembersOnly**は、アクセス権のある組織のみを表示する場合はtrue、全ての組織を表示する場合はfalseとしてください。

sample04-06-04-03.json

```
[
    {
        "TableName": "Depts",
        "MembersOnly": true
    }
]
```

No5のグループを使用する場合、選択肢には以下のようにJSON形式で記述してください。MembersOnlyは、アクセス権のあるグループのみを表示する場合はtrue、全てのグループを表示する場合はfalseとしてください。

sample04-06-04-04.json

```
[
    {
        "TableName": "Groups",
```

```
      "MembersOnly": true
    }
]
```

No6のユーザを使用する場合、選択肢には以下のようにJSON形式で記述してください。MembersOnlyは、アクセス権のあるユーザのみを表示する場合はtrue、全てのユーザを表示する場合はfalseとしてください。

sample04-06-04-05.json

```
[
    {
      "TableName": "Users",
      "MembersOnly": true
    }
]
```

> **NOTE**
> 選択肢が多い場合、ドロップダウンリストから選択することが困難になります。また、プリザンターのドロップダウンリストは、500件以上の選択肢が表示できないよう制限されています。このような場合には、**検索機能を使う**をオンにしてください。

図4-82 詳細設定で検索機能を使うをオンにしたダイアログ

検索機能を使うをオンにすると、選択肢を選ぶ際に下図のような検索ダイアログでキーワード検索が行えるようになります。

図4-83 検索機能を使うをオンにした際の検索ダイアログ

❶ NOTE
複数の選択肢を設定したい場合には、**複数選択**をオンにしてください。

図4-84 詳細設定で複数選択をオンにしたダイアログ

複数選択をオンにすると、選択肢を選ぶ際に下図のような複数選択のドロップダウンリストが表示されます。この機能は前述の**検索機能を使う**と組み合わせて使うことができます。

図4-85 複数選択をオンにした分類項目のドロップダウンリスト

4.7.15 数値（A～Z）

数値の入力に使用できる汎用項目です。数値Aから数値Zまで、最大26項目を使用できます。数値項目には、主に以下の設定項目があり、業務に合わせて設定を変更して使用できます。

設定項目	説明
既定値	レコードの新規作成画面を開いた際の既定値です。
NULL許容	NULL許容をオンにした場合、空欄での登録が可能です。オフの場合、空欄にすると0となります。
単位	項目の単位として表示できます。
小数点以下桁数	0～4の範囲で指定できます。既定値は0で小数点以下の数値が入力できません。
端数処理種類	端数が発生した際の丸め方を**四捨五入**、**切り上げ**、**切り捨て**、**切り下げ**、**銀行家の丸め**から選択して設定できます。

4.7.16 日付（A～Z）

日付や時刻の入力に使用できる汎用項目です。日付Aから日付Zまで、最大26項目を使用できます。日付項目には、主に以下の設定項目があり、業務に合わせて設定を変更して

4.7 項目の機能と設定

使用できます。

設定項目	説明
エディタの書式	レコードの編集画面上での入力形式です。**年月日**、**日付と時刻（分）**、**日付と時刻（秒）** から選択して設定できます。
既定値	レコードの新規作成画面を開いた際の既定値です。0を指定すると当日、-1を指定すると前日、3を指定すると3日後が設定されます。

4.7.17 説明（A～Z）

ほぼ無制限に文字列を入力可能な**テキストエリア**の汎用項目です。説明Aから説明Zまで、最大26項目を使用できます。**説明**項目には、画像を登録する機能や、**マークダウン**書式を表示する機能があります。また、**説明**項目に**URL**形式の文字列を入力すると、自動的に**ハイパーリンク**に置換され、クリックすると該当のURLに遷移します。

> **NOTE**
> 説明項目の編集中に、クリップボードに記憶された画像データをCTRL＋Vキーの操作で貼り付けることができます。説明項目に画像を貼り付けると下図のように表示されます。

図4-86　画像を貼り付けた説明項目

> **NOTE**
> 先頭に［md］と記述するとマークダウン記法を使用できます。マークダウン記法を使用すると、テキスト入力から、下図のような見出しや表を表現できます。

図4-87　マークダウン記法を使用して記述した説明項目

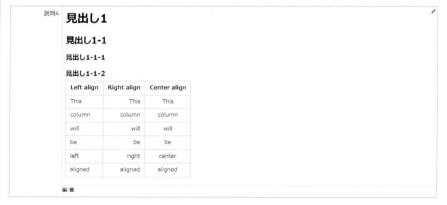

Chapter 4　プリザンターの基本操作

4.7.18　チェック（A 〜 Z）

オン/オフを入力可能なチェックボックスの汎用項目です。チェックAからチェックZまで、最大26項目を使用できます。

4.7.19　添付ファイル（A 〜 Z）

添付ファイルを登録可能な可能な汎用項目です。添付ファイルAから添付ファイルZまで、最大26項目を使用できます。**添付ファイル**項目には、主に以下の設定項目があり、業務に合わせて設定を変更して使用できます。

設定項目	説明
同名ファイルを上書きする	既定では、同じファイル名でも別のファイルとして登録されます。このチェックをオンにすると、同じファイル名を登録する際に既存のファイルが上書きされます。
ファイル数制限	この項目に添付可能なファイル数の上限を1 〜 100の間で指定します。
容量制限（MB）	この項目に添付可能な1ファイル当たりの容量の上限を1MB 〜 50MBの間で指定します。
全容量制限（MB）	この項目に添付可能な全ファイルの容量の上限を1MB 〜 1024MBの間で指定します。

> **ⓘ NOTE**
> ファイル数、容量などの最大値を変更したい場合は、パラメータファイルBinaryStorage.jsonの設定を変更してください。詳しくは以下のマニュアルを参照してください。
> https://pleasanter.org/ja/manual/binary-storage-json

4.7.20　コメント

各レコードにコメントを入力するための項目です。コメントを入力すると、入力した人の名前、時間が自動的に記録されます。**コメント**項目は**説明**項目と同様に、画像を登録する機能、**マークダウン**書式を表示する機能、**URL**形式の文字列を**ハイパーリンク**に置換する機能を有します。

4.7.21　作成者

レコードの作成者を表示する項目です。**作成者**項目は読取専用のため変更することができません。

4.7.22 更新者

レコードの更新者を表示する項目です。**更新者**項目は読取専用のため変更することができません。レコード作成時は、**作成者**と**更新者**が同一になります。

4.7.23 作成日時

レコードの作成日時を表示する項目です。**作成日時**項目は読取専用のため変更することができません。

4.7.24 更新日時

レコードの更新日時を表示する項目です。**更新日時**項目この項目は読取専用のため変更することができません。レコード作成時は、**作成日時**項目と**更新日時**項目が同一になります。

Chapter 4 プリザンターの基本操作

4.8 レコードの一覧画面の設定

レコードの一覧画面はテーブルに格納したレコードを一覧表示することができる画面です。**フィルタ**機能や**ソート**機能と組み合わせて表示するデータを絞り込んだり、並べ替えたりできます。また、**インポート**機能や**エクスポート**機能を使用して、CSVデータを一括で入力したり、出力したりできます。ここでは、一覧画面の基本機能として画面に表示する項目の設定方法について説明します。

4.8.1 レコードの一覧画面に項目を追加する手順

この操作は前節を実施した後に続けて行ってください。他のユーザでログイン中の場合にはログアウトを行い、下表に示すユーザでログインしなおしてください。

名前	グループ	ログインID	パスワード
テナント管理者	なし	Tenant1_User1	pleasanter!

「4.4.3 テーブルの操作」(P.125) で作成した**顧客情報4**テーブルのレコードの一覧画面を開いてください。

図4-88 顧客情報4テーブルのレコードの一覧画面

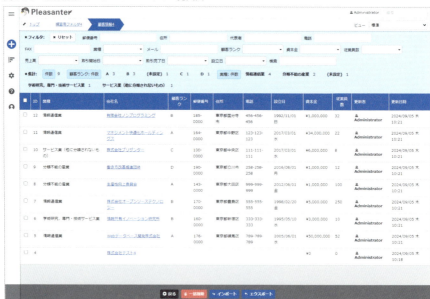

ナビゲーションメニューの**歯車**アイコンをクリックし、**テーブルの管理**をクリックしてくださ

4.8　レコードの一覧画面の設定

い。

図4-89　テーブルの管理メニュー

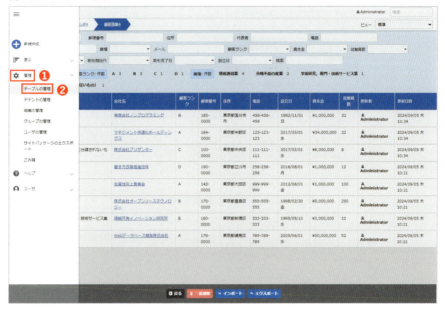

下図の画面が開きます。

図4-90　テーブルの管理画面

Chapter 4 プリザンターの基本操作

一覧タブを開き一覧の設定の中にある右側のリストから[顧客情報4]与信ランクをクリックし、有効化ボタンをクリックしてください。

図4-91 ［顧客情報4］与信ランクをクリックし選択した画面

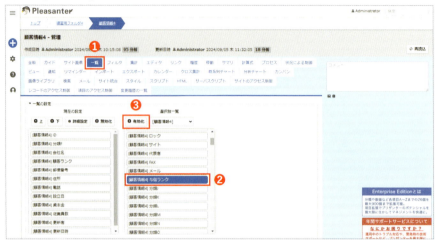

左側のリストの上にある上ボタンで、追加した[顧客情報4]与信ランクの項目の位置を変更します。[顧客情報4]顧客ランクの下の位置になるまで上ボタンを何度かクリックしてください。コマンドボタンエリアの更新ボタンをクリックしてください。

図4-92 ［顧客情報4］与信ランクの項目の位置を変更した画面

166

4.8 レコードの一覧画面の設定

"**顧客情報4**" **を更新しました。**と表示されます。コマンドボタンエリアの**戻る**ボタンをクリックしてレコードの一覧画面に戻ってください。

図4-93 テーブルの設定変更が完了した画面

一覧画面の表の**顧客ランク**の右側に新しい項目**与信ランク**が表示されます。

図4-94 新しい与信ランク項目が表示された一眼画面

4.8.2 レコードの一覧画面の項目を無効化する手順

この操作は前項を実施した後に続けて行ってください。他のユーザでログイン中の場合にはログアウトを行い、下表に示すユーザでログインしなおしてください。

名前	グループ	ログインID	パスワード
テナント管理者	なし	Tenant1_User1	pleasanter!

167

Chapter 4　プリザンターの基本操作

「4.4.3 テーブルの操作」（P.125）で作成した**顧客情報4**テーブルのレコードの一覧画面を開いてください。

図4-95　顧客情報4テーブルのレコードの一覧画面

ナビゲーションメニューの**歯車**アイコンをクリックし、**テーブルの管理**をクリックしてください。

図4-96　テーブルの管理メニュー

下図の画面が開きます。

図4-97　テーブルの管理画面

168

4.8 レコードの一覧画面の設定

　　一覧タブを開き一覧の設定の中にある左側のリストから[顧客情報4]分類Fをクリックし、無効化ボタンをクリックしてください。この項目は「4.6.3 不要な項目を無効化する手順」(P.143)でリセットをおこなった項目です。コマンドボタンエリアの更新ボタンをクリックしてください。

図4-98　[顧客情報4]分類Fをクリックし選択した画面

　　"顧客情報4"を更新しました。と表示されます。コマンドボタンエリアの戻るボタンをクリックしてレコードの一覧画面に戻ってください。

Chapter 4　プリザンターの基本操作

図4-99　テーブルの設定変更が完了した画面

下図のように項目**分類F**が無い状態で一覧画面が表示されます。

図4-100　分類Fが表示されないレコードの一覧画面

Chapter 5

顧客情報と商談管理アプリを作る

本章では顧客情報と商談管理のアプリを実際にプリザンターを使って開発する手順を説明します。このアプリを使うと、営業部門に所属する複数の担当者が、顧客対応を通じて入手した情報を共有できるので、組織的な営業活動が効率的におこなえます。

> **NOTE**
> 本章の手順ではサンプルデータを使用します。手順で指示されたサンプルデータは、以下のURLからダウンロードしてください。
> https://pleasanter.org/books/000001/index.html

5.1 顧客情報と商談管理アプリの概要

企業では顧客や商談の情報を複数人で管理・共有することが多いのではないでしょうか。例えば営業のAさんが顧客を訪問して打ち合わせを行い、営業事務のBさんが電話で問合せに回答したなど、顧客や商談には複数の担当者が携わっています。これらの活動内容が顧客や商談に紐づいて一か所に記録されていれば、顧客の状況や商談の状況を組織的に把握し、管理可能です。

図5-1 顧客と商談と活動内容の記録の関係

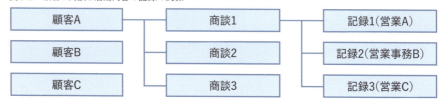

プリザンターが効果を発揮する用途の1つに、複数人によるデータの編集があります。顧客管理や商談管理は複数人で頻繁にデータを編集する必要があり、プリザンターに向いている業務と言えます。

5.1.1 本章の手順を進めるための事前準備

1. プリザンターのデモ環境、またはCommunity Editionをインストールした環境を準備してください。
2. 「4 プリザンターの基本操作」（P.107）を事前に実施してください。この章で作成したユーザやグループを使用します。
3. Community Editionで実施する場合、「3.2.6 メールが送信できるよう設定する手順」（P.95）を事前に実施してください。

5.1.2 開発するアプリの概要

本章では、プリザンターの機能を使って下図のような構成のアプリを開発します。**顧客情報**テーブルには会社名、住所、電話番号などの情報、**商談管理テーブル**には件名、売上、受注予定日などの情報を格納します。

5.1　顧客情報と商談管理アプリの概要

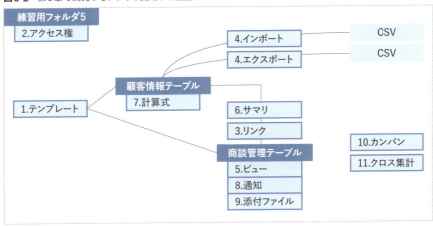

図5-2　第5章で開発するアプリと使用する機能のイメージ

手順において図中の1～11の機能を以下のように使用します。

◉ 1. テンプレート

プリザンターが持っているアプリのテンプレートを使って**顧客情報**テーブルと**商談管理**テーブルを作成します。詳細は「5.2 テンプレートからテーブルを作る」（P.175）を参照してください。

◉ 2. アクセス制御

2つのテーブルを格納する**練習用フォルダ5**にサイトの**アクセス制御**を設定します。**営業部**グループのメンバーが読取り、作成、更新、削除、インポート、エクスポートなどを行えるようにします。詳細は「5.3 アクセス権を設定する」（P.181）を参照してください。

◉ 3. リンク

リンク機能を使用して**顧客情報**テーブルと**商談管理**テーブルを紐づけます。**商談管理**テーブルでは**顧客情報**テーブルを参照して、顧客を選択できるようにします。詳細は「5.4 リンクを設定する」（P.190）を参照してください。

◉ 4. インポート/エクスポート

各テーブルにサンプルのCSVデータをインポートします。また、CSVデータがエクスポートできることを確認します。詳細は「5.5 データをインポート／エクスポートする」（P.198）を参照してください。

Chapter 5 顧客情報と商談管理アプリを作る

5. ビュー

商談管理テーブルに格納された受注済の商談のみを抽出するビュー**受注一覧ビュー**を作成し、受注済商談を簡単に絞り込めるようにします。詳細は「5.6 ビューを設定する」（P.203）を参照してください。

6. サマリ

顧客情報テーブルに**商談金額合計**と**受注金額合計**の項目を追加します。リンク機能によって**顧客情報**に紐づいた**商談管理**テーブルの商談の合計金額を自動的に計算するサマリを設定します。詳細は「5.7 サマリを設定する」（P.208）を参照してください。

7. 計算式

サマリで設定した**商談金額合計**と**受注金額合計**から**受注金額の割合**を自動的に計算する計算式を設定します。詳細は「5.8 計算式を設定する」（P.215）を参照してください。

8. 通知

商談管理テーブルのレコードが更新された際などに、関係する人にメールで通知されるよう設定します。詳細は「5.9 通知を設定する」（P.220）を参照してください。

9. 添付ファイル

商談管理テーブルに添付ファイルをアップロードします。またアップロードされた添付ファイルをダウンロードします。詳細は「5.10 添付ファイルを共有する」（P.226）を参照してください。

10. カンバン

商談管理テーブルでカンバン機能を使用して、ドラッグ＆ドロップで商談の担当者などを変更します。詳細は「5.11 カンバンでペーパーレス会議をする」（P.229）を参照してください。

11. クロス集計

商談管理テーブルでクロス集計機能を使用して、商品区分や受注予定日毎の売上金額などを集計します。詳細は「5.12 クロス集計で集計結果を確認する」（P.236）を参照してください。

5.2 テンプレートからテーブルを作る

プリザンターには**顧客情報**や**商談管理**といったアプリの**テンプレート**が200以上登録されています。このテンプレートを使用すると、簡単にアプリを作成できます。ここではテンプレートを使用してアプリの作成を行います。

5.2.1 フォルダの作成

フォルダを作成することで複数のテーブルをまとめて格納できます。フォルダを作成する手順は以下のとおりです。

● フォルダの作成手順

> **CAUTION**
> この操作を行う前に「5.1.1 本章の手順を進めるための事前準備」(P.172) が完了していることを確認してください。

他のユーザでログイン中の場合にはログアウトを行い、下表に示すユーザでログインしなおしてください。

名前	グループ	ログインID	パスワード
テナント管理者	なし	Tenant1_User1	pleasanter!

画面左上のロゴをクリックし、**トップ**画面に移動してください。

図5-3 トップ画面

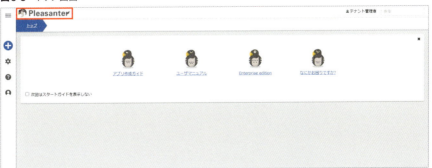

ナビゲーションメニューの新規作成ボタン（＋のアイコン）をクリックしてください。テンプレート選択画面が開きます。

図5-4 テンプレート選択画面

標準タブの中からフォルダを選択しコマンドボタンエリアの作成ボタンをクリックしてください。

図5-5 フォルダを選択した画面

フォルダのタイトルを入力するためのダイアログが表示されるので、タイトルに練習用フォルダ5と入力し、作成ボタンをクリックしてください。

図5-6 フォルダのタイトルを入力するためのダイアログ

作成したフォルダが表示されます。

図5-7 作成したフォルダがトップに表示された画面

5.2.2 顧客情報テーブルの作成

作成したフォルダをクリックしフォルダ内の画面に遷移してください。この操作は前項を実施した後に続けて行ってください。他のユーザでログイン中の場合にはログアウトを行い、下表に示すユーザでログインしなおしてください。

名前	グループ	ログインID	パスワード
テナント管理者	なし	Tenant1_User1	pleasanter!

顧客の名前、住所、連絡先などを管理する顧客情報テーブルを作成します。このテーブルは後に顧客マスタとして、他のテーブルと**リンク**して使用します。顧客情報テーブルの作成手順は以下のとおりです。

● 顧客情報テーブルの作成手順

ナビゲーションメニューの新規作成ボタン（＋のアイコン）をクリックしテンプレート選択画面を表示してください。

図5-8 テンプレート選択画面

営業タブの中から顧客情報を選択しコマンドボタンエリアにある作成ボタンをクリックしてください。

図5-9 営業タブの中から顧客情報を選択した画面

テーブルのタイトルを入力するためのダイアログが表示されるのでタイトルは顧客情報のまま、作成ボタンをクリックしてください。

図5-10 テーブルのタイトルを入力するためのダイアログ

画面に作成した顧客情報テーブルが表示されます。

図5-11 作成した顧客情報テーブルがフォルダ内に表示された画面

5.2.3 商談管理テーブルの作成

次に商談の金額、確度などを管理する商談管理テーブルを作成します。このテーブルは顧客マスタと**リンク**して顧客に紐づく商談を管理できるようにします。商談管理テーブルの作成手順は以下のとおりです。

この操作は前項を実施した後に続けて行ってください。他のユーザでログイン中の場合にはログアウトを行い、下表に示すユーザでログインしなおしてください。

名前	グループ	ログインID	パスワード
テナント管理者	なし	Tenant1_User1	pleasanter!

● 商談管理テーブルの作成手順

ナビゲーションメニューの新規作成ボタン（＋のアイコン）をクリックしテンプレート選択画面を表示してください。

図5-12 テンプレート選択画面

Chapter 5　顧客情報と商談管理アプリを作る

　　　　　　　営業タブの中から商談管理を選択しコマンドボタンエリアにある作成ボタンをクリックしてください。

図5-13　営業タブの中から商談管理を選択した画面

　　　テーブルのタイトルを入力するためのダイアログが表示されるのでタイトルは商談管理のまま、作成ボタンをクリックしてください。

図5-14　テーブルのタイトルを入力するためのダイアログ

　　　画面に作成した商談管理テーブルが表示されます。

図5-15　作成した商談管理テーブルがフォルダ内に表示された画面

5.3 アクセス権を設定する

顧客情報アプリと**商談管理**アプリについて、**営業部**の部員だけが利用できるように「4.3.2 グループの登録」（P.116）で作成したグループ**営業部**にアクセス権を付与します。

5.3.1 営業部にアクセス権を付与する手順

この操作は前節を実施した後に続けて行ってください。他のユーザでログイン中の場合にはログアウトを行い、下表に示すユーザでログインしなおしてください。

名前	グループ	ログインID	パスワード
テナント管理者	なし	Tenant1_User1	pleasanter!

> **❶ NOTE**
> アクセス権の設定を変更するには、**権限の管理**権限をもったユーザでログインしてください。権限の詳細については「5.3.5 サイトのアクセス制御の権限の種類」（P.188）を参照してください。

「5.2.1 フォルダの作成」（P.175）で作成した**練習用フォルダ5**フォルダを開いてください。**練習用フォルダ5**を開いた画面でナビゲーションメニューの管理ボタン（**歯車**のアイコン）をクリックし、**フォルダの管理**をクリックしてください。

図5-16 フォルダの管理メニュー

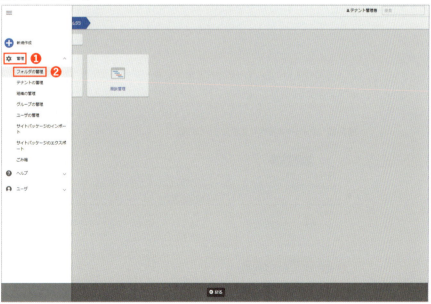

下図の画面が開くので、**サイトのアクセス制御**タブをクリックします。

図5-17 フォルダの管理画面

権限設定の中にある右側のリストから[**グループ x**]**営業部**を選択し、**権限追加**ボタンをクリックしてください。デモ環境では[**組織 x**]**営業部**などもあり、間違いやすいので注意してください。

図5-18 サイトのアクセス制御タブで営業部を選択した画面

左側のリストに[**グループ x**]**営業部**グループが移動します。コマンドボタンエリアの**更新**ボタンをクリックしてください。

図5-19 フォルダの設定変更が完了した画面

5.3 アクセス権を設定する

"練習用フォルダ5" を更新しました。と表示されたら、アクセス権の設定は完了です。いったんログアウトしてください。

> ❗ NOTE
> 上記の通りアクセス権を設定すると、営業部に対して書き込みという権限設定のパターンが適用されます。パターンについては「5.3.6 権限設定のパターン」（P.188）を参照してください。

5.3.2　アクセス権を確認する

「5.3.1 営業部にアクセス権を付与する手順」（P.181）の設定変更により、営業部員のアカウントでログインした場合にはアプリが表示され、それ以外の部門のアカウントでログインした場合にはアプリが表示されなくなっているはずです。確認してみましょう。

この操作は前項を実施した後に続けて行ってください。

● 営業部員のアカウントでアクセス権を確認する

他のユーザでログイン中の場合にはログアウトを行い、下表に示すユーザでログインしなおしてください。

名前	グループ	ログインID	パスワード
中村 隆	営業部	Tenant1_User11	pleasanter!

画面左上のロゴをクリックし、トップ画面に移動してください。中村 隆は営業部のメンバーなので練習用フォルダ5フォルダを閲覧できます。

図5-20　営業部のメンバーでログインしたトップ画面

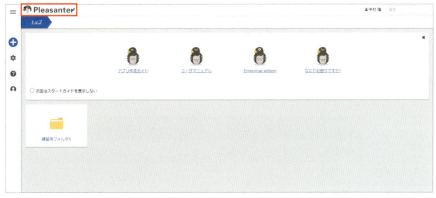

確認が済んだらログアウトしてください。

● 技術部のアカウントでアクセス権を確認する

下表に示すユーザでログインしてください。

名前	グループ	ログインID	パスワード
佐々木 春香	技術部	Tenant1_User16	pleasanter!

画面左上のロゴをクリックし、**トップ**画面に移動してください。**佐々木 春香**は**営業部**のメンバーではないため**練習用フォルダ5**フォルダが表示されません。

図5-21 営業部以外のメンバーでログインしたトップ画面

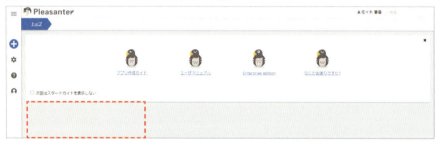

確認が済んだらログアウトしてください。

> **❶ NOTE**
> トップに作成したフォルダやテーブルは作成者が管理者となります。フォルダの配下に作成したフォルダやテーブルは、上位フォルダのアクセス権を継承します。「5.2 テンプレートからテーブルを作る」（P.175）で作成した**顧客情報**テーブルや**商談管理**テーブルは**練習用フォルダ5**に設定されたアクセス権を継承しています。

5.3.3　アクセス権を変更する

この操作は前項を実施した後に続けて行ってください。他のユーザでログイン中の場合にはログアウトを行い、下表に示すユーザでログインしなおしてください。

名前	グループ	ログインID	パスワード
中村 隆	営業部	Tenant1_User11	pleasanter!

練習用フォルダ5フォルダを開き**顧客情報**テーブルを開いてください。レコードの一覧画面のコマンドボタンエリアに**インポート**ボタンと**エクスポート**ボタンが表示されていません。アクセス権を変更して、これらのボタンが表示されるようにします。確認が済んだらログアウトしてください。

図5-22 権限が無く、インポートボタン、エクスポートボタンが表示されない画面

> **! NOTE**
> **インポート**ボタンと**エクスポート**ボタンが表示されないのは、**営業部**の権限設定の**パターン**が**書き込み**に変更されたためです。**パターン**については「5.3.6 権限設定のパターン」（P.188）を参照してください。

では、実際にアクセス権を変更します。下表に示すユーザでログインしてください。

名前	グループ	ログインID	パスワード
テナント管理者	なし	Tenant1_User1	pleasanter!

練習用フォルダ5フォルダを開いてください。

図5-23 練習用フォルダ5フォルダを開いた画面

練習用フォルダ5を開いた画面でナビゲーションメニューの管理ボタン（**歯車**のアイコン）をクリックし、**フォルダの管理**をクリックしてください。

図5-24　フォルダの管理メニュー

サイトのアクセス制御タブを開きます。

図5-25　テーブルの管理画面

権限設定の中にある左側のリストから［グループ X] 営業部 - ［書き込み］を選択し、詳細設定ボタンをクリックしてください。

図5-26　［グループ X] 営業部 - ［書き込み］を選択した画面

詳細設定ダイアログが開きます。インポートとエクスポートにチェックを付けて変更ボタンをクリックしてください。

5.3 アクセス権を設定する

図5-27 ［グループX］営業部 - ［書き込み］の詳細設定画面

左側のリストの表示が［**グループx**］**営業部** - ［**特殊**］に変わります。コマンドボタンエリアの**更新**ボタンをクリックしてください。**" 練習用フォルダ5 " を更新しました。**と表示されます。

図5-28 フォルダの設定変更が完了した画面

確認が済んだらログアウトしてください。

5.3.4 アクセス権の変更を確認する

営業部員のアカウントでログインし、**エクスポート**ボタンと**インポート**ボタンが表示されているか確認しましょう。

この操作は前項を実施した後に続けて行ってください。他のユーザでログイン中の場合にはログアウトを行い、下表に示すユーザでログインしなおしてください。

名前	グループ	ログインID	パスワード
中村 隆	営業部	Tenant1_User11	pleasanter!

顧客情報テーブルを開いてください。「5.3.3 アクセス権を変更する」（P.184）の確認結果と異なり、**インポート**ボタンと**エクスポート**ボタンが表示されています。

図5-29 営業部のメンバーでログインした顧客情報テーブルのレコードの一覧画面

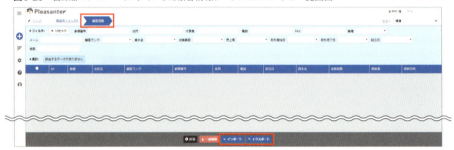

5.3.5 サイトのアクセス制御の権限の種類

サイトのアクセス制御には権限の種類が9つあります。これらの権限を組み合わせて、**組織**、**グループ**、**ユーザ**に権限を付与できます。権限を付与するには**権限の管理**権限を持ったユーザでログインしてください。

No	種類	説明
1	読取り	テーブルのレコードやWikiの表示
2	作成	テーブルのレコードの新規作成
3	更新	テーブルのレコードやWikiの更新
4	削除	テーブルのレコードやWikiの削除
5	メール送信	テーブルのレコードやWikiからメールを送信
6	エクスポート	テーブルのレコードをCSVファイルとして出力
7	インポート	CSVファイルのデータをテーブルにインポート
8	サイトの管理	サイトの作成、設定の変更、削除、サイトの移動、並び替え
9	権限の管理	サイトやレコードの権限を設定

5.3.6 権限設定のパターン

「5.3.5 サイトのアクセス制御の権限の種類」（P.188）で紹介した9種の権限を扱いやすくするために、有効な権限をセットにした権限の**パターン**が4つ用意されています。各パター

ンで有効・無効となる権限は、次表の通りです。〇が有効となる権限を、×が無効となる権限を表します。権限の追加を行うと、既定では**書き込み**パターンが設定されます。

権限	読取専用	書き込み	リーダー	管理者
読取り	〇	〇	〇	〇
作成	×	〇	〇	〇
更新	×	〇	〇	〇
削除	×	〇	〇	〇
メール送信	×	〇	〇	〇
エクスポート	×	×	〇	〇
インポート	×	×	〇	〇
サイトの管理	×	×	〇	〇
権限の管理	×	×	×	〇

　パターンに当てはまらない設定を行うことも可能です。下図は、書き込みパターンから**削除**と**メール送信**の権限をオフにし、**読取り**、**作成**、**更新**のみを許可した設定の例です。

図5-30　権限のパターンに当てはまらない設定

　パターンに当てはまらない設定を行うと、権限設定の一覧には[**特殊**]と表示されます。下図は**開発1部**にパターンに当てはまらない設定を行った場合の例です。

Chapter 5　顧客情報と商談管理アプリを作る

図5-31　権限設定の一覧に［特殊］と表示された状態

```
▼ 権限設定

アクセス権の継承  アクセス権を継承しない                              ⌄

            権限設定                              選択肢一覧

  ⚙ 詳細設定   ● 権限削除              ● 権限追加    検索              🔍 検索

  [組織 1] 会社 - [書き込み]                [ユーザ 11] 山本 陽子
  [組織 2] 取締役会 - [書き込み]             [ユーザ 12] 中村 隆
  [組織 3] 人事部 - [書き込み]              [ユーザ 13] 小林 佳子
  [組織 4] 経理部 - [書き込み]              [ユーザ 14] 加藤 誠
  [組織 5] 総務部 - [書き込み]              [ユーザ 15] 吉田 緒
  [組織 6] 営業部 - [書き込み]              [ユーザ 16] 伊藤 大輔
  [組織 7] 開発1部 - [特殊]                [ユーザ 17] 佐々木 春香
  [組織 8] 開発2部 - [書き込み]             [ユーザ 18] 山口 太郎
  [組織 9] 設備管理部 - [書き込み]           [ユーザ 19] 松本 美咲
  [ユーザ 2] テナント管理者 - [管理者]         [ユーザ 20] 井上 健一
                                       [ユーザ 21] 村上 佳奈

  ☐ 読取専用の場合は画面に表示しない
```

5.4　リンクを設定する

顧客情報テーブルと商談管理テーブルはリンク機能を使用して関連付けを行います。リンク機能により、商談を作成する際にドロップダウンリストで顧客を選択できるようになり、顧客情報テーブルを顧客マスタとして使用できるようになります。

5.4.1　リンクを行う前の事前確認

この操作は前節を実施した後に続けて行ってください。他のユーザでログイン中の場合にはログアウトを行い、下表に示すユーザでログインしなおしてください。

名前	グループ	ログインID	パスワード
テナント管理者	なし	Tenant1_User1	pleasanter!

リンク機能を使用して、2つのテーブルを以下のように紐づけます。具体的には顧客情報テーブルのサイトIDを商談管理テーブルの分類A（ClassA）に設定します。

図5-32　リンク機能を使った2つのテーブルの紐付け

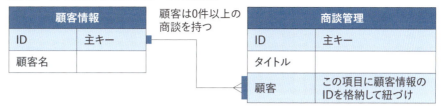

顧客情報テーブルのレコードの**一覧画面**を開き、URLに含まれる数字の部分をメモに控えてください。**一覧画面**に表示される数字が**顧客情報**テーブルの**サイトID**です。

> **!NOTE**
> URLが以下の場合、**サイトID**は427です。
> http://localhost/items/427/index

5.4.2　リンクの設定手順

この操作は前項を実施した後に続けて行ってください。他のユーザでログイン中の場合にはログアウトを行い、下表に示すユーザでログインしなおしてください。

名前	グループ	ログインID	パスワード
テナント管理者	なし	Tenant1_User1	pleasanter!

商談管理テーブルのレコードの**一覧画面**を開いてください。

図5-33　商談管理テーブルのレコードの一覧画面

ナビゲーションメニューの**歯車**アイコンをクリックし、**テーブルの管理**をクリックしてください。

Chapter 5 顧客情報と商談管理アプリを作る

図5-34 テーブルの管理メニュー

下図の画面が開きます。

図5-35 テーブルの管理画面

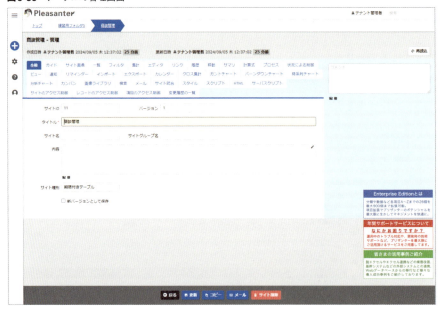

エディタタブを開き**エディタの設定**の中にある左側のリストから[**商談管理**]**顧客名**をクリックし、**詳細設定**ボタンをクリックしてください。

5.4 リンクを設定する

図5-36 エディタタブの中の[商談管理]顧客名を選択した画面

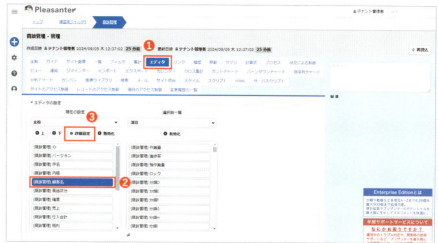

詳細設定画面が表示されますので、**選択肢一覧**に**顧客情報**の**サイトID**を指定したJSON文字列を入力して、**変更**ボタンをクリックしてください。下図はサイトIDが427の場合の入力例です。

図5-37 [商談管理]顧客名の詳細設定ダイアログ

sample05-04-02-01.json

```
[
    {
        "SiteId": 427
    }
]
```

Chapter 5　顧客情報と商談管理アプリを作る

エディタタブの画面に戻りますので、コマンドボタンエリアの更新ボタンをクリックしてください。

図5-38　テーブルの設定変更が完了した画面

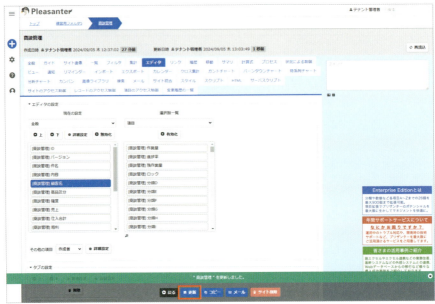

> **! NOTE**
> 上記の手順の選択肢一覧を空欄にするとリンクの設定を解除できます。

5.4.3　リンクの設定動作確認手順

この操作は前項を実施した後に続けて行ってください。他のユーザでログイン中の場合にはログアウトを行い、下表に示すユーザでログインしなおしてください。

名前	グループ	ログインID	パスワード
テナント管理者	なし	Tenant1_User1	pleasanter!

顧客情報テーブルのレコードの一覧画面を開いてください。ナビゲーションメニューの新規作成ボタン（＋のアイコン）をクリックしてください。

5.4 リンクを設定する

図5-39 顧客情報テーブルのレコードの一覧画面

レコードの新規作成画面が表示されますので、**会社名**に**株式会社テスト01**と入力し、コマンドボタンエリアの**作成**ボタンをクリックしてください。

図5-40 顧客情報テーブルのレコードの新規作成画面

" **株式会社テスト01** " **を作成しました**と表示されます。

図5-41 レコードの作成が完了した画面

商談管理テーブルのレコードの**一覧画面**を開き、ナビゲーションメニューの新規作成ボタン（＋のアイコン）をクリックしてください。

195

Chapter 5　顧客情報と商談管理アプリを作る

図 5-42　商談管理テーブルのレコードの一覧画面

レコードの新規作成画面が表示されますので、**顧客名**のドロップダウンリストをクリックしてください。**株式会社テスト01**が選択できる状態になっていれば**リンク**の設定は完了です。

図 5-43　商談管理テーブルのレコードの新規作成画面

レコードは作成せずに次の操作に進んでください。

> **NOTE**
> **リンク**の設定が完了すると、**顧客情報**テーブルに登録された顧客データを**商談管理**テーブルで使用できます。**顧客情報**テーブルのレコードが増えると**商談管理**テーブルの**顧客名**項目の選択肢が増えます。

5.4.4　テスト用レコードの削除

この操作は前項を実施した後に続けて行ってください。他のユーザでログイン中の場合にはログアウトを行い、下表に示すユーザでログインしなおしてください。

名前	グループ	ログインID	パスワード
テナント管理者	なし	Tenant1_User1	pleasanter!

テストで作成したレコードを削除します。**顧客情報**テーブルのレコードの**一覧画面**を開い

196

5.4 リンクを設定する

てください。**株式会社テスト01**をクリックしてください。

図5-44 顧客情報テーブルのレコードの一覧画面

レコードの**編集画面**が表示されますので、コマンドボタンエリアの**削除**ボタンをクリックしてください。その後、確認ダイアログ**本当に削除してもよろしいですか?**が表示されるので、**OK**をクリックしてください。

図5-45 株式会社テスト01レコードの編集画面

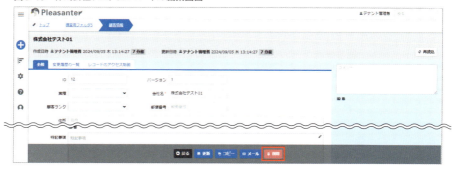

レコードの**一覧画面**に戻り" **株式会社テスト01** " **を削除しました。**と表示されます。

図5-46 レコードの削除が完了した画面

Chapter 5 顧客情報と商談管理アプリを作る

5.5 データをインポート／エクスポートする

顧客情報など、件数の多いデータは1件ずつ取り込むのに手間がかかります。ここでは、顧客情報テーブルと商談管理テーブルに必要なデータを **CSV** ファイルから取り込む手順を紹介します。また、エクスポート機能を使用して、必要なデータをCSV形式でエクスポートする手順も紹介します。

5.5.1 CSVデータのインポート

この操作は前節を実施した後に続けて行ってください。他のユーザでログイン中の場合にはログアウトを行い、下表に示すユーザでログインしなおしてください。

名前	グループ	ログインID	パスワード
テナント管理者	なし	Tenant1_User1	pleasanter!

● 顧客情報テーブルへCSVデータをインポートする手順

顧客情報テーブルを開いてください。**インポート**ボタンをクリックしてください。

図5-47　顧客情報テーブルのレコードの一覧画面

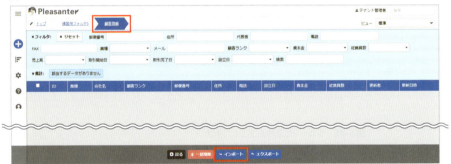

下図のダイアログが開きます。CSVファイルにサンプルデータ **sample05-04-01-01.csv** を指定し文字コードは **Shift-JIS** のまま **インポート** ボタンをクリックしてください。

5.5 データをインポート／エクスポートする

図5-48 インポートのダイアログ

インポートが完了すると下図のように顧客情報テーブルのレコードの一覧が表示されます。

図5-49 サンプルデータのインポートが完了した画面

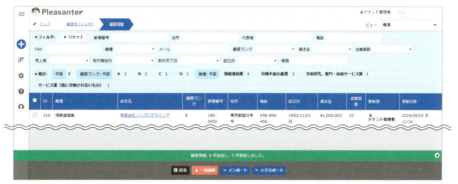

● 商談管理テーブルへCSVデータをインポートする手順

商談管理テーブルを開き、インポートボタンをクリックしてください。

図5-50 商談管理テーブルのレコードの一覧画面

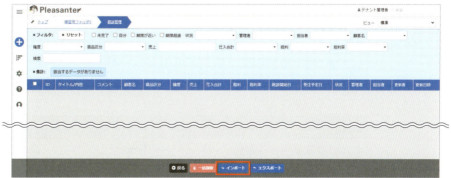

すると、下図のダイアログが開くので、CSVファイルにサンプルデータ
sample05-04-01-02.csv を指定し文字コードは **Shift-JIS** のまま**インポート**ボタンをクリックしてください。

図5-51　インポートのダイアログ

インポートが完了すると下図のように商談管理テーブルのレコードの一覧が表示されます。

図5-52　サンプルデータのインポートが完了した画面

5.5.2　CSVデータのエクスポート

この操作は前項を実施した後に続けて行ってください。他のユーザでログイン中の場合にはログアウトを行い、下表に示すユーザでログインしなおしてください。

名前	グループ	ログインID	パスワード
テナント管理者	なし	Tenant1_User1	pleasanter!

テーブルに蓄積されたデータをCSV形式でエクスポートできます。

5.5 データをインポート／エクスポートする

● 顧客情報テーブルをCSVデータとしてエクスポートする手順

顧客情報テーブルを開いてください。

図5-53 顧客情報テーブルのレコードの一覧画面

フィルタエリアに表示されている顧客ランクを開きAとBにチェックを入れてください。顧客ランクがAとBのものだけ表示されます。Xボタンをクリックしてメニューを閉じてください。

図5-54 顧客ランクがAとBのものを抽出したレコードの一覧画面

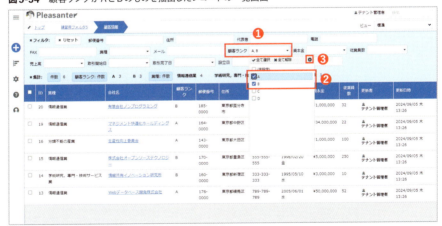

次に表のヘッダに表示されている顧客ランクにマウスカーソルを乗せるとソート機能のメニューが表示されるので昇順をクリックしてください。一覧表が顧客ランク順にソートされます。ソート結果を確認したら、コマンドボタンエリアにあるエクスポートボタンをクリックしてください。

図5-55 顧客ランクを昇順ソートしたレコードの一覧画面

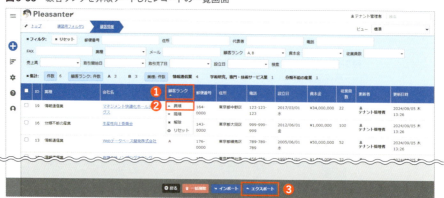

書式を**標準**、文字コードを**Shift-JIS**にしたまま**エクスポート**ボタンをクリックしてください。

図5-56 エクスポートのダイアログ

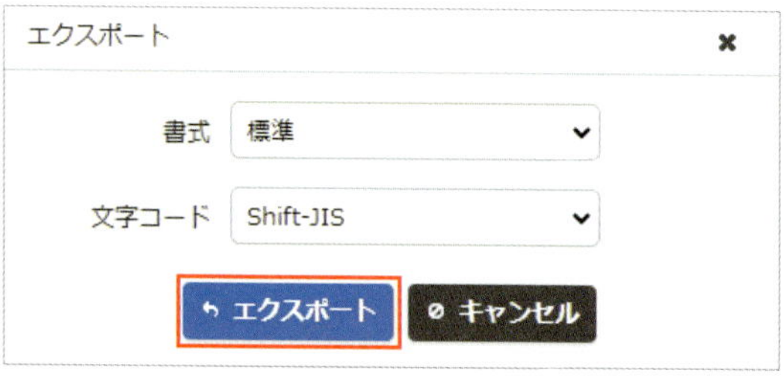

エクスポートが完了するとダウンロードフォルダに**顧客情報_YYYY_MM_DD HH_MM_SS.csv**という名前のファイルがダウンロードされます。YYYY_MM_DD HH_MM_SSの部分はエクスポートした時刻（年_月_日_時_分_秒）となります。このファイルをメモ帳で開くと下図のようにCSVデータが記録されています。

図5-57 CSVデータをメモ帳で開いた画面

> **! NOTE**
> **エクスポート**したCSVデータはレコードの**一覧画面**で設定した**フィルタ**や**ソート**の状態が適用されます。

5.6 ビューを設定する

ビュー機能を使用すると、テーブルに保存されたデータを変更することなく、データの見え方（＝ビュー）だけを変更できます。ユーザは**フィルタ**や**ソート**、レコードの**一覧画面**に表示する列などを設定することで、自在にビューを組み立てられます。

ここでは**商談管理**テーブルに、次のようなビューを作成します。

- **フィルタ**を使い、受注に結び付いた商談だけを表示する
- 受注に結び付いた商談を、受注金額が高い順（降順）に並べて表示する

5.6.1 受注一覧ビューの作成手順

この操作は前節を実施した後に続けて行ってください。他のユーザでログイン中の場合にはログアウトを行い、下表に示すユーザでログインしなおしてください。

名前	グループ	ログインID	パスワード
テナント管理者	なし	Tenant1_User1	pleasanter!

商談管理テーブルのレコードの**一覧画面**を開いてください。

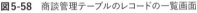

図5-58 商談管理テーブルのレコードの一覧画面

ナビゲーションメニューの管理ボタン（**歯車**のアイコン）をクリックし、**テーブルの管理**をクリックしてください。

Chapter 5　顧客情報と商談管理アプリを作る

図5-59　テーブルの管理メニュー

ビュータブをクリックし、新規作成ボタンをクリックしてください。

図5-60　ビュータブを開いた画面

ビューの編集ダイアログが開きます。名称に受注一覧と入力してください。

図5-61　ビューの新規作成ダイアログ

5.6 ビューを設定する

フィルタタブを開いてください。画面下部にあるフィルタ条件の中のドロップダウンリストを開き[商談管理]状況を選択、追加ボタンをクリックしてください。

図5-62 ビューのフィルタ条件ドロップダウンリストを開いた状態

状況のフィルタのドロップダウンリストが表示されるので、受注にチェックを入れてください。

図5-63 状況のフィルタで受注にチェックを入れた状態

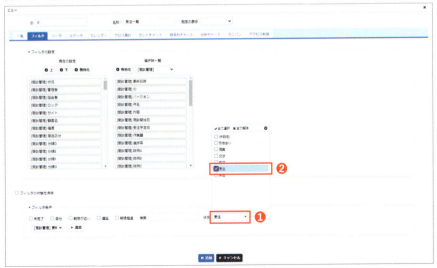

ソータタブを開いてください。ソート条件の中のドロップダウンリストを開き[商談管理]売上を選択してください。昇順/降順を降順に設定し、追加ボタンをクリックしてください。その後、ビューの編集ダイアログの下部にある追加ボタンをクリックしてください。

図5-64 ソータタブで[商談管理]売上を降順で追加した状態

ダイアログが閉じます。コマンドボタンエリアの更新ボタンをクリックしてください。"商談管理"を更新しました。と表示されます。

図5-65 テーブルの設定変更が完了した画面

5.6.1　受注一覧ビューの動作確認

この操作は前項を実施した後に続けて行ってください。他のユーザでログイン中の場合にはログアウトを行い、下表に示すユーザでログインしなおしてください。

名前	グループ	ログインID	パスワード
テナント管理者	なし	Tenant1_User1	pleasanter!

商談管理テーブルのレコードの一覧画面を開いてください。

図5-66　商談管理テーブルのレコードの一覧画面

画面右上の**ビュー**のドロップダウンリストを開き、**受注一覧**を選択してください。一覧上のレコードが下図のように受注のものだけに**フィルタ**され、売上の大きい順に**ソート**されます。

図5-67　受注一覧のビューを選択しフィルタとソートが適用されたレコードの一覧画面

Chapter 5 顧客情報と商談管理アプリを作る

5.7 サマリを設定する

サマリ機能を使うと**リンク**しているレコードの件数や数値項目の集計した値を自動的に計算できます。ここでは、顧客レコードに**リンク**している商談レコードの**合計**金額などを自動的に計算します。

図5-68 サマリ機能のイメージ図

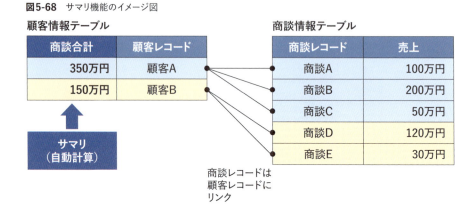

5.7.1 顧客情報テーブルにサマリ項目を追加

この操作は前節を実施した後に続けて行ってください。他のユーザでログイン中の場合にはログアウトを行い、下表に示すユーザでログインしなおしてください。

名前	グループ	ログインID	パスワード
テナント管理者	なし	Tenant1_User1	pleasanter!

「5.2.2 顧客情報テーブルの作成」(P.177)で作成した**顧客情報**テーブルのレコードの一覧画面を開いてください。

図5-69 顧客情報テーブルのレコードの一覧画面

208

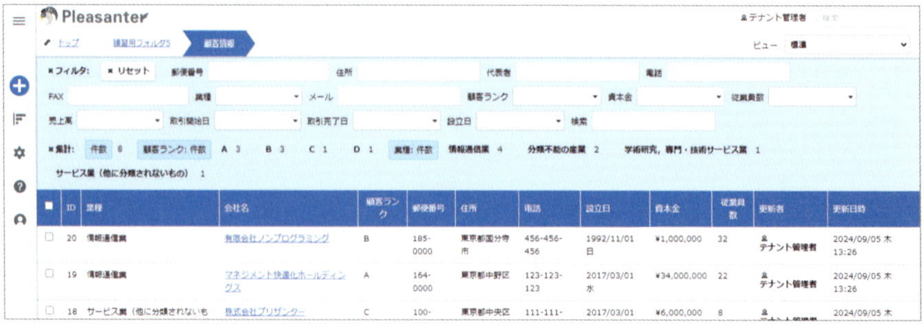

「4.6.2 新しい項目を追加する手順」（P.140）を参考に、レコードの編集画面に下表の項目を追加してください。項目の位置は**取引完了日**の次に配置されるよう設定してください。

有効化する項目	表示名	読取専用	書式
数値D	商談金額合計	オン	通貨
数値E	受注金額合計	オン	通貨

正しく設定できると、レコードの編集画面が下図のように表示されます。

> **ⓘ NOTE**
> 金額を入力する項目は書式を**通貨**にしておくと**円記号**が表示されます。

> **⚠ CAUTION**
> サマリ機能で使う項目は自動的に値が入力される項目のため、ユーザが手動で書き換えを行わないよう読取専用に設定します。

図5-70 レコードの編集画面に商談金額合計と受注金額合計が追加された画面

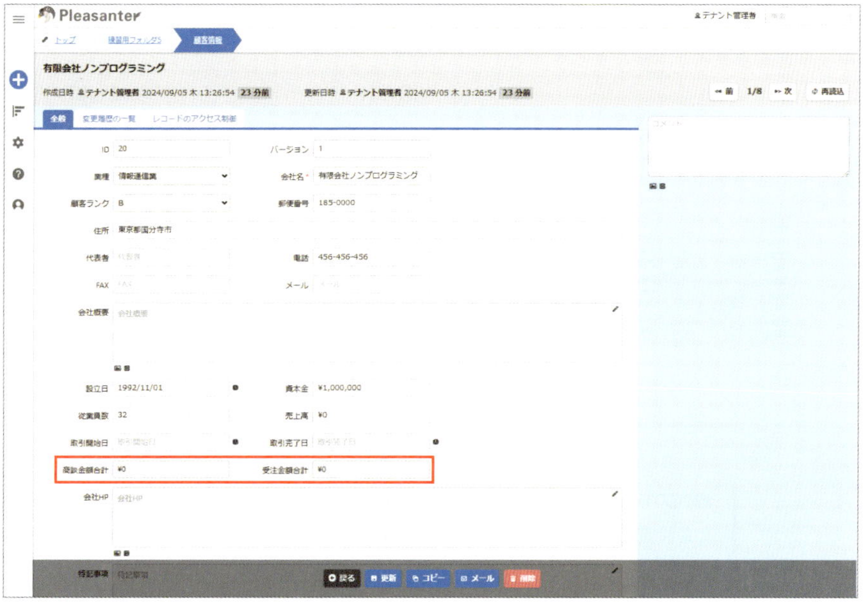

5.7.2 商談管理テーブルにサマリ項目を追加

この操作は前項を実施した後に続けて行ってください。他のユーザでログイン中の場合にはログアウトを行い、下表に示すユーザでログインしなおしてください。

名前	グループ	ログインID	パスワード
テナント管理者	なし	Tenant1_User1	pleasanter!

「5.2.3 商談管理テーブルの作成」（P.179）で作成した**商談管理**テーブルのテーブルの管理画面を開き、**サマリ**タブをクリックしてください。**新規作成**ボタンをクリックしてください。

図5-71 サマリタブを開いた画面

ダイアログが表示されるので下表のとおり設定し、**追加**ボタンをクリックしてください。

	項目	設定値
データ保存先	サイト	顧客情報
	項目	商談金額合計
	条件	（空欄）
商談管理	リンク項目	顧客名
	サマリ種別	合計
	サマリ項目	売上
	条件	（空欄）

> **NOTE**
> この設定を行うと顧客にリンクしている商談の合計金額を自動的に集計できます。

図5-72 サマリの新規作成ダイアログ（商談金額合計）

同様の手順で、下表のサマリも追加してください。

	項目	設定値
データ保存先	サイト	顧客情報
	項目	受注金額合計
	条件	（空欄）
商談管理	リンク項目	顧客名
	サマリ種別	合計
	サマリ項目	売上
	条件	受注一覧

> **NOTE**
> この設定を行うと顧客にリンクしている受注した商談の合計金額を自動的に集計できます。条件に**受注一覧**ビューを設定することで、ビューに含まれるフィルタにより対象レコードの絞り込みが行われます。

図5-73 サマリの新規作成ダイアログ（受注金額合計）

コマンドボタンエリアの**更新**ボタンをクリックしてください。**" 商談管理 " を更新しました。**と表示されます。

図5-74 テーブルの設定変更が完了した画面

Chapter 5 顧客情報と商談管理アプリを作る

> **❶ NOTE**
> サマリ種別は、合計の他に、件数、平均、最小、最大から選択できます。たとえば、顧客に紐づく商談件数をサマリしたい場合には件数を選択します。

5.7.3　商談管理テーブルのサマリ同期を行う

この操作は前項を実施した後に続けて行ってください。他のユーザでログイン中の場合にはログアウトを行い、下表に示すユーザでログインしなおしてください。

名前	グループ	ログインID	パスワード
テナント管理者	なし	Tenant1_User1	pleasanter!

「5.2.3 商談管理テーブルの作成」(P.179) で作成した**商談管理**テーブルのテーブルの管理画面を開き、**サマリ**タブをクリックしてください。サマリの一覧の左上のチェックボックスをクリックして、すべてのサマリを選択し、**同期**ボタンをクリックしてください。**データを同期してもよろしいですか?**が表示されるので、**OK**ボタンをクリックしてください。**同期が完了しました。**と表示されます。

図5-75　サマリ同期が完了した画面

> **⚠ CAUTION**
> 既にレコードが登録されているテーブルに後からサマリを設定した場合、すでに登録済みのレコードのサマリは行われません。登録済みのレコードのサマリを行うためには、この手順でサマリ同期を行ってください。

> **⚠ WARNING**
> 大量のレコードが登録されているテーブルでサマリ同期を行うと、システムに高負荷がかかる場合があります。サマリ同期は業務のオフピーク時など、できるだけ利用ユーザの少ない時間帯に実施してください。

5.7.4 サマリ結果の確認

この操作は前項を実施した後に続けて行ってください。他のユーザでログイン中の場合にはログアウトを行い、下表に示すユーザでログインしなおしてください。

名前	グループ	ログインID	パスワード
テナント管理者	なし	Tenant1_User1	pleasanter!

「5.2.2 顧客情報テーブルの作成」（P.177）で作成した**顧客情報**テーブルのレコードの一覧画面を開いてください。

レコードの一覧から**株式会社プリザンター**をクリックしてレコードの編集画面を開いてください。このレコードには受注済の商談が1件紐づいているため、**商談金額合計**と**受注金額合計**が同じ4,200,000円になっています。

図5-76 株式会社プリザンターレコードの編集画面

顧客情報のレコードの一覧に戻り**Webデータベース開発株式会社**をクリックしてレコードの編集画面を開いてください。このレコードには受注前の商談が1件紐づいているため、**商談金額合計**は688,000円ですが**受注金額合計**は0円になっています。

図5-77 Webデータベース開発株式会社レコードの編集画面

　Webデータベース開発株式会社のレコードの編集画面の下部に**リンクしたアイテムの作成**という欄がありますので、**＋商談管理**というボタンをクリックしてください。**商談管理**テーブルのレコードの新規作成画面に遷移します。下表の情報を入力して**作成**ボタンをクリックしてください。

図5-78 Webデータベース開発株式会社レコードの編集画面

件名	商談管理5
商品区分	システム開発
売上	2000000
状況	受注

　Webデータベース開発株式会社のレコードの編集画面に戻ります。関連する商談が受注前1件、受注済1件となり**商談金額合計**は2,688,000円ですが**受注金額合計**が同じ2,000,000円になります。

5.8 計算式を設定する

図5-79 リンクしたアイテムの作成が完了しサマリが再計算された画面

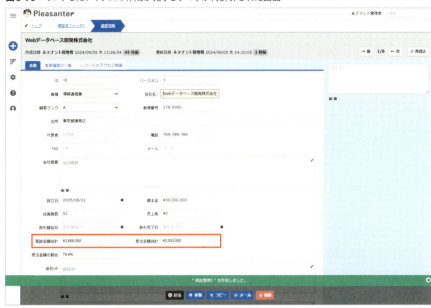

> **! NOTE**
> この後、商談管理テーブルのレコードが追加 / 変更 / 削除されると、サマリ機能が動作し、顧客情報のサマリ対象項目を自動計算します。

5.8 計算式を設定する

計算式機能を使用すると、さまざまな計算が行えます。プリザンター 1.3.50.0 以降のバージョンでは、Excelのような**関数**を使用することもできます。

5.8.1 計算結果を格納する項目を追加する

この操作は前節を実施した後に続けて行ってください。他のユーザでログイン中の場合にはログアウトを行い、下表に示すユーザでログインしなおしてください。

名前	グループ	ログインID	パスワード
テナント管理者	なし	Tenant1_User1	pleasanter!

「5.2.2 顧客情報テーブルの作成」（P.177）で作成した**顧客情報**テーブルのレコードの一覧画面を開いてください。

215

「4.6.2 新しい項目を追加する手順」(P.140) を参考に、レコードの編集画面に下表の項目を追加してください。項目の位置は受注金額合計の次に配置されるよう設定してください。

項目	表示名	読取専用	単位	小数点以下桁数
数値F	受注金額の割合	オン	%	1

正しく設定できると、レコードの編集画面が下図のように表示されます。

図5-80 受注金額の割合項目を追加したレコードの編集画面

> **NOTE**
> 単位を使うと%やkmなど数値の単位を画面に表示できます。

> **NOTE**
> 小数点以下桁数は第4位まで設定可能です。それ以下の数字は端数処理種類の設定にしたがって丸められます。既定では四捨五入の丸めが行われます。

5.8.2 計算式を追加する

この操作は前項を実施した後に続けて行ってください。他のユーザでログイン中の場合にはログアウトを行い、下表に示すユーザでログインしなおしてください。

名前	グループ	ログインID	パスワード
テナント管理者	なし	Tenant1_User1	pleasanter!

「5.2.2 顧客情報テーブルの作成」（P.177）で作成した**顧客情報**テーブルの管理画面を開き、**計算式**タブをクリックし、**新規作成**ボタンをクリックしてください。

図5-81 計算式タブを開いた画面

ダイアログが表示されるので下表のように設定し、**追加**ボタンをクリックしてください。

計算方法	既定
対象	受注金額の割合
計算式	受注金額合計 / 商談金額合計 * 100
表示名を使用しない	オフ
条件	（空欄）

図5-82 計算式の新規作成ダイアログ

> ⓘ NOTE
> 計算式で使われている / は÷（除算）を、* は×（乗算）を意味します。

コマンドボタンエリアの**更新**ボタンをクリックしてください。**" 顧客情報 " を更新しました。**と表示されます。

図5-83 テーブルの設定変更が完了した画面

5.8.3 顧客情報テーブルの計算式の同期を行う

　この操作は前項を実施した後に続けて行ってください。他のユーザでログイン中の場合にはログアウトを行い、下表に示すユーザでログインしなおしてください。

名前	グループ	ログインID	パスワード
テナント管理者	なし	Tenant1_User1	pleasanter!

　「5.2.2 顧客情報テーブルの作成」（P.177）で作成した**顧客情報**テーブルのテーブルの管理画面を開き、**計算式**タブをクリックしてください。計算式の一覧の左上のチェックボックスをクリックして、すべての計算式を選択し、**同期**ボタンをクリックしてください。**データを同期してもよろしいですか?**が表示されるので、**OK**をクリックしてください。**同期が完了しました。**と表示されます。

図5-84 計算式の同期が完了した画面

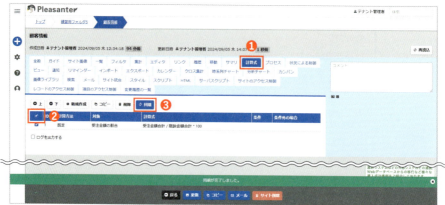

⚠ CAUTION

既に登録済みのレコードが入っているテーブルに後から計算式を設定した場合、登録済みのレコードの計算は行われません。登録済みのレコードの計算を行うためには、この手順で計算式の同期を行ってください。

⚠ WARNING

大量のレコードが格納されているテーブルで計算式の同期を行うと、システムに高負荷がかかる場合があります。サマリ同期は業務のオフピーク時など、できるだけ利用ユーザの少ない時間帯に実施してください。

5.8.4 計算式の結果の確認

この操作は前項を実施した後に続けて行ってください。他のユーザでログイン中の場合にはログアウトを行い、下表に示すユーザでログインしなおしてください。

名前	グループ	ログインID	パスワード
テナント管理者	なし	Tenant1_User1	pleasanter!

「5.2.2 顧客情報テーブルの作成」（P.177）で作成した**顧客情報**テーブルのレコードの一覧画面を開いてください。

レコードの一覧から**Webデータベース開発株式会社**をクリックしてレコードの編集画面を開いてください。このレコードには**商談金額合計**が2,688,000円、**受注金額合計**が2,000,000円となっていますので、計算式によって**受注金額の割合**が74.4%と計算されています。

図5-85 計算式によって受注金額の割合が計算された画面

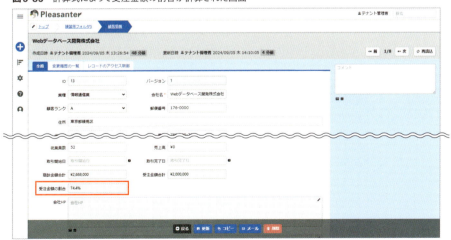

5.9 通知を設定する

レコードを追加/更新/削除したタイミングで、メールやチャット（Slack、Teams、Chatworkなど）に通知を行う機能があります。通知機能を使うと、普段はプリザンターを利用していないユーザにも、PUSH型で情報をお知らせできます。

5.9.1 通知の設定を行う

この操作は前節を実施した後に続けて行ってください。他のユーザでログイン中の場合にはログアウトを行い、下表に示すユーザでログインしなおしてください。

名前	グループ	ログインID	パスワード
テナント管理者	なし	Tenant1_User1	pleasanter!

「5.2.3 商談管理テーブルの作成」（P.179）で作成した**商談管理**テーブルのテーブルの管理画面を開き、**通知**タブをクリックし、**新規作成**ボタンをクリックしてください。

図5-86 通知タブを開いた画面

ダイアログが表示されるので下表のとおり設定し、**追加**ボタンをクリックしてください。

項目	設定値	備考
通知種別	メール	
プレフィックス	商談管理）	メールの件名の先頭に付与する文字列
件名	（空欄）	空欄にするとレコードのタイトルが件名となる
アドレス	[管理者],[担当者]	管理者と担当者に指定されたユーザが宛先となる
カスタムデザインを使用	オフ	

5.9 通知を設定する

変更前の条件	（空欄）	ビューを使って条件を指定できる
論理式	Or	
変更後の条件	（空欄）	ビューを使って条件を指定できる
作成後〜インポート後	オン	
無効	オフ	

図5-87 通知の新規作成ダイアログ

コマンドボタンエリアの更新ボタンをクリックしてください。" 商談管理 " を更新しました。と表示されます。

図5-88 テーブルの設定変更が完了した画面

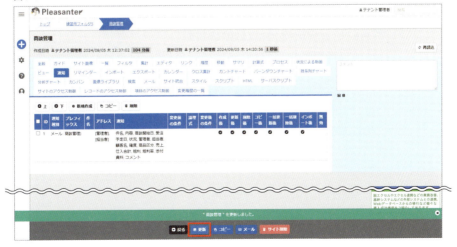

221

5.9.2 受信可能なメールアドレスを設定する

　この操作は前項を実施した後に続けて行ってください。他のユーザでログイン中の場合にはログアウトを行い、下表に示すユーザでログインしなおしてください。

名前	グループ	ログインID	パスワード
テナント管理者	なし	Tenant1_User1	pleasanter!

　ナビゲーションメニューの管理ボタン(**歯車**のアイコン)をクリックしてください。管理メニューが開くので**ユーザの管理**をクリックしてください。

　ユーザの一覧が表示されるので**伊藤 大輔**の行をクリックして、ユーザの編集画面を表示してください。

図5-89　伊藤 大輔の編集画面

　メールアドレスタブを開きます。既存のメールアドレスが存在する場合には、それを選択して**削除**ボタンをクリックしてください。

図5-90　既存のメールアドレスを選択した画面

次に受信可能な任意のメールアドレスを入力して**追加**ボタンをクリックしてください。メールがリストに追加されたら、コマンドボタンエリアの**更新**ボタンをクリックしてください。**" 伊藤 大輔 " を更新しました。**と表示されます。

図5-91 ユーザの更新が完了した画面

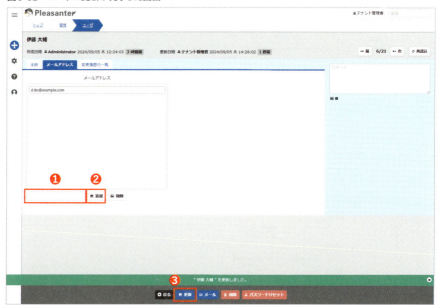

戻るボタンをクリックしてユーザの一覧画面に戻ってください。上記手順を繰り返して、**加藤 誠**にもメールアドレスを設定してください。テストとして設定するメールアドレスは**伊藤 大輔**と同じものでもかまいませんが、複数の受信可能なメールアドレスを持っている場合には、分けて設定してテストすることをおすすめします。操作が済んだらログアウトしてください。

5.9.3　通知機能の動作を確認する

この操作は前項を実施した後に続けて行ってください。他のユーザでログイン中の場合にはログアウトを行い、下表に示すユーザでログインしなおしてください。

名前	グループ	ログインID	パスワード
テナント管理者	なし	Tenant1_User1	pleasanter!

はじめにレコード作成時の通知を確認します。

「5.2.3 商談管理テーブルの作成」（P.179）で作成した商談管理テーブルのレコードの一覧画面を開き、ナビゲーションメニューの新規作成ボタン（＋のアイコン）をクリックしてください。レコードの新規作成画面が表示されますので、下表のとおり入力し、作成ボタンをクリックしてください。" 通知確認 " を作成しました。と表示されます。

項目	設定値
件名	通知確認
顧客名	株式会社プリザンター
商品区分	システム開発
売上	1000000
管理者	小林 佳子
担当者	伊藤 大輔

図5-92　レコードの作成が完了した画面

通知が動作すると伊藤 大輔に設定したメールアドレスに以下のメールが到着します。URLや日付などは環境や実施した日時によって異なります。

```
メール件名：商談管理)" 通知確認 " を作成しました。
メール本文：
http://localhost/items/27/edit
```

件名 ： 通知確認
内容 ：

商談開始日 ： 2024/06/11
受注予定日 ： 2024/06/18
状況 ： 引き合い
管理者 ： 小林 佳子
担当者 ： 伊藤 大輔
顧客名 ： 株式会社プリザンター
確度 ：
商品区分 ： システム開発
売上 ： ¥1,000,000
仕入合計 ： ¥0
粗利 ： ¥1,000,000
粗利率 ： 100%
添付資料 ：

Tenant1_User1<Tenant1_User1@example.com>

　次にレコード更新時の通知を確認します。

　「5.2.3 商談管理テーブルの作成」（P.179）で作成した**商談管理**テーブルのレコードの一覧画面を開き、**食品工場内の環境モニタリングシステムの開発**のレコードをクリックしてください。レコードの編集画面が表示されますので、下表のとおり入力し、**更新**ボタンをクリックしてください。**" 食品工場内の環境モニタリングシステムの開発 " を更新しました。**と表示されます。

項目	設定値
確度	90%
コメント	お客様への提案が好印象で商談確度が上がりました。
管理者	伊藤 大輔
担当者	加藤 誠

図5-93 レコードの更新が完了した画面

```
メール件名：商談管理)" 食品工場内の環境モニタリングシステムの開発 " を更新しました。
メール本文：
http://localhost/items/25/edit
確度 ： 50% => 90%
コメント ： お客様への提案が好印象で商談確度が上がりました。


Tenant1_User1<Tenant1_User1@example.com>
```

5.10 添付ファイルを共有する

商談管理テーブルには添付資料項目があり、この項目を使うことでレコードに関連したファイルを添付し、関係者で共有できるので、通知機能と組み合わせて使えば、メールで**添付ファイル**を送るよりも簡単にファイルが共有できます。

> **ⓘ NOTE**
> メールで添付ファイルを送ると宛先の誤送信などが発生しやすく危険です。プリザンターを使えば添付ファイルの中身はログインユーザ以外アクセスできません。

5.10 添付ファイルを共有する

5.10.1 添付ファイルをアップロードする

　この操作は前節を実施した後に続けて行ってください。他のユーザでログイン中の場合にはログアウトを行い、下表に示すユーザでログインしなおしてください。

名前	グループ	ログインID	パスワード
テナント管理者	なし	Tenant1_User1	pleasanter!

　「5.2.3 商談管理テーブルの作成」（P.179）で作成した**商談管理**テーブルのレコードの一覧画面を開き、**食品工場内の環境モニタリングシステムの開発**をクリックしてください。レコードの編集画面が開きます。

　添付資料項目の**ファイルをドラッグ＆ドロップしてください**と表示されている部分にサンプルデータ**sample05-10-01-01.pdf**をドラッグ＆ドロップしてください。

図5-94　食品工場内の環境モニタリングシステムの開発レコードの編集画面

　コマンドボタンエリアの**更新**ボタンをクリックすると、**" 食品工場内の環境モニタリングシステムの開発 " を更新しました。**と表示され、添付ファイルがアップロードされます。

図5-95 添付ファイルが登録されレコードの更新が完了した画面

> **NOTE**
> 複数のファイルを選択してドラッグ＆ドロップすることで、同時に複数の添付ファイルをアップロードできます。

> **CAUTION**
> ファイルを開いた状態でアップロードを行おうとすると失敗する事があります。アップロードはファイルを閉じてから実行するようにしてください。

5.10.2 添付ファイルをダウンロードする

この操作は前項を実施した後に続けて行ってください。他のユーザでログイン中の場合にはログアウトを行い、下表に示すユーザでログインしなおしてください。

名前	グループ	ログインID	パスワード
テナント管理者	なし	Tenant1_User1	pleasanter!

「5.2.3 商談管理テーブルの作成」（P.179）で作成した**商談管理**テーブルのレコードの一覧画面を開き、**食品工場内の環境モニタリングシステムの開発**をクリックしてください。レコードの編集画面が開きます。

「5.10.1 添付ファイルをアップロードする」（P.227）でアップロードしたファイルをクリックしてください。添付したファイルのダウンロードが行われます。

> **ⓘ NOTE**
> PDFやテキストファイルなど、ブラウザで開くことができるファイルは、ファイル名の左側にある虫眼鏡アイコンをクリックするとダウンロードせずに直接ブラウザで閲覧できます。

5.11 カンバンでペーパーレス会議をする

カンバン機能を使うとレコードの状態の可視化と、状態の変更が行えます。例えば**商談管理**テーブルで、商談のステータスや、商談を担当している担当者などの分類で表を作成し、その表のどこにレコードが属しているか可視化できます。また、マウスのドラッグ＆ドロップで、レコードを別のマス目に移動することでレコードの分類を変更できます。この機能を使うことで、会議中にレコードの状態を確認しながら、画面を共有して全員で意思決定を行えるため、ペーパーレスで効率的に会議を進められます。

> **ⓘ NOTE**
> プリザンターのカンバン機能は、プロジェクト管理ツールなどに備わっているカンバン機能と異なり、以下の特徴を備えています。
>
> - 一般的なカンバンは列のみの表示ですが、プリザンターでは行と列の表形式で表示します。
> - プリザンターのカンバンは行や列で扱う項目を自由に選択して変更できます。

5.11.1 カンバンを表示する

この操作は前節を実施した後に続けて行ってください。他のユーザでログイン中の場合にはログアウトを行い、下表に示すユーザでログインしなおしてください。

名前	グループ	ログインID	パスワード
テナント管理者	なし	Tenant1_User1	pleasanter!

「5.2.3 商談管理テーブルの作成」（P.179）で作成した**商談管理**テーブルのレコードの一覧画面を開いてください。ナビゲーションメニューの**表示**ボタン（チャートのアイコン）をクリック、その中にある**カンバン**をクリックしてください。

図5-96 カンバンメニュー

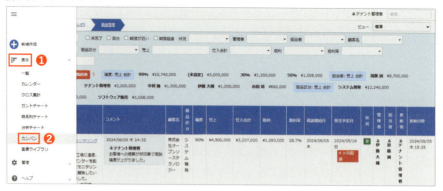

下図のように**列の分類**が**状況**、**行の分類**が**確度**のカンバンが表示されます。黄色い付箋のような表示がレコードを表しています。下図では現在、受注済の案件が3件あり、その合計金額が¥6,740,000であることや、確度50%の案件が2件あり、その合計金額が¥1,008,000であることなどがひと目で確認できます。

図5-97 カンバンを表示した画面

> **NOTE**
> **行の分類**を**分類なし**に設定すると、プロジェクト管理ツールなどに備わっているカンバン機能と同様に使うことができます。

5.11.2 カンバンの列や行を入れ替える

この操作は前項を実施した後に続けて行ってください。他のユーザでログイン中の場合にはログアウトを行い、下表に示すユーザでログインしなおしてください。

名前	グループ	ログインID	パスワード
テナント管理者	なし	Tenant1_User1	pleasanter!

画面上部にある**列の分類**を**商品区分**に変更してください。カンバンの表の列が**状況**から**商品区分**に変わります。

図5-98 列の分類を商品区分に変更した画面

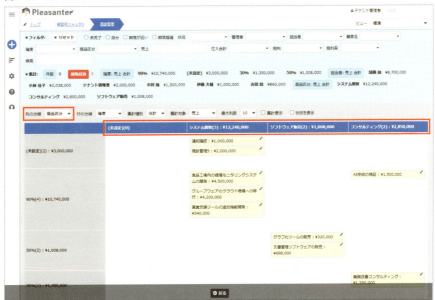

同様に画面上部にある**行の分類**を**担当者**に変更してください。カンバンの表の行が**確度**から**担当者**に変わります。

Chapter 5　顧客情報と商談管理アプリを作る

図5-99　行の分類を担当者に変更した画面

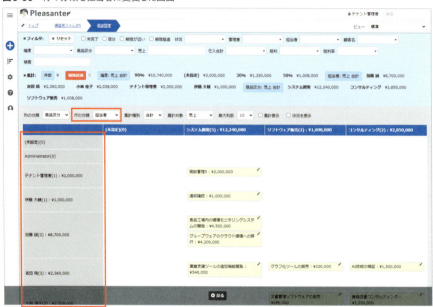

> **NOTE**
> カンバンの列の分類や行の分類には、以下の項目が使えます。
> 状況、管理者、担当者、作成者、更新者、分類（選択肢があり、複数選択ではないもの）

5.11.3　カンバンでレコードの状態を変更する

　この操作は前項を実施した後に続けて行ってください。他のユーザでログイン中の場合にはログアウトを行い、下表に示すユーザでログインしなおしてください。

名前	グループ	ログインID	パスワード
テナント管理者	なし	Tenant1_User1	pleasanter!

　カンバンの**列の分類**を**状況**に設定してください。また**行の分類**を**担当者**に設定してください。

5.11 カンバンでペーパーレス会議をする

図5-100 列の分類を状況、行の分類を担当者に変更した画面

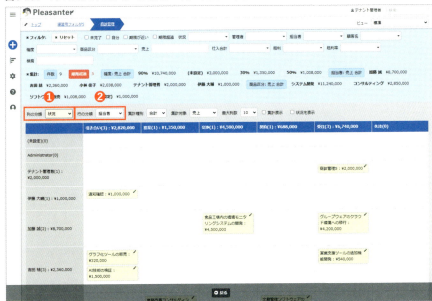

画面上部の**フィルタ**の欄で**担当者**のフィルタを以下のように設定してください。

☐ （未設定）
☐ 自分
☐ テナント管理者
■ 伊藤 大輔
■ 加藤 誠
■ 吉田 結
■ 小林 佳子
■ 中村 隆

　下図のようにチェックをオフにした担当者の行が非表示となります。プリザンターのカンバンはこのようにフィルタ機能と連動して表示します。

図5-101 フィルタ機能と連動してカンバンを表示

> **! NOTE**
> （未設定）はオン/オフに限らず必ず表示される仕様となっています。

　次にレコードの状態を変更してみます。**吉田 結**が商談を3つ持っていて**中村 隆**が商談をもっていないので、**吉田 結**が**担当者**に割り当てられている**AI技術の検証**を**中村 隆**に割り当てます。**AI技術の検証**をドラッグして同じ列の**中村 隆**のマス目にドロップしてください。下図のように商談の担当者が移動します。

図5-102　ドラッグアンドドロップ操作によりレコードを移動した画面

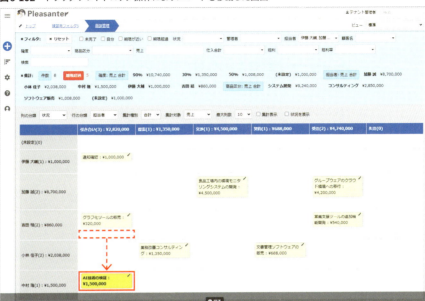

AI技術の検証の右上にある**鉛筆**アイコンをクリックしてください。レコードの編集画面に遷移します。レコードの編集画面でも担当者欄が**中村 隆**になっていることが確認できます。

図5-103　鉛筆アイコンのクリックによりレコードの編集画面に遷移

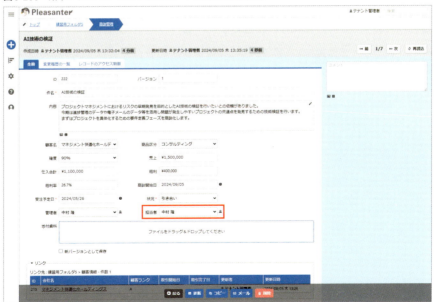

Chapter 5　顧客情報と商談管理アプリを作る

> **❶ NOTE**
> この手順では担当者の変更を行いましたが、状況の変更や確度の変更も同様の操作で行えます。

5.12　クロス集計で集計結果を確認する

　プリザンターでは分類項目など選択形式の項目や日付の項目を使用した**クロス集計**が可能です。クロス集計表の列と行には、下表の項目が使用できます。また他のテーブルとリンクしている場合、リンク先の項目を使用することもできます。

項目	列の分類	行の分類
分類項目（選択肢あり、複数選択オフ）	○	○
状況項目	○	○
管理者項目	○	○
担当者項目	○	○
日付項目	○	
作成日項目	○	
更新日項目	○	
数値項目		○

5.12.1　クロス集計を表示する

　この操作は前節を実施した後に続けて行ってください。他のユーザでログイン中の場合にはログアウトを行い、下表に示すユーザでログインしなおしてください。

名前	グループ	ログインID	パスワード
テナント管理者	なし	Tenant1_User1	pleasanter!

　「5.2.3 商談管理テーブルの作成」（P.179）で作成した**商談管理**テーブルのレコードの一覧画面を開いてください。ナビゲーションメニューの**表示**ボタン（チャートのアイコン）から**クロス集計**をクリックしてください。

5.12 クロス集計で集計結果を確認する

図5-104 クロス集計メニュー

下図のように**列の分類**が[商談管理]受注予定日、**行の分類**が[商談管理]商品区分のクロス集計表が表示されます。これにより月毎、商品区分毎の売上金額の合計を表示できます。

図5-105 クロス集計を表示した画面

> **ⓘ NOTE**
> クロス集計はフィルタ機能と連動します。画面上部のフィルタを設定すると条件に一致したレコードの集計結果を表示できます。

期間を**週**、**年月**を**2024年7月**に変更してください。表の列が月単位から週単位に変更されクロス集計表が表示されます。**期間**は**年／月／週／日**から選択できます。

237

図5-106 期間を週に変更した画面

> ⚠ **CAUTION**
>
> 期間は列の分類に作成日、更新日、日付項目などの日付に関する項目を設定した場合に使用できます。日付に関する項目は列の分類にのみ指定可能で行の分類には指定できません。

列の分類を[商談管理] 状況に変更し、行の分類を[商談管理] 顧客名に変更してください。下図のように状況と顧客名によるクロス集計表が表示されます。

図5-107 列の分類と行の分類を変更した画面

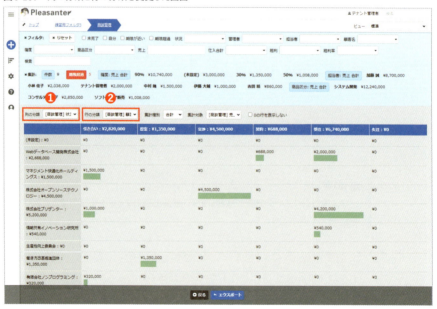

5.12　クロス集計で集計結果を確認する

集計対象を［**商談管理**］**粗利率**に変更してください。下図のように粗利率が集計されたクロス集計表が表示されます。

図5-108　集計対象を［商談管理］粗利率に変更した画面

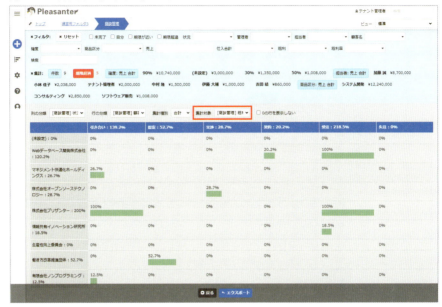

列の分類を［**商談管理**］**商品区分**に変更し、**行の分類**を**数値項目**に変更してください。下図のように商品区分毎の売上、仕入合計、粗利、粗利率のクロス集計表が表示されます。

図5-109　商品区分毎の売上、仕入合計、粗利、粗利率のクロス集計画面

239

> **❶ NOTE**
> 行の分類で数値項目を選択するとテーブルで使用されている数値項目が全て表示されます。

行の分類を[顧客情報] -< 商談管理 業種に変更し、集計対象は[商談管理] 売上に変更してください。業種はリンク先のテーブル顧客情報の項目です。下図のように商品区分毎、業種毎、のクロス集計表が表示されます。

図5-110 リンク先の項目を使用したクロス集計画面

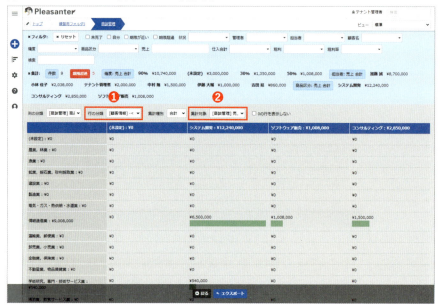

0の行を表示しないのチェックをオンにしてください。下図のように集計結果が0の行が省略されて表示されます。

図5-111 0の行を表示しないのチェックをオンにしたクロス集計画面

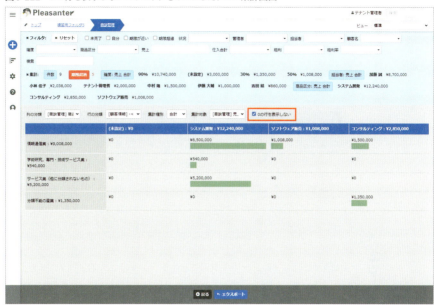

5.12.2 クロス集計結果をエクスポートする

クロス集計の結果はCSVファイルとしてダウンロードできます。

この操作は前項を実施した後に続けて行ってください。他のユーザでログイン中の場合にはログアウトを行い、下表に示すユーザでログインしなおしてください。

名前	グループ	ログインID	パスワード
テナント管理者	なし	Tenant1_User1	pleasanter!

列の分類を[商談管理] 受注予定日、**行の分類**を[商談管理] 商品区分に変更してください。また、**集計対象**は[商談管理] 売上、**期間**は月に変更してください。下図のように商品区分毎の売上、仕入合計、粗利、粗利率のクロス集計表が表示されます。

Chapter 5 顧客情報と商談管理アプリを作る

図5-112 商品区分毎の売上、仕入合計、粗利、粗利率のクロス集計画面

　ナビゲーションメニューの**エクスポート**ボタンをクリックしてください。エクスポートが完了するとダウンロードフォルダに**商談管理_YYYY_MM_DD HH_MM_SS.csv**という名前のファイルがダウンロードされます。YYYY_MM_DD HH_MM_SSの部分はエクスポートした時刻（年_月_日_時_分_秒）となります。このファイルをExcelで開くと下図のようにCSVデータが記録されています。

図5-113 クロス集計結果をCSVでダウンロードしExcelで開いた画面

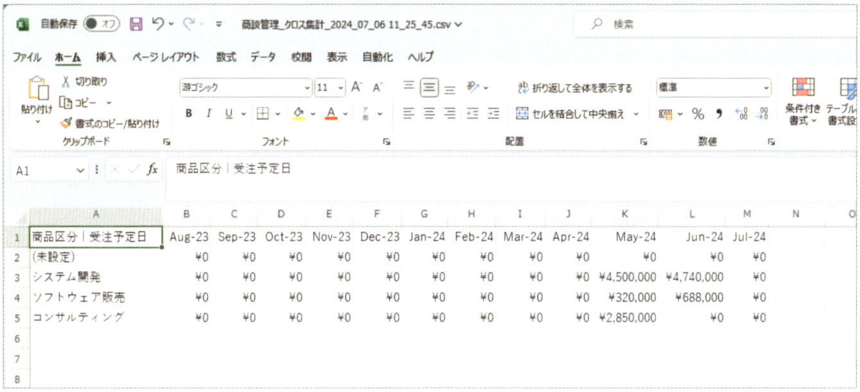

5.12.3　クロス集計のビューを定義する

　クロス集計の集計設定を**ビュー**として予め保存しておくことができます。これにより、いつでも見たい集計結果を簡単に表示できます。
　この操作は前項を実施した後に続けて行ってください。他のユーザでログイン中の場合にはログアウトを行い、下表に示すユーザでログインしなおしてください。

5.12 クロス集計で集計結果を確認する

名前	グループ	ログインID	パスワード
テナント管理者	なし	Tenant1_User1	pleasanter!

「5.6 ビューを設定する」（P.203）を参考に、**商談管理**テーブルに下表のビューを追加してください。ビューの設定内容は下表のとおりです。**名称**と**既定の表示**以外の項目は**クロス集計**タブを開いて設定してください。

項目	設定値
名称	担当者別売上集計表
既定の表示	クロス集計
列の分類	［商談管理］商品区分
行の分類	［商談管理］担当者
数値項目	（空欄）
集計種別	合計
集計対象	［商談管理］売上
期間	月
0の行を表示しない	オン

図5-114 ビューの新規作成ダイアログのクロス集計タブ

「5.2.3 商談管理テーブルの作成」（P.179）で作成した**商談管理**テーブルのレコードの一覧画面を開いてください。画面右上にある**ビュー**のドロップダウンリストを開き**担当者別売上集計表**を選択してください。下図のように担当者毎、商品区分毎の売上が集計されたクロス集計表が表示されます。

Chapter 5 顧客情報と商談管理アプリを作る

図5-115 ビューの切り替えにより表示したクロス集計画面

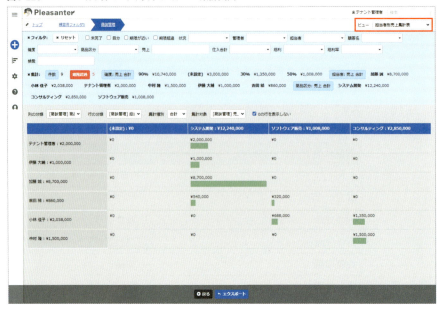

Chapter 6

資産管理と棚卸しアプリを作る

パソコンなど社員に貸与する物品は、定期的に棚卸しを行い紛失などしていないか確認する必要があります。プリザンターを使えば写真付きのデータベースを作ることができ、実物とデータの照合がしやすくなります。また、QRコードで紐づけを行い、棚卸しの効率化を図ることができます。本章ではプリザンターで資産管理のアプリを開発する手順を説明します。

> **!NOTE**
> 本章の手順ではサンプルデータを使用します。手順で指示されたサンプルデータは、以下のURLからダウンロードしてください。
> https://pleasanter.org/books/000001/index.html

6.1 資産管理アプリの概要

組織が購入したパソコンなどの資産は資産管理台帳に記録して管理する必要があります。プリザンターでは、こうした管理台帳を簡単に作成できます。既にExcelで管理しているデータがあれば、プリザンターにインポートしてWebデータベースとして利用できます。プリザンターに登録することでデータベース化され、登録、検索、更新、履歴の管理などが容易になり、組織的な管理がしやすくなります。また、スマートフォンとQRコードを使用して棚卸し作業を効率化できます。

6.1.1 本章の手順を進めるための事前準備

1. プリザンターのデモ環境、またはCommunity Editionをインストールした環境を準備してください。
2. 「4 プリザンターの基本操作」(P.107)を事前に実施してください。この章で作成したユーザやグループを使用します。
3. Community Editionで実施する場合、「3.2.6 メールが送信できるよう設定する手順」(P.95)を事前に実施してください。
4. QRコードを使用した手順ではスマートフォンを準備してください。また、Community Editionで行う場合には、スマートフォンからインストールした環境にアクセスできるようネットワークの構成を行ってください。

6.1.2 開発するアプリの概要

本章では、プリザンターの機能を使って下図のような構成のアプリを開発します。**パソコン資産管理**テーブルには資産管理番号、機種名、種類、取得価格、設置場所、購入日、IPアドレスなどの情報を格納します。

図6-1 第6章で開発するアプリと使用する機能のイメージ

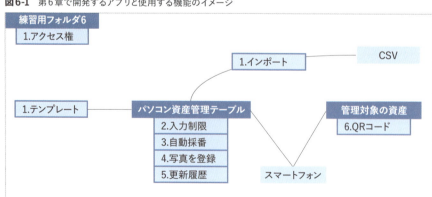

手順において図中の1〜6の機能を以下のように使用します。

◉ 1. 資産管理テーブルを作る

練習用フォルダ6を作成し、アクセス権を設定します。テンプレートから**パソコン資産管理**テーブルを作成し、サンプルデータのCSVをインポートします。詳細は「6.2 資産管理テーブルを作る」（P.248）を参照してください。

◉ 2. 入力制限を設定する

パソコン資産管理テーブルのレコードの編集画面で**入力必須**の設定やIPアドレスの形式を正しく入力させるための**正規表現**による入力制限を設定します。また、IPアドレスに同じ値が設定できないよう**重複禁止**を設定します。詳細は「6.3 入力制限を設定する」（P.251）を参照してください。

◉ 3. 自動採番を設定する

資産を管理するための資産管理番号を自動的に採番する**自動採番**の設定を行います。詳細は「6.4 自動採番を設定する」（P.259）を参照してください。

◉ 4. 写真を登録する

パソコン資産管理テーブルにパソコンなど実際の管理対象の写真を登録し、管理対象の外観がわかるようにします。詳細は「6.5 写真を登録する」（P.262）を参照してください。

◉ 5. 変更履歴を利用する

パソコン資産管理テーブルの変更履歴が蓄積されることを確認します。また、変更履歴から復元を行う手順、変更履歴を削除する手順を確認します。詳細は「6.6 変更履歴を利用する」（P.268）を参照してください。

◉ 6. QRコードで棚卸しをする

管理対象に貼り付けたQRコードをスマートフォンで読み込んで、プリザンターのレコードにアクセスします。シリアル番号の確認など面倒な手間を省いて資産の棚卸しを行います。詳細は「6.7 QRコードで棚卸しをする」（P.275）を参照してください。

Chapter 6　資産管理と棚卸しアプリを作る

6.2　資産管理テーブルを作る

ここではパソコンの資産管理を行うためのフォルダとテーブルを作成します。

6.2.1　フォルダの作成とアクセス権の付与

> ⚠ CAUTION
> この操作を行う前に「6.1.1 本章の手順を進めるための事前準備」(P.246) が完了していることを確認してください。

他のユーザでログイン中の場合にはログアウトを行い、下表に示すユーザでログインしなおしてください。

名前	グループ	ログインID	パスワード
テナント管理者	なし	Tenant1_User1	pleasanter!

「4.4.1 フォルダの操作」(P.118) を参考に、トップに**練習用フォルダ6**フォルダを作成してください。

図6-2　練習用フォルダ6を開いた画面

「4.4.2 フォルダへのアクセス権の設定」(P.121) を参考に、**練習用フォルダ6にサイトのアクセス制御**の設定を行ってください。設定内容は下表のとおりです。デモ環境では[組織 x] 人事部などもあり、間違いやすいので注意してください。

No	対象	権限
1	[ユーザ x] テナント管理者	管理者
2	[グループ x] 人事部	管理者
3	[グループ x] 営業部	読取専用
4	[グループ x] 技術部	読取専用

図6-3 サイトのアクセス制御を設定した画面

6.2.2 資産管理テーブルの作成

　この操作は前項を実施した後に続けて行ってください。他のユーザでログイン中の場合にはログアウトを行い、下表に示すユーザでログインしなおしてください。

名前	グループ	ログインID	パスワード
テナント管理者	なし	Tenant1_User1	pleasanter!

　「6.2.1 フォルダの作成とアクセス権の付与」（P.248）で作成した**練習用フォルダ6**を開いてください。「4.4.3 テーブルの操作」（P.125）を参考に、テンプレートの**情報システム**タブから**パソコン資産管理**テーブルをフォルダの配下に作成してください。作成したテーブルを開くと下図のようになります。

図6-4 パソコン資産管理テーブルのレコードの一覧画面

6.2.3 資産管理データのインポート

この操作は前項を実施した後に続けて行ってください。他のユーザでログイン中の場合にはログアウトを行い、下表に示すユーザでログインしなおしてください。

名前	グループ	ログインID	パスワード
テナント管理者	なし	Tenant1_User1	pleasanter!

「6.2.2 資産管理テーブルの作成」(P.249) で作成した**パソコン資産管理**テーブルのレコードの一覧画面を開いてください。「4.5.2 CSVデータによるレコードのインポート」(P.128) を参考に、sample06-02-03-01.csvをインポートしてください。インポートが完了すると下図のような画面になります。

図6-5 CSVのインポートが完了した画面

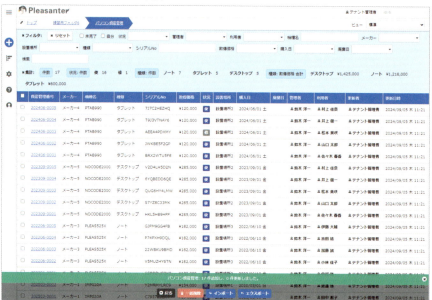

6.3 入力制限を設定する

ユーザの入力フォームに制限を設けることで、入力内容の正確性を向上させることができます。ここでは、読取専用、入力必須、正規表現による入力制限、重複禁止の設定を行います。

6.3.1 読取専用の設定

この操作は前節を実施した後に続けて行ってください。他のユーザでログイン中の場合にはログアウトを行い、下表に示すユーザでログインしなおしてください。

名前	グループ	ログインID	パスワード
テナント管理者	なし	Tenant1_User1	pleasanter!

資産管理番号の項目は、この後設定する自動採番によって自動的に入力される項目です。自動採番の項目にユーザが手動で入力を行わないよう、読取専用の設定を行います。

「6.2.2 資産管理テーブルの作成」(P.249)で作成した**パソコン資産管理**テーブルのテーブルの管理画面を開き、**エディタ**タブをクリックしてください。**エディタの設定**の中にある左側のリストから[**パソコン資産管理**]**資産管理番号**をクリックし、**詳細設定**ボタンをクリックしてください。ダイアログが開くので**読取専用**にチェックを入れ、**変更**ボタンをクリックしてください。

図6-6　項目の詳細設定ダイアログの読取専用をオンに設定

コマンドボタンエリアの**更新**ボタンをクリックしてください。**" パソコン資産管理 " を更新しました。**と表示されます。レコードの一覧画面に戻り、任意のレコードをクリックしてレコードの編集画面を表示してください。**資産管理番号**が読取専用となり編集できない状態となります。

図6-7　資産管理番号が読取専用となったレコードの編集画面

> ⚠ **CAUTION**
> 読取専用の設定はレコードの編集画面でのみ有効です。インポートによるデータの入力やAPIによる入力などを抑止することはできませんので注意してください。インポートによる上書きを抑止するには「5.3 アクセス権を設定する」（P.181）で紹介した**サイトのアクセス制御**を使用してください。

6.3.2　入力必須の設定

この操作は前項を実施した後に続けて行ってください。他のユーザでログイン中の場合にはログアウトを行い、下表に示すユーザでログインしなおしてください。

名前	グループ	ログインID	パスワード
テナント管理者	なし	Tenant1_User1	pleasanter!

パソコン資産管理テーブルには**機種名項目**があります。**機種名**が空欄で入力されてしまうと対象の資産を識別することが難しくなります。これを防ぐために**機種名**を入力しないとレコードが登録できないよう入力必須の設定を行います。

「6.2.2 資産管理テーブルの作成」（P.249）で作成した**パソコン資産管理**テーブルのテーブルの管理画面を開き、**エディタ**タブをクリックしてください。**エディタの設定**の中にある左側のリストから[**パソコン資産管理**]**機種名**をクリックし、**詳細設定**ボタンをクリックしてください。ダイアログが開くので**入力必須**にチェックを入れ、**変更**ボタンをクリックしてください。

6.3 入力制限を設定する

図6-8 項目の詳細設定ダイアログの入力必須をオンに設定

コマンドボタンエリアの更新ボタンをクリックしてください。" パソコン資産管理 " を更新しました。と表示されます。

レコードの一覧画面に戻り、任意のレコードをクリックしてレコードの編集画面を表示してください。機種名の項目に赤い＊が表示され、入力必須となります。試しに機種名の欄を空欄にして更新ボタンをクリックしてください。下図のようにエラーが表示され更新が行えません。

図6-9 機種名が入力必須となったレコードの編集画面

⚠ CAUTION
入力必須の設定はレコードの編集画面でのみ有効です。インポートによるデータの入力やAPIによる入力などは空欄でも登録できますので、注意してください。

Chapter 6　資産管理と棚卸しアプリを作る

6.3.3　正規表現による入力制限の設定

　この操作は前項を実施した後に続けて行ってください。他のユーザでログイン中の場合にはログアウトを行い、下表に示すユーザでログインしなおしてください。

名前	グループ	ログインID	パスワード
テナント管理者	なし	Tenant1_User1	pleasanter!

　ここでは**パソコン資産管理**テーブルに**IPアドレス**項目を追加して、誤ったIPアドレスが登録されないよう、IPアドレスの範囲をチェックするための正規表現による入力制限を設定します。

> **❶ NOTE**
> 正規表現とは、文字列のパターンを表現する手法です。プリザンターでは正規表現を使い、郵便番号や電話番号、IPアドレスなど特定のフォーマットのチェックが行えます。

　「4.6.2 新しい項目を追加する手順」（P.140）を参考に、**パソコン資産管理**テーブルのレコードの編集画面に下表の項目を追加してください。ここでは**表示名**だけを変更します。項目の位置は**設置場所**の次に配置されるよう設定してください。

有効化する項目	表示名
分類F	IPアドレス

　正しく設定できると、レコードの編集画面が下図のように表示されます。

図6-10 IPアドレス項目を追加したレコードの編集画面

　このままではIPアドレス以外の文字も入力できます。これを抑制するために次の手順を行ってください。「6.2.2 資産管理テーブルの作成」（P.249）で作成した**パソコン資産管理**テーブルのテーブルの管理画面を開き、**エディタ**タブをクリックしてください。**エディタの設定**の中にある左側のリストから[**パソコン資産管理**]**IPアドレス**をクリックし、**詳細設定**ボタンをクリックしてください。ダイアログが開くので**入力検証**タブを開き、下表のとおり入力してください。正規表現の文字列は長いため**sample06-03-03-01.txt**からコピー＆ペーストしてください。入力が完了したら**変更**ボタンをクリックしてください。

項目	設定値
クライアント正規表現	^((25[0-5]|2[0-4][0-9]|1[0-9][0-9]|[1-9]?[0-9])\\.){3}(25[0-5]|2[0-4][0-9]|1[0-9][0-9]|[1-9]?[0-9])$
サーバ正規表現	（空欄）
エラーメッセージ	IPアドレスが正しくありません。

図6-11 項目の詳細設定ダイアログの入力検証タブ

コマンドボタンエリアの更新ボタンをクリックしてください。**"パソコン資産管理"を更新しました。**と表示されます。

レコードの一覧画面に戻り、任意のレコードをクリックしてレコードの編集画面を表示してください。**IPアドレス**の項目に**a**など誤った文字列を入力し**更新**ボタンをクリックしてください。下図のようにエラーが表示され更新が行えません。

図6-12 ユーザの入力誤りをエラーとして表示した画面

次に**IPアドレス**に**192.168.1.100**など正しいIPアドレスを入力し、**更新**ボタンをクリックしてください。正常に登録することができます。

図6-13 正しい入力によりレコードの更新が完了した画面

> ⚠ CAUTION
> クライアント正規表現の設定はレコードの編集画面でのみ有効です。インポートによるデータの入力や
> APIによる入力にも同様の制限を行いたい場合には、**サーバ正規表現**を使用してください。

6.3.4　重複禁止の設定

　この操作は前項を実施した後に続けて行ってください。他のユーザでログイン中の場合にはログアウトを行い、下表に示すユーザでログインしなおしてください。

名前	グループ	ログインID	パスワード
テナント管理者	なし	Tenant1_User1	pleasanter!

　異なる機器に同じIPアドレスは使用できません。そのため同じIPアドレスが設定されている場合にはアラートを表示して登録を抑止する必要があります。**重複禁止**機能を使用するとデータの重複登録を抑止できます。「6.2.2 資産管理テーブルの作成」（P.249）で作成した**パソコン資産管理**テーブルのテーブルの管理画面を開き、**エディタ**タブをクリックしてください。**エディタの設定**の中にある左側のリストから[**パソコン資産管理**]**IPアドレス**をクリックし、**詳細設定**ボタンをクリックしてください。ダイアログが開くので**重複禁止**にチェックを入れ、**変更**ボタンをクリックしてください。

　その後、コマンドボタンエリアの**更新**ボタンをクリックしてください。**" パソコン資産管理 "を更新しました。**と表示されます。

図6-14　項目の詳細設定ダイアログの重複禁止をオンに設定

　レコードの一覧画面に戻り、任意のレコードをクリックしてレコードの編集画面を表示してください。**IPアドレス**の項目に**192.168.1.100**など任意のIPアドレスを入力し**更新**ボタンをクリックしてください。その後、他のレコードに同様の操作で同じIPアドレスを入力し**更**

新ボタンをクリックしてください。下図のようにエラーが表示され更新が行えません。

図6-15 同じIPアドレスの入力により重複禁止のエラーが表示された画面

> **NOTE**
> 複数の項目を複合的なキーとして重複チェックを行う機能はありません。**複数の項目で重複チェック**を行いたい場合には、重複チェック項目を追加して、下図のように設定してください。

図6-16 複数の項目で重複チェックを行う場合の設定

支店（分類A）	識別子（分類B）	重複チェック項目（分類C）
東京支店	012345	東京支店012345

1. 計算式（拡張）「$CONCAT（支店,識別子）」を設定し、支店と識別子を結合した結果を重複チェック項目に登録されるようにする
2. 重複チェック項目の重複禁止をオンに設定する
3. 重複チェック項目の重複時のメッセージに「分類A＋分類Bが重複しています。」といった文を設定する
4. 重複チェック項目の非表示をオンに設定し、分類Cは画面には表示しないようにする

6.4 自動採番を設定する

自動採番機能を使うと、レコードの作成時に自由に設定した番号体系で採番できます。既存の業務の採番ルールに基づいて採番を自動化できます。

6.4.1 自動採番の設定

この操作は前節を実施した後に続けて行ってください。他のユーザでログイン中の場合にはログアウトを行い、下表に示すユーザでログインしなおしてください。

名前	グループ	ログインID	パスワード
テナント管理者	なし	Tenant1_User1	pleasanter!

「6.2.2 資産管理テーブルの作成」(P.249) で作成した**パソコン資産管理**テーブルのテーブルの管理画面を開き、**エディタ**タブをクリックしてください。**エディタの設定**の中にある左側のリストから[**パソコン資産管理**]**資産管理番号**をクリックし、**詳細設定**ボタンをクリックしてください。ダイアログが開くので**自動採番**タブを開き、下表のとおり入力してください。入力が完了したら**変更**ボタンをクリックしてください。

項目	設定値	説明
書式	[yyyyMM]-[NNNN]	202410-0001などの採番が行われます。
リセット種別	月	月が変わると番号が既定値に戻ります。
既定値	1	NNNNの部分が1から始まります。
ステップ	1	NNNNの部分が1ずつ増えます。

図6-17 項目の詳細設定ダイアログの自動採番タブ

コマンドボタンエリアの**更新**ボタンをクリックしてください。**" パソコン資産管理 " を更新しました。**と表示されます。

Chapter 6　資産管理と棚卸しアプリを作る

> ⚑ **NOTE**
> 書式の記述方法の詳細は「6.4.3 自動採番の書式フォーマット」（P.261）を参照してください。

6.4.2　自動採番の動作確認

　この操作は前項を実施した後に続けて行ってください。他のユーザでログイン中の場合にはログアウトを行い、下表に示すユーザでログインしなおしてください。

名前	グループ	ログインID	パスワード
テナント管理者	なし	Tenant1_User1	pleasanter!

　「6.2.2 資産管理テーブルの作成」（P.249）で作成した**パソコン資産管理**テーブルのレコードの一覧画面を開き、ナビゲーションメニューの新規作成ボタン（＋のアイコン）をクリックしてください。レコードの新規作成画面が表示されますので、下表のように入力し、**作成**ボタンをクリックしてください。

項目	設定値
購入日	（現在の日付）
廃棄日	（空欄）
状況	未使用
管理者	テナント管理者
利用者	テナント管理者
メーカー	（任意に選択）
機種名	（任意の文字列）
種類	（任意に選択）
シリアルNo	（任意の文字列）
取得価格	（任意の金額）
設置場所	（空欄）
IPアドレス	（空欄）
備考	（空欄）
添付資料	（無し）

　" YYYYMM-NNNN " を作成しました。と表示されます。**資産管理番号**に採番された**YYYYMM-NNNN**が表示されます。YYYYMMの部分には操作した年月が表示されます。NNNNには採番された番号が表示されます。

6.4 自動採番を設定する

図6-18 レコードの作成が完了し自動採番が動作した画面

6.4.3 自動採番の書式フォーマット

自動採番の書式は下表のとおりです。これらを組み合わせて採番のフォーマットを作成できます。

設定値	説明
[NNNN]	固定長でNの桁数分（この場合は4桁）の連番を自動採番します。桁あふれの場合にはオーバーフローと表示されます。
[n]	可変長で連番を自動採番します。
[分類A]	項目名を記載すると、項目に入力されている値の表示名が設定されます。
上記以外の[]で囲んだ部分	現在時刻の日付フォーマットで出力されます。
[]で囲わない部分	ハイフンなど自由に文字を記述できます。

下表は自動採番の書式の設定例です。

書式	採番結果
[yyyyMMdd]-[支店]-[n]	20220311-横浜支店-1
[yyyyMM]-[支店]-[部門]-[NNN]	202203-横浜支店-営業部-001
[yy]-[支店]-[部門]-[nnnn]	22-大宮支店-総務部-0001
横営）[yyMM]-[NNNN]	横営）2203-0001

6.5 写真を登録する

資産管理を行うにあたり、実物の写真が登録されていると棚卸しが簡単になります。ここでは写真の登録方法について説明します。

6.5.1 写真の登録

この操作は前節を実施した後に続けて行ってください。他のユーザでログイン中の場合にはログアウトを行い、下表に示すユーザでログインしなおしてください。

名前	グループ	ログインID	パスワード
テナント管理者	なし	Tenant1_User1	pleasanter!

「4.6.2 新しい項目を追加する手順」（P.140）を参考に、**パソコン資産管理**テーブルのレコードの編集画面に下表の項目を追加してください。項目の位置は**備考**の次に配置されるよう設定してください。

有効化する項目	表示名
説明A	写真

正しく設定できると、レコードの編集画面が下図のように表示されます。追加した**写真**項目の左下にある**イメージ**アイコンをクリックしてください。

図6-19　写真項目を追加したレコードの編集画面

6.5 写真を登録する

　画像の選択ダイアログが表示されるので、登録したい画像を選択してください。下図のように画像が表示されます。

図6-20　写真項目に画像を登録した画面

　コマンドボタンエリアの更新ボタンをクリックしてください。" YYYYMM-NNNN " を更新しました。と表示されます。「4.8.1 レコードの一覧画面に項目を追加する手順」（P.164）を参考に、**パソコン資産管理**テーブルのレコードの一覧画面に**写真**項目を追加してください。項目の位置は**機種名**の次に配置されるよう設定してください。下図のようにレコードの一覧画面上でも写真が確認できるようになります。

図6-21　レコードの一覧画面に写真項目を表示した画面

写真をクリックすると拡大して表示できます。

図6-22　登録した写真をクリックし拡大した画面

6.5.2　写真のサムネイルサイズの設定

　この操作は前項を実施した後に続けて行ってください。他のユーザでログイン中の場合にはログアウトを行い、下表に示すユーザでログインしなおしてください。

名前	グループ	ログインID	パスワード
テナント管理者	なし	Tenant1_User1	pleasanter!

　写真のサムネイルサイズを設定すると小さいサムネイル画像を表示して、画面の表示領域を節約できます。「6.2.2 資産管理テーブルの作成」（P.249）で作成した**パソコン資産管理**テーブルのテーブルの管理画面を開き、**エディタ**タブをクリックしてください。**エディタの設定**の中にある左側のリストから[**パソコン資産管理**]**写真**をクリックし、**詳細設定**ボタンをクリックしてください。ダイアログが開くので**サムネイルサイズ**に**100**と入力してください。入力が完了したら**変更**ボタンをクリックしてください。

6.5　写真を登録する

図6-23　項目の詳細設定ダイアログでサムネイルサイズを設定

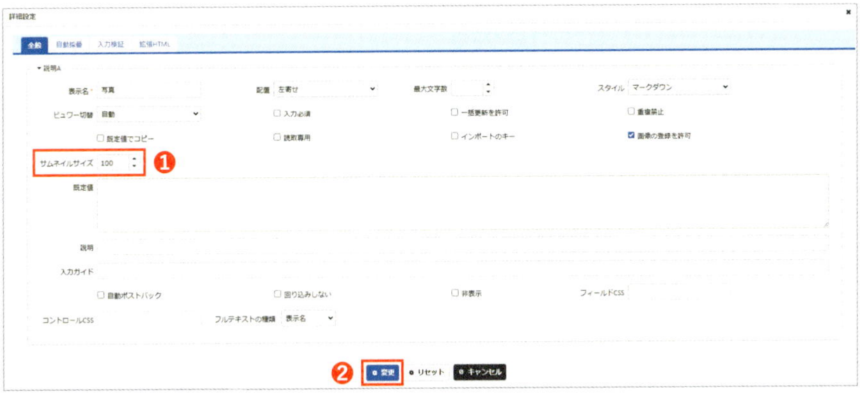

❶ NOTE

サムネイルサイズに入力した数字100により、サムネイル画像は次のように縮小されます。

- 画像が横長の場合、幅の最大値が100ピクセルとなる倍率で、全体を縮小します。
- 画像が縦長の場合、高さの最大値が100ピクセルとなる倍率で、全体を縮小します。

⚠ CAUTION

サムネイルに設定可能なサイズは100 〜 1000です。下限および上限を変更したい場合には、パラメータファイルBinaryStorage.jsonのThumbnailMinSizeおよびThumbnailMaxSizeの数値を変更して、プリザンターを再起動してください。

　コマンドボタンエリアの更新ボタンをクリックしてください。" パソコン資産管理 " を更新しました。と表示されます。「6.5.1 写真の登録」（P.262）で写真を登録したレコードの編集画面を開いてください。以前登録した写真を削除するため、写真項目の右上にある鉛筆アイコンをクリックしてください。その後、下図のように画像のリンクを示す![image] xxxxxxのような文字列が表示されるので、これを消去してください。

Chapter
6

265

Chapter 6 資産管理と棚卸しアプリを作る

図6-24 写真項目に登録された画像のリンクを表示した画面

「6.5.1 写真の登録」（P.262）を参考に、再度写真を登録してください。下図のように100ピクセルのサムネイル画像が表示されます。

図6-25 サムネイルサイズに設定したサイズで画像が登録された画面

レコードの一覧画面を表示してください。レコードの一覧画面も同様に100ピクセルのサムネイル画像が表示されます。

6.5 写真を登録する

図6-26 サムネイル画像を表示したレコードの一覧画面

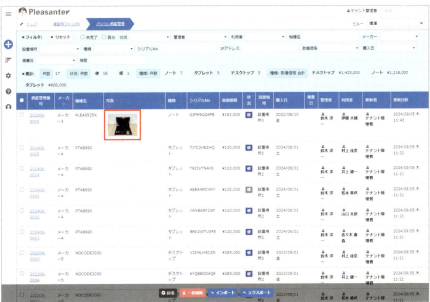

⚠ **CAUTION**

既に登録されている画像にサムネイルサイズは適用されません。サムネイルサイズの設定は、画像の登録を行う前に実施してください。

Chapter 6　資産管理と棚卸しアプリを作る

6.6　変更履歴を利用する

変更履歴機能を使うと、レコード毎に過去にどのような変更が行われたか確認できます。変更履歴は、以下のいずれかの条件でレコードを更新した際に自動的に記録されます。

- レコードの更新日が前日以前の場合
- レコードの更新者が自分以外の場合
- 画面の下部にある新バージョンとして保存のチェックをオンにした場合

変更履歴が記録されるとレコードのバージョンが1つ上がります。

> ❶ NOTE
>
> 自動バージョンアップの設定を変更すると、変更履歴を常に記録したり、変更履歴を残さないように設定を変更できます。詳しくは以下のマニュアルを参照してください。
> https://pleasanter.org/ja/manual/table-management-auto-version-up

6.6.1　変更履歴を残す

この操作は前節を実施した後に続けて行ってください。他のユーザでログイン中の場合にはログアウトを行い、下表に示すユーザでログインしなおしてください。

名前	グループ	ログインID	パスワード
鈴木 洋一	人事部	Tenant1_User7	pleasanter!

「6.2.2 資産管理テーブルの作成」（P.249）で作成したパソコン資産管理テーブルのレコードの一覧画面を開き、更新者が自分（鈴木 洋一）以外のレコードを開いてください。画面を開いたら画面左上にあるバージョン項目の数値（1など）を確認し控えておいてください。画面の下表の項目を変更してください。

項目	設定値
状況	修理中
コメント	故障したため、修理に出します。

変更が完了したら、コマンドボタンエリアの更新ボタンをクリックしてください。" YYYYMM-NNNN " を更新しました。と表示されます。画面左上にあるバージョン項目の数値が一つ増えたことを確認してください。レコードの更新者が鈴木 洋一以外のレコードを鈴木 洋一が更新したので、自動バージョンアップが行われ、変更履歴が記録されまし

た。画面上部にある**変更履歴の一覧**タブをクリックしてください。

図6-27 バージョン項目の数値が一つ増えたレコードの編集画面

状況項目の変更やコメントが新たに追加されたことが履歴として確認できます。

図6-28 変更履歴の一覧タブを開いた画面

変更履歴の一覧の中から以前のバージョンに該当する行をクリックしてください。レコードの編集画面が下図のようになり、更新する前の画面が表示されます。

図6-29 旧バージョンのレコードの内容を表示した画面

> **! NOTE**
>
> 旧バージョンを表示している場合は更新ボタンなどが使用できません。表示を最新バージョンに戻したい場合は変更履歴タブから最新バージョンをクリックするか、画面右上の再読込ボタンをクリックしてください。

6.6.2　変更履歴の一覧に表示する項目を変更する

　この操作は前項を実施した後に続けて行ってください。他のユーザでログイン中の場合にはログアウトを行い、下表に示すユーザでログインしなおしてください。

名前	グループ	ログインID	パスワード
テナント管理者	なし	Tenant1_User1	pleasanter!

　「6.2.2 資産管理テーブルの作成」(P.249)で作成した**パソコン資産管理**テーブルのテーブルの管理画面を開き、**履歴**タブをクリックしてください。**一覧の設定**の中にある右側の**選択肢一覧**から[**パソコン資産管理**]**設置場所**をクリックし、**有効化**ボタンをクリックしてください。左側のリストの上にある**上**ボタンで、追加した[**パソコン資産管理**]**設置場所**の項目の位置を変更します。[**パソコン資産管理**]**資産管理番号**の下の位置になるまで**上**ボタンを何度かクリックしてください。コマンドボタンエリアの**更新**ボタンをクリックしてください。**"パソコン資産管理"を更新しました。**と表示されます。

図6-30　テーブルの設定変更が完了した画面

　「6.6.1 変更履歴を残す」(P.268)を参考に、変更履歴を表示してください。下図のように変更履歴の一覧に**設置場所**項目が表示されます。この設定により、**設置場所**の変更履歴を確認できます。

図6-31 変更履歴タブの一覧に設置場所項目が表示された画面

6.6.3 変更履歴から復元する

　この操作は前項を実施した後に続けて行ってください。他のユーザでログイン中の場合にはログアウトを行い、下表に示すユーザでログインしなおしてください。

名前	グループ	ログインID	パスワード
テナント管理者	なし	Tenant1_User1	pleasanter!

　誤った更新を行った場合など、変更履歴から旧バージョンの内容を復元できます。「6.6.1 変更履歴を残す」（P.268）で変更履歴を残したレコードを開いて、**変更履歴**タブをクリックしてください。復元したい旧バージョンの行のチェックをオンにしてください。

図6-32 変更履歴タブで復元する旧バージョンにチェックを入れた画面

　復元ボタンをクリックしてください。確認メッセージ**本当に復元してもよろしいですか?**が表示されますので、**OK**をクリックしてください。**バージョン X から復元しました。**と表示されます。Xの部分には復元するレコードのバージョン番号が表示されます。操作が完了すると、下図のようにレコードの内容が復元されます。もう一度**変更履歴**タブをクリックしてください。

図6-33 指定した変更履歴からレコード内容の復元が完了した画面

復元により新たなバージョンが追加され、復元する直前の状態は履歴として保存されていることを確認できます。

図6-34 復元により変更履歴が追加された変更履歴タブの画面

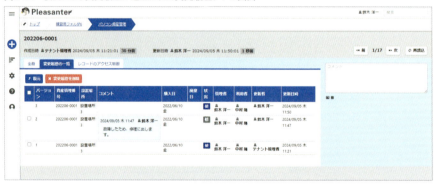

図6-35 復元のイメージ図

6.6 変更履歴を利用する

> ⚠ CAUTION
> 復元を行った場合、**更新者**はログインユーザに変更され、**更新日時**は復元を行った日時となります。旧バージョンの**更新者**と**更新日時**には戻りませんので注意してください。

6.6.4 変更履歴を削除する

この操作は前項を実施した後に続けて行ってください。他のユーザでログイン中の場合にはログアウトを行い、下表に示すユーザでログインしなおしてください。

名前	グループ	ログインID	パスワード
テナント管理者	なし	Tenant1_User1	pleasanter!

> ⚠ WARNING
> 変更履歴の削除は取り消しがきかない操作です。慎重に検討した上で実施してください。

テーブルの管理権限を持ったユーザは変更履歴を削除できます。たとえば取引先への情報開示など、何らかの理由で履歴を削除する必要がある場合は、以下の手順で削除してください。「6.6.1 変更履歴を残す」(P.268)で変更履歴を残したレコードを開いて、**変更履歴**タブをクリックしてください。削除したい旧バージョンの行のチェックをオンにしてください。**変更履歴を削除**ボタンをクリックしてください。確認メッセージ**本当に削除してもよろしいですか?**が表示されますので、**OK**をクリックしてください。

図6-36 変更履歴タブで削除する旧バージョンにチェックを入れた画面

Chapter 6　資産管理と棚卸しアプリを作る

下図のように、チェックを入れた変更履歴が削除されます。

図6-37　指定した変更履歴が削除された画面

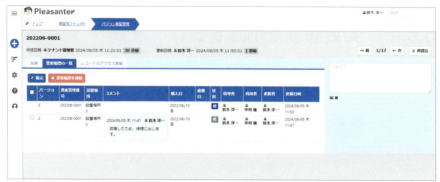

6.7　QRコードで棚卸しをする

　パソコンなどIT機器の資産管理は、定期的に棚卸しを行う必要があります。棚卸しは資産のリストを元に実物を確認していく作業のため手間がかかります。一般的には印刷したリストでシリアル番号を確認しながら行いますが、パソコンなどに貼り付けたQRコードを**スマートフォン**で読み取り、直接プリザンターに棚卸しの記録を入力することで、作業を大幅に効率化できます。

> ⚠ **CAUTION**
> 本手順を行うにはプリザンターにスマートフォンでアクセス可能な環境を準備してください。ローカル環境にプリザンターを構築した場合、ネットワーク上にプリザンターを公開し、スマートフォンからアクセスできることを確認してください。本書の専門範囲を超えるため詳細な手順は記載いたしません。デモ環境を使用する場合は、スマートフォンからインターネット経由でアクセスしてください。

図6-38　ローカル環境に構築したプリザンターにスマートフォンからアクセスするための構成

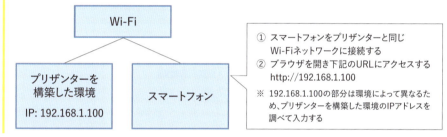

6.7.1　棚卸日の追加

　この操作は前節を実施した後に続けて行ってください。他のユーザでログイン中の場合にはログアウトを行い、下表に示すユーザでログインしなおしてください。

名前	グループ	ログインID	パスワード
テナント管理者	なし	Tenant1_User1	pleasanter!

　「4.6.2 新しい項目を追加する手順」（P.140）を参考に、**パソコン資産管理**テーブルのレコードの編集画面に下表の項目を追加してください。項目の位置は**廃棄日**の次に配置されるよう設定してください。

有効化する項目	表示名
日付C	棚卸日

図6-39 項目の詳細設定ダイアログ

正しく設定できると、レコードの編集画面が下図のように表示されます。

図6-40 棚卸日項目を追加したレコードの編集画面

6.7.2 URLの確認

この操作は前項を実施した後に続けて行ってください。他のユーザでログイン中の場合にはログアウトを行い、下表に示すユーザでログインしなおしてください。

名前	グループ	ログインID	パスワード
テナント管理者	なし	Tenant1_User1	pleasanter!

プリザンターはレコードに**一意なID**をもっており、このIDがURLに含まれています。そのためURLを使ってレコードの編集画面に直接アクセスできます。例えば、IDが9753994のレコードは以下のようなURLになります。https://demo.pleasanter.org/の部分は環境により異なります。以下のURLはデモ環境のURLの例です。

デモ環境URLの例
https://demo.pleasanter.org/items/9753994

このURLをQRコードにすると下図のようになります。

図6-41 レコードの編集画面のURLを埋め込んだQRコード

QRコードを作成する手段はいくつかありますが、無料で利用可能なWebサイトが手軽です。以下は**QRコード ジェネレータ**のURLです。

QRコード ジェネレータ
https://qr.quel.jp/

図6-42 QRコード ジェネレータ

QRコードが作成できたら備品管理用のラベル用紙などに印刷して、パソコンなどに貼り付けてください。ラベル用紙への印刷が難しい場合には画面上のQRコードを使用して以降の手順を進めてください。

6.7.3 棚卸しの実施

この操作は前項を実施した後に続けて行ってください。他のユーザでログイン中の場合にはログアウトを行い、下表に示すユーザでログインしなおしてください。

名前	グループ	ログインID	パスワード
テナント管理者	なし	Tenant1_User1	pleasanter!

スマートフォーンのカメラ機能を使用して、パソコンに貼り付けたQRコードを読み取ります。読み取ったQRコードにURLが含まれているとURLへのアクセスを促すガイド（Chromeで開く）などが表示されますので、それをタップしてブラウザを開きます。

スマートフォンのブラウザに**レスポンシブ**に対応したモバイル用のログイン画面が表示されるので、下表に示すユーザでログインしてください。

図6-43 QRコードに反応してChromeで開くが表示

図6-44 モバイル用のログイン画面

名前	グループ	ログインID	パスワード
テナント管理者	なし	Tenant1_User1	pleasanter!

6.7　QRコードで棚卸しをする

対象のレコードの編集画面が開きます。棚卸日に今日の日付を入力し、コマンドボタンエリアの**更新**ボタンをクリックしてください。棚卸日がレコードに登録されます。

図6-45　モバイルから棚卸しを実施

COLUMN　年間サポートサービスの紹介

　ノンサポートのソフトウェアの導入に難しさを感じる場合、技術サポートや拡張コンテンツが含まれる年間サポートサービスを活用することで、導入や運用の負担を軽減できる場合があります。年間サポートサービスには、エンジニアによる技術支援が受けられる**サポートチケット**だけでなく、プリザンターを更に活用するための**拡張コンテンツ**が含まれています。

1.　技術サポート

　トラブル対応時の復旧支援や、社内開発時の技術支援など、様々なサポートが提供されます。迅速かつ専門的な技術支援が提供されるため、プリザンターを安心して利用できます。

2.　拡張コンテンツ

2.1 Enterprise Edition（商用ライセンス）

　Community Edition（AGPL）のプリザンターを**Enterprise Edition（商用ライセンス）**にアップグレードできます。商用ライセンスは、コピーレフトの制約を受けないため、ビジネスに適したライセンスです。また、Enterprise Editionは入力項目を最大900まで**項目拡張**できるため、多くの項目を持つデータを登録する業務にも対応できます。

2.2 Pleasanter Extensions

　運用支援ツール、開発支援ツール、各種関連プログラムを含むコンテンツです。これにより、大規模な組織での運用負荷軽減や、開発効率の向上が期待できます。

No	Pleasanter Extensions	概要
1	運用管理ツール	利用状況の可視化による効率化や、セキュリティ強化を実現する運用管理ツール
2	開発支援ツール	開発の効率化、開発環境から本番環境への移行などを実現するツール
3	各種関連プログラム	プリザンターを活用するためのサンプルプログラムのソースコード

　年間サポートサービスの詳細については、以下のURLをご覧ください。

年間サポートサービスの詳細
https://pleasanter.org/support

Chapter 7

稟議申請アプリを作る

　未だに多くの企業では、稟議申請が紙とハンコで行われていますが、プリザンターを使えばこうした業務をデジタル化できます。プリザンターには簡易的なワークフローを実現するプロセス機能があります。この機能を使えば、紙やハンコの廃止が可能となります。また、スマートフォンを利用することで、決裁者が外出先から承認できます。これにより組織の意思決定のスピードアップを図ることができます。本章ではプリザンターで稟議申請のアプリを開発する手順を説明します。

> **NOTE**
> 本章の手順ではサンプルデータを使用します。手順で指示されたサンプルデータは、以下のURLからダウンロードしてください。
> https://pleasanter.org/books/000001/index.html

7.1 稟議申請アプリの概要

稟議申請などの申請業務はデジタル化の効果が大きい業務の1つです。プリザンターでは簡易的なワークフローを実現する**プロセス**機能を使用して、申請業務をデジタル化できます。稟議申請においては、申請者がプリザンター上で申請を行い、承認者が承認/否決を判断し画面上で決裁します。承認/否決を行う際のメール通知や、承認日の自動セット機能など自動処理を設定できます。また、リマインダーを設定することで、承認漏れを防ぐためのリマインドメールを自動的に送信できます。

7.1.1 本章の手順を進めるための事前準備

1. プリザンターのデモ環境、またはCommunity Editionをインストールした環境を準備してください。
2. 「4 プリザンターの基本操作」（P.107）を事前に実施してください。この章で作成したユーザやグループを使用します。
3. Community Editionで実施する場合、「3.2.6 メールが送信できるよう設定する手順」（P.95）を事前に実施してください。

7.1.2 開発するアプリの概要

本章では、プリザンターの機能を使って下図のような構成のアプリを開発します。**承認者マスタ**テーブルには申請者、承認者を紐づける情報、**稟議申請**テーブルには件名、申請者、申請日、金額、申請内容、承認者、承認日、承認者コメントなどの情報を格納します。

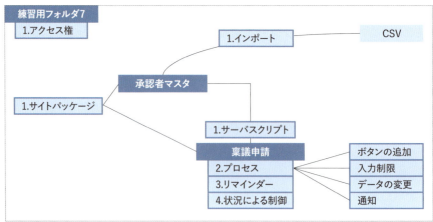

図7-1　第7章で開発するアプリと使用する機能のイメージ

手順において図中の1～4の機能を以下のように使用します。

◉ 1. 承認者マスタと稟議申請テーブルを作る

サイトパッケージのインポート機能を使用して予め準備された**練習用フォルダ7**をインポートし、アクセス権を設定します。このサイトパッケージには**承認者マスタ**テーブルと**稟議申請**テーブルが含まれており、稟議申請の承認者の自動セットを行うサーバスクリプトが設定されています。また、**承認者マスタ**テーブルに、サンプルデータのCSVをインポートして申請者と承認者の関連付けを定義します。詳細は「7.2 承認者マスタと稟議申請テーブルを作る」（P.284）を参照してください。

◉ 2. プロセスを設定する

プロセス機能を使用して**稟議申請**テーブルに承認ボタンと否決ボタンを追加します。ボタンを押下した際の動作として、承認者コメントを必須入力にするための**入力制限**、承認日を自動的にセットするための**データの変更**、申請者に承認または否決を連絡するための**通知**などを設定します。詳細は「7.3 プロセスを設定する」（P.291）を参照してください。

◉ 3. リマインダーを設定する

承認の漏れが発生しないよう、承認者にリマインドメールを送信する設定を行います。詳細は「7.4 リマインダーを設定する」（P.306）を参照してください。

◉ 4. 状況による制御を設定する

レコードの状況によってレコードの編集画面の動作を変更する**状況による制御**の設定を行います。承認または否決となったレコードを自動的に読取専用とします。また、契約書の有無により、法務承認番号の表示/非表示と入力必須の動作を自動制御します。詳細は「7.5 状況による制御を設定する」（P.311）を参照してください。

Chapter 7　稟議申請アプリを作る

7.2　承認者マスタと稟議申請テーブルを作る

稟議申請を行うためのテーブルを作成します。

7.2.1　サイトパッケージのインポート

> ⚠ CAUTION
> この操作を行う前に「7.1.1 本章の手順を進めるための事前準備」（P.282）が完了していることを確認してください。

下表に示すユーザでログインしてください。

名前	グループ	ログインID	パスワード
テナント管理者	なし	Tenant1_User1	pleasanter!

画面左上のロゴをクリックし、**トップ**画面に移動してください。ナビゲーションメニューの**歯車**アイコンをクリックし、**サイトパッケージのインポート**をクリックしてください。下図のダイアログが開きます。**ファイルを選択**ボタンをクリックしてサンプルデータ**sample07-02-01-01.json**を選択し、**インポート**ボタンをクリックしてください。

図7-2　サイトパッケージのインポートダイアログ

サイト 3 件、データ 0 件 インポートしました。と表示されます。下図のように**練習用フォルダ7**が表示されます。

図7-3　サイトパッケージのインポートが完了した画面

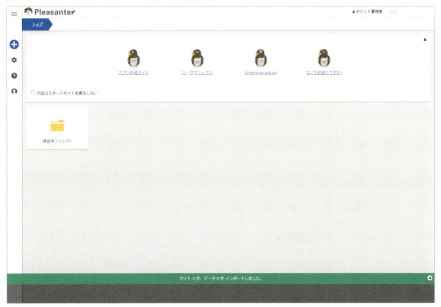

練習用フォルダ7フォルダを開くと**承認者マスタ**テーブルと**稟議申請**テーブルが表示されます。

図7-4　練習用フォルダ7フォルダを開いた画面

> **❶ NOTE**
> プリザンターでテーブルを作成する方法の1つに、**サイトパッケージのインポート**機能があります。これは作成したアプリをエクスポートしたものをひな形としてインポートする機能です。詳細については「10.9 サイトパッケージ機能」（P.485）を参照してください。

7.2.2 アクセス権の設定

この操作は前項を実施した後に続けて行ってください。「4.4.2 フォルダへのアクセス権の設定」（P.121）を参考に、**練習用フォルダ7**に**サイトのアクセス制御**の設定を行ってください。設定内容は下表のとおりです。デモ環境では［組織 x］人事部 などもあり、間違いやすいので注意してください。

No	対象	権限
1	［ユーザ x］テナント管理者	管理者
2	［グループ x］人事部	書き込み
3	［グループ x］営業部	書き込み
4	［グループ x］技術部	書き込み

図7-5　サイトのアクセス制御を設定した画面

7.2.3 承認者マスタデータのインポート

この操作は前項を実施した後に続けて行ってください。「7.2.1 サイトパッケージのインポート」（P.284）で作成した**承認者マスタ**テーブルのレコードの一覧画面を開いてください。「4.5.2 CSVデータによるレコードのインポート」（P.128）を参考に、**sample07-02-03-01.csv**をインポートしてください。インポートが完了すると下図のような画面になります。

7.2 承認者マスタと稟議申請テーブルを作る

図7-6 CSVのインポートが完了した画面

> **! NOTE**
> 承認者マスタには申請者と承認者にユーザ名が記載されています。このテーブルの設定に基づいて稟議申請時に承認者のユーザが自動的にセットされる仕組みを実現します。例えば申請者が**テナント管理者**の場合、承認者は**高橋 一郎**となります。

7.2.4 稟議申請の承認者の自動セット

この操作は前項を実施した後に続けて行ってください。

> **! NOTE**
> 「7.2.1 サイトパッケージのインポート」（P.284）で作成した**稟議申請**テーブルには、自動処理のためのスクリプトが記述されています。このスクリプトは、**申請者**をキーに**承認者マスタ**から**承認者**を取得し、**稟議申請**テーブルに自動で入力します。

図7-7 スクリプトの動作イメージ

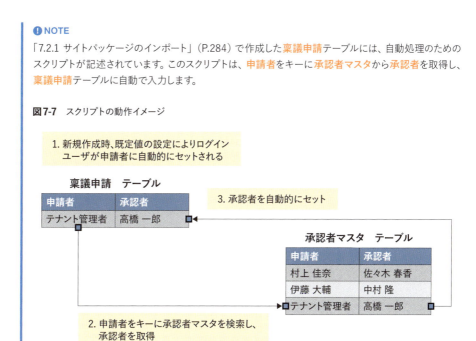

Chapter 7 稟議申請アプリを作る

稟議申請テーブルのレコードの一覧画面でナビゲーションメニューの新規作成ボタン（＋のアイコン）をクリックしてください。レコードの新規作成画面が開きます。ここで、画面の項目が下表のようになっていることを確認してください。

項目	値	説明
申請者	テナント管理者	既定値により設定
承認者	高橋 一郎	サーバスクリプトにより自動的に設定

図7-8 申請者と承認者が自動入力されたレコードの新規作成画面

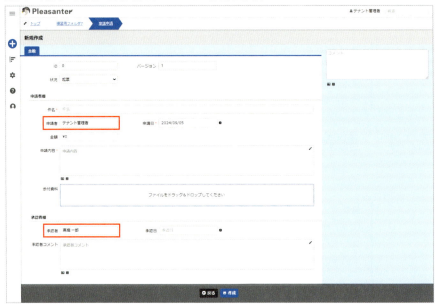

作成ボタンは押さずに**戻る**ボタンをクリックし、レコードの一覧画面に戻ってください。

既定値がどのように設定されているか確認します。**稟議申請**テーブルのテーブルの管理画面を開いてください。**エディタ**タブを開き［**稟議申請**］**申請者**項目を選択し**詳細設定**ボタンをクリックしてください。ダイアログが表示されるので、**既定値**に[[Self]]と入力されていることを確認してください。**管理者**項目や**担当者**項目では**既定値**に[[Self]]と設定されていると、新規作成時にログインしているユーザが自動的にセットされます。確認が済んだら、**キャンセル**ボタンをクリックしてダイアログを閉じてください。

図7-9 項目の詳細設定ダイアログの既定値の設定

次に承認者を自動的にセットしているサーバスクリプトを確認します。**サーバスクリプト**タブをクリックしてください。一覧にタイトルが**申請者と承認者の自動入力**となっているスクリプトが設定されています。このスクリプトの行をクリックしてください。下図のようにスクリプトの設定ダイアログが開きます。

図7-10 申請者と承認者の自動入力スクリプトの編集ダイアログ

スクリプトには以下のコードが記述されています。このJavaScriptによって申請者に対応する承認者を自動的にセットします。サーバスクリプトの詳細については「9.4 サーバスクリプトの利用」（P.417）を参照してください。

sample07-02-04-01.js

```javascript
let site= items.GetClosestSite('t1');
if (site) {
    let data = {
        View: {
            ColumnFilterHash: {
                Owner: `[\"${model.Owner}\"]`
            }
        }
    };
    let results = items.Get(site.SiteId, JSON.stringify(data));
    if (results.Length === 1) {
        model.Manager = results[0].Manager;
    } else {
        model.Manager = 0;
    }
} else {
    model.Manager = 0;
}
```

7.3 プロセスを設定する

プロセス機能を使うと簡易的なワークフローを実現できます。プロセス機能は、さまざまな処理を一括で行う機能をもっています。具体的には下表に示す処理が可能です。

No	主な機能	説明
1	ボタンの設置	承認ボタンなどアプリに必要なボタンを追加
2	状況の変更	ボタン押下時などに状況欄を変更
3	データの変更	ボタン押下時などに項目の内容を変更
4	通知	メールやチャットを送信
5	自動採番	フォーマットに従って自動採番
6	入力制限	ボタンを押す際に入力必須などをチェック
7	アクセス制御	ボタンを押せる人を限定
8	条件	ボタンを押せる条件を指定

7.3.1 承認ボタンを追加

この操作は前節を実施した後に続けて行ってください。他のユーザでログイン中の場合にはログアウトを行い、下表に示すユーザでログインしなおしてください。

名前	グループ	ログインID	パスワード
テナント管理者	なし	Tenant1_User1	pleasanter!

「7.2.1 サイトパッケージのインポート」（P.284）で作成した**稟議申請**テーブルのテーブルの管理画面を開き、**プロセス**タブをクリックし、**新規作成**ボタンをクリックしてください。

図7-11 プロセスタブを開いた画面

Chapter 7 稟議申請アプリを作る

プロセスの**詳細設定**ダイアログが表示されます。**名称**に**承認**と入力してください。その後、**全般**タブに下表のとおり入力してください。

項目	設定値	備考
画面種別	編集	レコードの編集画面でのみボタンを表示し新規作成時は表示しない
現在の状況	起票	状況が**起票**のときにボタンを表示する
変更後の状況	承認	ボタンが押下された後に**承認**に変更する
説明	（空欄）	ユーザには表示されない管理者用の説明欄
ツールチップ	（空欄）	マウスオーバー時に表示される説明
確認メッセージ	承認してもよろしいですか？	ボタン押下時に確認ダイアログを出す
成功メッセージ	（空欄）	成功した際のメッセージ
OnClick	（空欄）	スクリプトを動作させる場合に使用する
実行種別	追加したボタン	承認ボタンを追加する
アクション種別	保存	プロセスの動作と同時にレコードを保存する
一括処理を許可	☐	一括操作は許可しない

条件タブを開き**フィルタ条件**の中にあるドロップダウンリストから [**稟議申請**] **承認者**を選択し、追加ボタンをクリックしてください。**承認者**項目が追加されるので**自分**にチェックを入れてください。ダイアログの下部にある**追加**ボタンをクリックしてください。

図7-12 プロセスの詳細設定ダイアログの条件タブ

コマンドボタンエリアにある**更新**ボタンをクリックしてください。**" 稟議申請 " を更新しました。**と表示されます。

7.3 プロセスを設定する

図7-13 テーブルの設定変更が完了した画面

7.3.2 申請と承認

この操作は前項を実施した後に続けて行ってください。他のユーザでログイン中の場合にはログアウトを行い、下表に示すユーザでログインしなおしてください。

名前	グループ	ログインID	パスワード
井上 健一	技術部	Tenant1_User19	pleasanter!

「7.2.1 サイトパッケージのインポート」（P.284）で作成した**稟議申請**テーブルのレコードの一覧画面を開き、ナビゲーションメニューの新規作成ボタン（+のアイコン）をクリックしてください。レコードの新規作成画面が表示されますので、下表のとおり入力してください。記載のない項目は入力不要です。

項目	設定値
状況	起票
件名	パソコン購入の申請
申請者	井上 健一
申請日	（今日の日付）
金額	120000
申請内容	老朽化により業務に支障をきたしているため

作成ボタンをクリックしてください。**"パソコン購入の申請"を作成しました。**と表示されます。

図7-14 レコードの作成が完了した画面

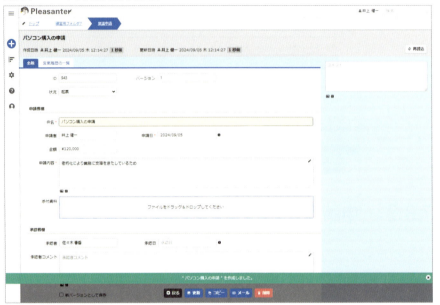

ログイン中の場合にはログアウトを行い、下表に示すユーザでログインしなおしてください。下表のユーザは承認者に設定されたユーザです。

名前	グループ	ログインID	パスワード
佐々木 春香	技術部	Tenant1_User16	pleasanter!

稟議申請テーブルのレコードの一覧画面を開くと、先ほど**井上 健一**が申請した稟議申請レコードが表示されます。**パソコン購入の申請**レコードを開いてください。コマンドボタンエリアに**承認**ボタンが表示されます。プロセスの条件で指定した通り**状況**が**起票**で**承認者**が自分（ここでは**佐々木 春香**）の場合にボタンが表示されます。**承認**ボタンをクリックしてください。

7.3 プロセスを設定する

図7-15 承認ボタンが表示されたレコードの編集画面

　確認ダイアログ**承認してもよろしいですか?** が表示されるので、**OK**をクリックしてください。**状況**が自動的に**承認**に変更になったことを確認します。

図7-16 状況が自動的に承認に変更された画面

7.3.3 入力制限の設定

　この操作は前項を実施した後に続けて行ってください。他のユーザでログイン中の場合にはログアウトを行い、下表に示すユーザでログインしなおしてください。

名前	グループ	ログインID	パスワード
テナント管理者	なし	Tenant1_User1	pleasanter!

　「7.2.1 サイトパッケージのインポート」（P.284）で作成した**稟議申請**テーブルのテーブルの管理画面を開き、**プロセス**タブをクリックしてください。名称が**承認**の行をクリックしてプロセスの詳細設定ダイアログを開いてください。**入力検証**タブを開き**新規作成**ボタンをクリックしてください。

図7-17　プロセスの詳細設定ダイアログの入力検証タブ

　入力検証ダイアログが開きます。**項目**のドロップダウンリストを開き**承認者コメント**を選択してください。**入力必須**にチェックを入れてください。入力が完了したらダイアログの下部の**追加**ボタンをクリックしてください。

項目	設定値	備考
項目	承認者コメント	承認時の入力制限を設定
入力必須	■	承認時は承認者コメントを入力必須にする
クライアント正規表現	（空欄）	正規表現によるチェックは行わない
サーバ正規表現	（空欄）	同上
エラーメッセージ	（空欄）	正規表現によるチェック時のエラーメッセージなので指定不要

図7-18 入力検証の設定ダイアログ

プロセスの**詳細設定**ダイアログに戻り**承認者コメント**、**入力必須**の設定が追加されたのを確認してください。ダイアログの下部の**変更**ボタンをクリックしてください。

図7-19 入力検証が追加された状態

コマンドボタンエリアにある**更新**ボタンをクリックしてください。**" 稟議申請 " を更新しました。**と表示されます。

図7-20 テーブルの設定変更が完了した画面

「7.3.2 申請と承認」（P.293）の操作を再度おこなってください。件名はNoなどをつけて以前につくった申請レコードと識別しやすいようにしてください。

　手順どおりに進め、承認者が承認ボタンをクリックするとエラーとなり、**承認者コメント**の入力が求められます。

Chapter 7　稟議申請アプリを作る

図7-21　承認者コメントの未入力エラーが表示された画面

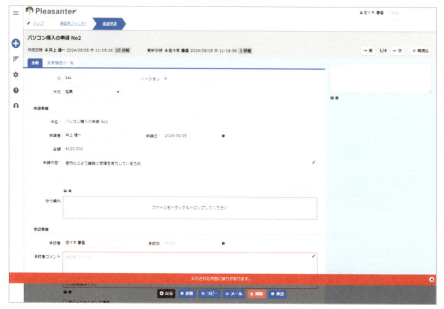

承認者コメントを入力し**承認**ボタンをクリックしてください。下図のようにエラーが消え承認が完了します。

図7-22　承認者コメント入力後に承認が完了した画面

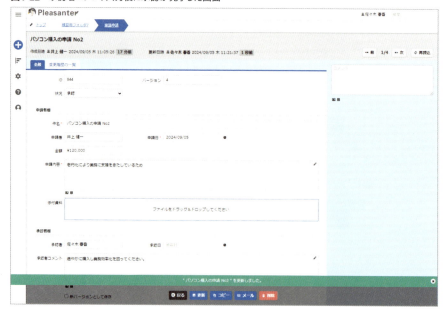

7.3.4 データの変更の設定

この操作は前項を実施した後に続けて行ってください。他のユーザでログイン中の場合にはログアウトを行い、下表に示すユーザでログインしなおしてください。

名前	グループ	ログインID	パスワード
テナント管理者	なし	Tenant1_User1	pleasanter!

「7.2.1 サイトパッケージのインポート」（P.284）で作成した**稟議申請**テーブルのテーブルの管理画面を開き、**プロセス**タブをクリックしてください。名称が**承認**の行をクリックしてプロセスの詳細設定ダイアログを開いてください。**データの変更**タブを開き**新規作成**ボタンをクリックしてください。

図7-23 プロセスの詳細設定ダイアログのデータの変更タブ

データの変更ダイアログが開きます。下表のとおり入力してください。入力が完了したらダイアログの下部の**追加**ボタンをクリックしてください。

項目	設定値	備考
変更種別	日付の入力	承認時に行うデータの変更の種類
項目	承認日	承認時に日付を入力する項目
基準日時	現在の日付	現在の日付を基準とする
値	0	現在の日付をそのまま入れるので値は0
期間	日	値が0なので特に日にする必要性はないが、既定値の日を選択

図7-24 データの変更の設定ダイアログ

Chapter 7　稟議申請アプリを作る

プロセスダイアログに戻り日付の入力の設定が追加されたのを確認してください。ダイアログの下部の変更ボタンをクリックしてください。

図7-25　データの変更が追加された状態

コマンドボタンエリアにある更新ボタンをクリックしてください。" 稟議申請 " を更新しました。と表示されます。

図7-26　テーブルの設定変更が完了した画面

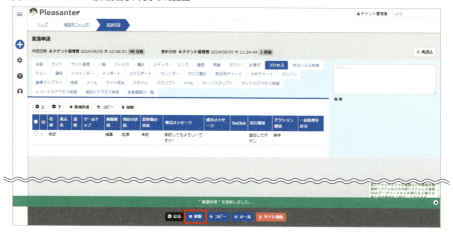

「7.3.2 申請と承認」（P.293）の操作を再度おこなってください。件名はNoなどをつけて以前につくった申請レコードと識別しやすいようにしてください。承認者コメントは入力必須なので任意の文字列を入力してください。手順どおりに進め、承認者が承認を行うと、承認日が自動で入力されます。

7.3 プロセスを設定する

図 7-27 承認日が自動で入力された画面

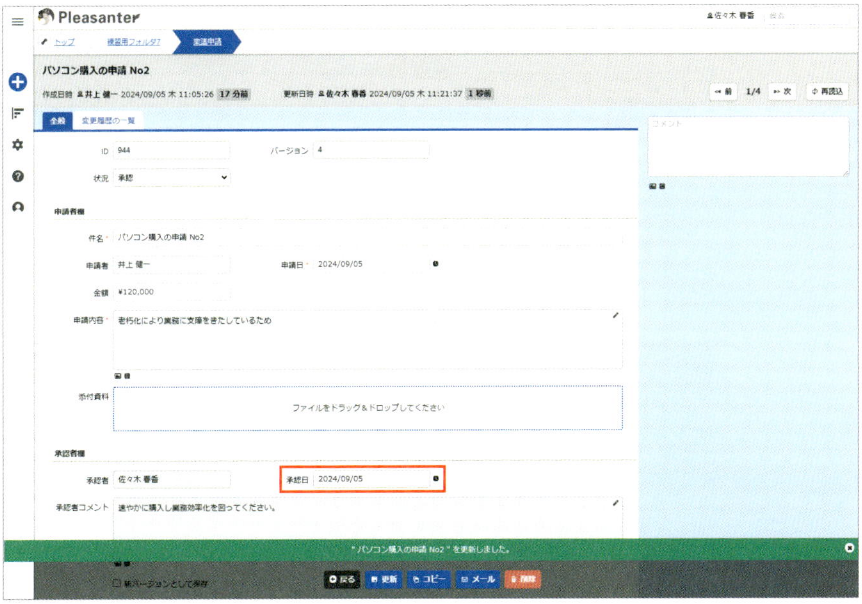

⚠ **CAUTION**
承認日や状況のようにプロセス機能で自動的にデータを入力する項目は読取専用の設定をしておくと、誤って手動で変更されることがありません。読取専用の設定は、テーブルの管理→エディタタブ→対象の項目を選択→詳細設定→読取専用のチェックをオンにして、更新することで設定できます。

7.3.5 通知の設定

　この操作は前項を実施した後に続けて行ってください。他のユーザでログイン中の場合にはログアウトを行い、下表に示すユーザでログインしなおしてください。

名前	グループ	ログインID	パスワード
テナント管理者	なし	Tenant1_User1	pleasanter!

　「5.9.2 受信可能なメールアドレスを設定する」（P.222）を参考に、申請者井上 健一と承認者佐々木 春香に受信可能なメールアドレスを設定してください。「7.2.1 サイトパッケージのインポート」（P.284）で作成した稟議申請テーブルのテーブルの管理画面を開き、プロセスタブをクリックしてください。名称が承認の行をクリックしてプロセスの詳細設定ダイアログを開いてください。通知タブを開き新規作成ボタンをクリックしてください。

図7-28 プロセスの詳細設定ダイアログの通知タブ

通知ダイアログが開きます。下表のとおり入力してください。入力が完了したらダイアログの下部の追加ボタンをクリックしてください。

項目	設定値	備考
通知種別	メール	承認時にメールで通知
件名	稟議申請：「[件名]」を承認しました。	メールの件名
アドレス	[申請者],[承認者]	メールの宛先に申請者と承認者を指定
内容	{Url} 承認者：[承認者] 申請者：[申請者]	メールの本文にURLと承認者、申請者を記載

図7-29 通知の設定ダイアログ

プロセスダイアログに戻りメールの設定が追加されたのを確認してください。ダイアログの下部の変更ボタンをクリックしてください。

図7-30 通知が追加された状態

コマンドボタンエリアにある更新ボタンをクリックしてください。**" 稟議申請 " を更新しました。**と表示されます。

図7-31 テーブルの設定変更が完了した画面

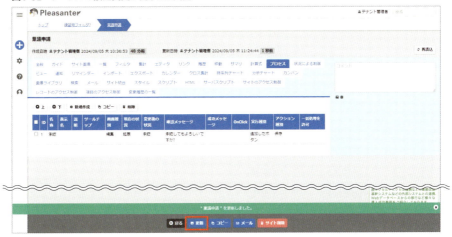

「7.3.2 申請と承認」(P.293) の操作を再度おこなってください。件名はNoなどをつけて以前につくった申請レコードと識別しやすいようにしてください。承認者コメントは入力必須なので任意の文字列を入力してください。手順どおりに進め、承認者が承認を行うと、**申請者**と**承認者**のメールアドレスに以下の通知メールが送信されます。件名やURLは環境やデータによって異なります。

```
メール件名：稟議申請：「パソコン購入の申請 No4」を承認しました。
メール本文：
https://demo.pleasanter.org/items/79
承認者：佐々木 春香
申請者：井上 健一
```

7.3.6 否決ボタンを追加

この操作は前項を実施した後に続けて行ってください。他のユーザでログイン中の場合にはログアウトを行い、下表に示すユーザでログインしなおしてください。

名前	グループ	ログインID	パスワード
テナント管理者	なし	Tenant1_User1	pleasanter!

稟議申請テーブルのテーブルの管理画面を開き、**プロセス**タブをクリックしてください。**新規作成**ボタンをクリックしてください。ダイアログが表示されます。**名称**に**否決**と入力してください。**全般**タブに下表のとおり入力してください。

項目	設定値	備考
画面種別	編集	レコードの編集画面でのみボタンを表示し新規作成時は表示しない
現在の状況	起票	状況が**起票**のときにボタンを表示する
変更後の状況	否決	ボタンが押下された後に**否決**に変更する
説明	（空欄）	ユーザには表示されない管理者用の説明欄
ツールチップ	（空欄）	マウスオーバー時に表示される説明
確認メッセージ	否決してもよろしいですか？	ボタン押下時に確認ダイアログを出す
成功メッセージ	（空欄）	成功した際のメッセージ
OnClick	（空欄）	スクリプトを動作させる場合に使用する
実行種別	追加したボタン	承認ボタンを追加する
アクション種別	保存	プロセスの動作と同時にレコードを保存する
一括処理を許可	□	一括操作は許可しない

入力検証タブで**新規作成**ボタンをクリックし、ダイアログに下表のとおり入力してください。入力が完了したら**追加**ボタンをクリックしてください。

項目	設定値	備考
項目	承認者コメント	否決時の入力制限を設定
入力必須	■	否決時は承認者コメントを入力必須にする
クライアント正規表現	（空欄）	正規表現によるチェックは行わない
サーバ正規表現	（空欄）	同上
エラーメッセージ	（空欄）	正規表現によるチェック時のエラーメッセージなので指定不要

通知タブで**新規作成**ボタンをクリックし、ダイアログに下表のとおり入力してください。入力が完了したら**追加**ボタンをクリックしてください。

項目	設定値	備考
通知種別	メール	否決時にメールで通知
件名	稟議申請：「［件名］」を否決しました。	メールの件名
アドレス	［申請者］,［承認者］	メールの宛先に申請者と承認者を指定
内容	{Url} 承認者：［承認者］ 申請者：［申請者］	メールの本文にURLと承認者、申請者を記載

7.3 プロセスを設定する

プロセスのダイアログの下部にある**追加**ボタンをクリックしてください。その後、コマンドボタンエリアにある**更新**ボタンをクリックしてください。**" 稟議申請 " を更新しました。**と表示されます。

図7-32 テーブルの設定変更が完了した画面

「7.3.2 申請と承認」（P.293）の操作を再度おこなってください。件名はNoなどをつけて以前につくった申請レコードと識別しやすいようにしてください。**承認**ボタンは押さずに**否決**ボタンをクリックしてください。**状況**が自動的に否決に変更になったことを確認します。

図7-33 状況が自動的に否決に変更された画面

7.4 リマインダーを設定する

リマインダーを設定すると、期限のある仕事の期限切れを予防できます。本節では、稟議申請の申請者に承認希望日を入力してもらい、承認希望日までに判断をもらえるよう承認者にリマインドメールを送信する設定を行います。

> ⚠ **CAUTION**
> Community Editionで本手順を実施する場合、事前に下記のURLを参照し、リマインダー機能を有効化してください。
> https://pleasanter.org/ja/manual/reminder

7.4.1 承認希望日項目の追加

ここでは承認の判断期日をリマインドするための項目を追加します。

この操作は前節を実施した後に続けて行ってください。他のユーザでログイン中の場合にはログアウトを行い、下表に示すユーザでログインしなおしてください。

名前	グループ	ログインID	パスワード
テナント管理者	なし	Tenant1_User1	pleasanter!

「7.2.1 サイトパッケージのインポート」（P.284）で作成した、**稟議申請**テーブルのレコードの編集画面に下表の項目を追加してください。項目の位置は**申請日**の次に配置されるよう設定してください。

有効化する項目	表示名	入力必須
日付C	承認希望日	オン

図7-34 承認希望日項目の詳細設定ダイアログ

7.4 リマインダーを設定する

稟議申請テーブルの任意のレコードを開いてください。正しく設定できると、レコードの編集画面が下図のように表示されます。

図7-35 承認希望日項目が追加されたレコードの編集画面

7.4.2 リマインダーの追加

この操作は前項を実施した後に続けて行ってください。他のユーザでログイン中の場合にはログアウトを行い、下表に示すユーザでログインしなおしてください。

名前	グループ	ログインID	パスワード
テナント管理者	なし	Tenant1_User1	pleasanter!

「7.2.1 サイトパッケージのインポート」（P.284）で作成した**稟議申請**テーブルのテーブルの管理画面を開き、**リマインダー**タブをクリックし、**新規作成**ボタンをクリックしてください。リマインダーの**詳細設定**ダイアログが表示されます。下表のとおり入力してください。

項目	設定値	備考
リマインダー種別	メール	メールでリマインド
件名	稟議申請	承認者が確認しやすい件名を設定
内容	[[Records]]	[[Records]]とすることで対象レコードの一覧を送信
行	[件名] --- [申請者]([状況])	対象レコードの記載フォーマット
差出人	reminder@example.com	メールのFROMに指定するメールアドレスを設定（デモ環境は指定不可）
宛先	[承認者]	承認者のユーザに設定されたメールアドレスにリマインドメールを送信

307

項目	承認希望日	承認希望日をリマインド
開始日時	(任意の日付、時刻は00:00)	リマインダーを新しく設定する際にいつからリマインドするか設定
期間種別	毎日	リマインドの周期を毎日に設定
範囲	30日	承認希望日が30日以内に迫ったレコードをリマインド
過去に完了したものも送信	オフ	状況が起票以外のものは送信しない
該当が無い場合は送信しない	オフ	該当が無い場合は該当なしのメールを送信
URLを送信しない	オフ	プリザンターにログインできないメンバーに送信する場合はオンに設定
期限切れを送信しない	オフ	期限切れをおこしたレコードも継続して送信
条件	(空欄)	ビューのフィルタで条件を指定可能
無効	オフ	一時的に送信を中止したい場合はオフに設定

ダイアログの下部にある追加ボタンをクリックしてください。

図7-36　リマインダーの設定ダイアログ

コマンドボタンエリアにある更新ボタンをクリックしてください。" 稟議申請 " を更新しました。と表示されます。

図7-37　テーブルの設定変更が完了した画面

> ⚠ **CAUTION**
> リマインダー種別にはメール以外にもTeamsやSlackなどのチャットが選択可能です。メール以外を選択した場合は宛先に項目名が指定できません。項目で選択されたユーザ毎にリマインダーを送信したい場合はメールを選択してください。

> ⚠ **CAUTION**
> 宛先に項目名を指定した場合、その項目で選択されたユーザのメールアドレスにリマインドメールが送信されます。この場合、該当がない場合は送信しないがオフであっても対象のレコードが無いユーザにはメールが送信されません。宛先には直接メーリングリストなどのメールアドレスを設定できます。直接メールアドレスを設定した場合、該当レコードが無い場合にはメールは送信されません。

> ❶ **NOTE**
> 開始日時をYYYY/MM/DD 00:00、期間種別を毎日に設定すると、毎日00:00にリマインドメールが送信されます。YYYY/MM/DDにはリマインダーを開始したい任意の年月日を入力してください。時間を9時に変更したい場合には開始日時をYYYY/MM/DD 09:00に設定してください。

7.4.3　テストデータの作成

「7.3.2 申請と承認」（P.293）の操作を参考に、状況が起票のままのレコードを1件作成してください。承認希望日は、現時点から30日以内の日付を指定してください。ここでは承認は行わないでください。

7.4.4　リマインダーのテスト

この操作は前項を実施した後に続けて行ってください。他のユーザでログイン中の場合にはログアウトを行い、下表に示すユーザでログインしなおしてください。

名前	グループ	ログインID	パスワード
テナント管理者	なし	Tenant1_User1	pleasanter!

「7.2.1 サイトパッケージのインポート」（P.284）で作成した**稟議申請**テーブルのテーブルの管理画面を開き、**リマインダー**タブをクリックし、「7.4.2 リマインダーの追加」（P.307）で作成したリマインダーの行にチェックを入れて**テスト**ボタンをクリックしてください。

図7-38　テストするリマインダーにチェックを入れた画面

確認ダイアログ**メールを送信してもよろしいですか?**が表示されるので、**OK**をクリックしてください。リマインダーのテストが動作すると、**佐々木 春香**に設定したメールアドレスに以下のようなテストデータのリマインドメールが送信されます。URLや日付などは環境や実施した日時によって異なります。

```
メール宛先：佐々木 春香
メール差出人：reminder@example.com
メール件名：(テスト)稟議申請
メール本文：
2024/09/11 水 (6 日後)
        パソコン購入の申請 No6 --- 井上 健一 (起票)
        http://demo.pleasanter.org/items/80/edit
```

> **NOTE**
> リマインダーを設定した後は、開始日時の設定した時刻に毎日リマインドメールが送信されます。送信を止めるにはリマインダーを削除してください。

7.5 状況による制御を設定する

状況による制御を使用すると、稟議申請の状態に応じてレコードや項目を下表に示す状態に変化させることができます。

項目	説明
レコードの読取専用	レコードの編集画面でレコードの更新や削除ができないようにします。
項目の読取専用	レコードの編集画面で項目の値を変更ができないようにします。
項目の非表示	レコードの編集画面で項目を非表示にします。
項目の入力必須	レコードの編集画面で項目を入力必須にします。

7.5.1 承認または否決されたレコードを読取専用にする

この項では稟議申請レコードの状況が**承認**または**否決**になった際にレコードの編集ができないよう、レコードを自動的に読取専用にします。この操作は前節を実施した後に続けて行ってください。他のユーザでログイン中の場合にはログアウトを行い、下表に示すユーザでログインしなおしてください。

名前	グループ	ログインID	パスワード
テナント管理者	なし	Tenant1_User1	pleasanter!

「7.2.1 サイトパッケージのインポート」（P.284）で作成した**稟議申請**テーブルのテーブルの管理画面を開き、**状況による制御**タブをクリックし、**新規作成**ボタンをクリックしてください。状況による制御の**詳細設定**ダイアログが表示されます。下表のとおり入力してください。**追加**ボタンをクリックしてください。

項目	設定値
名称	レコード読取専用（承認）
状況	承認
レコードの制御：読取専用	オン

Chapter 7　稟議申請アプリを作る

図7-39　状況による制御の詳細設定ダイアログで読取専用をオンにした状態

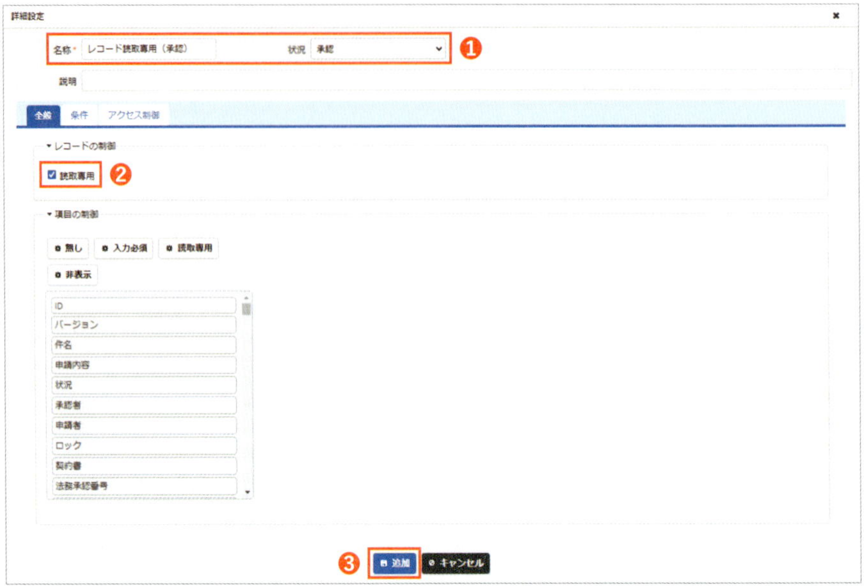

同様の手順で下表の設定を追加してください。

項目	設定値
名称	レコード読取専用（否決）
状況	否決
レコードの制御：読取専用	オン

コマンドボタンエリアにある**更新**ボタンをクリックしてください。**" 稟議申請 " を更新しました。**と表示されます。

7.5 状況による制御を設定する

図7-40 テーブルの設定変更が完了した画面

稟議申請テーブルのレコードの一覧画面を開いてください。既に承認されたレコードがある場合には、レコードの編集画面を開いてください。承認されたレコードが無い場合には、「7.3.2 申請と承認」（P.293）の操作を再度おこなってから、承認されたレコードの編集画面を開いてください。下図のように読取専用となり、レコードの編集画面での更新や削除が行えません。

図7-41 読取専用となったレコードの編集画面

⚠ **CAUTION**

レコードの読取専用の設定は、レコードの編集画面でのみ有効です。レコードの一覧画面からの上書きインポート、一括更新、一括削除を抑制することはできませんので注意してください。必要に応じて一般ユーザにインポートや削除権限を付与しない設定を行ってください。詳細については「8.5 アクセス制御の設定」（P.365）を参照してください。

7.5.2 条件による項目の表示/非表示制御

この項では契約を締結する必要がある稟議申請の場合、法務部門の承認番号を入力を求める項目を表示する設定を行います。この操作は前項を実施した後に続けて行ってください。他のユーザでログイン中の場合にはログアウトを行い、下表に示すユーザでログインしなおしてください。

名前	グループ	ログインID	パスワード
テナント管理者	なし	Tenant1_User1	pleasanter!

「4.6.2 新しい項目を追加する手順」（P.140）を参考に、**稟議申請**テーブルのレコードの編集画面に下表の2項目を追加してください。項目の位置は**金額**の次に配置されるよう設定してください。

有効化する項目	表示名	選択肢一覧	自動ポストバック
分類A	契約書	有り 無し	オン
分類B	法務承認番号	（空欄）	オフ

正しく設定できると、レコードの編集画面が下図のように表示されます。

図7-42 2つの項目を追加したレコードの編集画面

7.5 状況による制御を設定する

　稟議申請テーブルのテーブルの管理画面を開き、**状況による制御**タブをクリックし、**新規作成**ボタンをクリックしてください。状況による制御の**詳細設定**ダイアログが表示されます。下表のとおり入力してください。**項目の制御**は**法務承認番号**をクリックして選択した後に**非表示**ボタンをクリックして設定してください。

項目	設定値
名称	法務承認番号非表示
状況	＊
項目の制御：法務承認番号	（非表示）

図7-43　法務承認番号を非表示に設定した状態

　続いて**条件**タブを開いてください。ドロップダウンリストを開き［**稟議申請**］**契約書**を選択、右にある**追加**ボタンをクリックしてください。**契約書**のフィルタのドロップダウンリストが表示されるので、（**未設定**）と**無し**にチェックを入れてください。ダイアログの下部にある**追加**ボタンをクリックしてください。

図7-44　条件タブに契約書のフィルタ条件を設定した状態

コマンドボタンエリアにある更新ボタンをクリックしてください。" 稟議申請 " を更新しました。と表示されます。

図7-45 テーブルの設定変更が完了した画面

稟議申請テーブルのレコードの一覧画面を開き、ナビゲーションメニューの新規作成ボタン（+のアイコン）をクリックしてください。レコードの新規作成画面が表示されますので、契約書のドロップダウンリストを開き有りと無しを切り替えてください。下図のように法務承認番号の表示/非表示が切り替わります。

図7-46 契約書有りの場合、法務承認番号が表示される

7.5 状況による制御を設定する

図7-47 契約書無しの場合、法務承認番号が表示されない

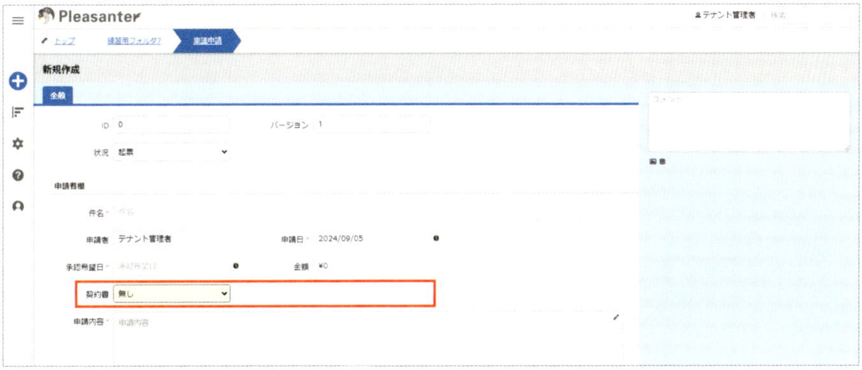

> **① NOTE**
>
> 画面上で、契約書の選択肢を変更した際に、表示・非表示を変更するには、契約書項目の自動ポスト
> バックをオンにする必要があります。契約書の選択肢を変更すると、**自動ポストバック**によりサーバにリ
> クエストが送信され、状況による制御が動作します。

7.5.3 条件による項目の入力必須制御

　この項では法務部門の承認番号を必須入力にするための設定を行います。この操作は
前項を実施した後に続けて行ってください。他のユーザでログイン中の場合にはログアウト
を行い、下表に示すユーザでログインしなおしてください。

名前	グループ	ログインID	パスワード
テナント管理者	なし	Tenant1_User1	pleasanter!

　「7.5.2 条件による項目の表示/非表示制御」（P.314）を参考に**状況による制御**に下表
の設定を追加してください。

項目	設定値
名称	法務承認番号入力必須
状況	*
項目の制御：法務承認番号	（入力必須）

図7-48 法務承認番号を入力必須に設定した状態

条件タブには契約書が有りの条件を設定してください。ダイアログの下部にある追加ボタンをクリックしてください。

図7-49 条件タブに契約書のフィルタ条件を設定した状態

コマンドボタンエリアにある更新ボタンをクリックしてください。" 稟議申請 " を更新しました。と表示されます。

7.5 状況による制御を設定する

図7-50 テーブルの設定変更が完了した画面

　稟議申請テーブルのレコードの一覧画面を開き、ナビゲーションメニューの新規作成ボタン（＋のアイコン）をクリックしてください。レコードの新規作成画面が表示されますので、契約書のドロップダウンリストを開き**有り**を選択してください。下図のように**法務承認番号**が表示され入力必須となります。

図7-51 法務承認番号が入力必須となったレコードの編集画面

> ⚠ **CAUTION**
> **法務承認番号**項目の**入力必須**をオンにすると、**法務承認番号**が非表示の時にレコードの作成/更新が行えません。項目の入力必須は非表示の場合でも動作するためです。表示/非表示の制御と入力必須を組み合わせる場合、**状況による制御**を使い、項目が表示されている場合のみ入力必須となるよう設定してください。

COLUMN　トレーニングサービスの紹介

　　プリザンターは業務改善のためのツールとして、多くの現場で活用されていますが、その効果を最大限に引き出すためには、適切な使い方を身につけることが重要です。トレーニングサービスでは、初心者から上級者まで幅広い層に向けた様々なコースがあります。基本的な機能や操作を学ぶコースから、カスタマイズ手法の解説を含む応用的な内容まで、目的に応じた学習が可能です。また「特定の機能を深く理解したい」など個別のニーズに応える柔軟なカリキュラムもあります。

　　さらに、受講後には質問対応などのフォローアップが受けられるため、受講者が学んだ内容を実務でスムーズに活用できます。

　　トレーニングサービスは、年間サポートサービスと同様に認定パートナー企業から購入することができます。

レベル	概要
初級	テーブルの作成や、データの紐づけ、集計機能などプリザンターの基本的な操作を習得できます。
中級	画面カスタマイズやアクセス制御、ワークフロー基礎など、機能別の基本的な使い方をいくつかのコースに分けているのでニーズに合わせて必要な内容を選択して習得できます。
上級	初級および中級コースで学んだ内容を活かし、実際の業務に適したアプリを開発できるようになる、より実践的な活用方法を習得できます。

　　トレーニングサービスの詳細については、以下のURLをご覧ください。

トレーニングサービスの詳細

https://pleasanter.org/training

Chapter 8

ユーザ認証と
アクセス制御

　プリザンターは、大規模な組織での利用に必要なさまざまなユーザ認証機能を備えています。また、プリザンターに格納されたデータは、ログインしているユーザの権限に応じて細かくアクセス制御を行うことができます。本章では、プリザンターが提供する認証およびアクセス制御機能について説明します。

Chapter 8 ユーザ認証とアクセス制御

8.1 ユーザ認証とアクセス制御の概要

プリザンターは大規模な組織での利用を想定したソフトウェアです。そのため、組織的なデータ管理・データ活用を行うために必要となるさまざまな機能を備えています。本章では、プリザンターの**セキュリティ**に関わるユーザ認証の仕組みと、アクセス制御の仕組みを実際の設定方法と共に紹介します。

8.1.1 ユーザ認証

プリザンターは**ローカルユーザ**を作成して、独立したユーザ管理を行うことができます。ローカルユーザを利用する場合、パスワードの有効期限やパスワードポリシー（パスワードの文字数や複雑さなどの制限）を設定して、パスワードのセキュリティレベルを柔軟に制御できます。また、パスワードを一定回数間違えて入力した場合に、ユーザをロックする機能を備えています。詳細は「8.2.2 ローカル認証」（P.325）を参照してください。

プリザンターを数千人、数万人規模で利用する場合、全てのユーザをローカルユーザとして管理することは現実的ではありません。そのため、プリザンターは**LDAP**や**SAML**など、大規模組織に導入されているユーザ認証基盤と連携する機能を備えています。

LDAP認証を使用すると、**Active Directory**などLDAPをサポートするディレクトリサービスでユーザ認証を行うことができます。普段から使い慣れているパスワードでログインが行えるため、パスワード忘れによるリセットの対応など、ユーザ管理の負担を低減できます。詳細は「8.2.3 LDAP認証」（P.331）を参照してください。

また、SAML認証を使用するとSAMLによる**シングルサインオン**を行うことができます。SAMLによる認証が完了している状態でプリザンターにアクセスした場合、ログイン時にパスワードが求められないため、利用者の利便性が大幅に向上します。詳細は「8.2.4 SAML認証」（P.333）を参照してください。

8.1.2 Active Directoryと同期

ユーザ認証基盤にActive Directoryを使用している場合、Active Directoryから、組織、グループ、ユーザを自動的に同期できます。Active Directoryで組織情報を管理している場合、組織変更や人事異動、入社・退社に伴うアカウントの増減などを自動的にプリザンターに取り込むことができます。詳細は「8.3 Active Directoryと同期する」（P.338）を参照してください。

8.1.3 組織とグループとユーザ

プリザンターでは大規模な組織のアクセス制御を効率的に行うために、組織機能とグループ機能を備えています。ユーザを部門毎やプロジェクト毎にグルーピングすることで、まとめてアクセス権を付与できます。詳細は「8.4 組織とグループとユーザ」（P.349）を参照してください。

8.1.4 アクセス制御

プリザンターには、**サイトのアクセス制御**、**レコードのアクセス制御**、**項目のアクセス制御**など、複数のアクセス制御機能があります。これらの機能を使用して、データベースへのアクセスを部門ごとやプロジェクトごとにきめ細かくコントロールできます。詳細は「8.5 アクセス制御の設定」（P.365）を参照してください。

Chapter 8　ユーザ認証とアクセス制御

8.2　ユーザ認証

　プリザンターのユーザ認証は、複数の方式から選択できます。ユーザ認証基盤として LDAPやSAMLを導入している場合、これらを利用してプリザンターのユーザ認証を行うことができます。LDAPやSAMLを利用すると、プリザンター上でのユーザ管理が不要となり、運用管理が容易になります。

8.2.1　ユーザの認証方式の種類と設定方法

　ユーザ認証の設定はパラメータファイル/web/pleasanter/Implem.Pleasanter/ App_Data/Parameters/Authentication.jsonファイルの"Provider"パラメータで行います。

No	ユーザの認証方式	Provider 設定値	説明
1	ローカル認証	null	プリザンターの内部でユーザとパスワードを管理する方式
2	LDAP 認証	"LDAP"	LDAP でユーザ認証を行う方式
3	LDAP 認証とローカル認証の混合	"LDAP+Local"	LDAP でユーザ認証を行い、失敗したらローカル認証でリトライする方式
4	SAML 認証とローカル認証の混合	"SAML"	SAML でユーザ認証を行い、失敗したらローカル認証でリトライする方式

⚠ **CAUTION**

Provider設定値nullはダブルクォーテーションで囲わないでください。null以外の設定値はダブルクォーテーションで囲んでください。以下は正しい記述の例です。

/web/pleasanter/Implem.Pleasanter/App_Data/Parameters/Authentication.json

```
{
    "Provider": null,
～～ 中略 ～～
}
```

/web/pleasanter/Implem.Pleasanter/App_Data/Parameters/Authentication.json

```
{
    "Provider": "LDAP",
～～ 中略 ～～
}
```

8.2.2 ローカル認証

ローカル認証はプリザンターが標準で備えているユーザの認証方式です。特に追加の設定を行わずに利用できます。ログイン時にログインIDとパスワードを入力してログインします。下図はローカル認証のログイン画面です。

図8-1　ローカル認証のログイン画面

> **❶ NOTE**
> ユーザのパスワードは**ハッシュ化**（不可逆の文字列に変換）された文字列としてデータベースに保存されます。そのためデータベースの内容からユーザのパスワードを簡単には推測できません。

● パスワードの有効期限

ローカル認証では、パスワードの有効期限を設定して、定期的にパスワードの変更を求めることができます。パスワードの有効期限の設定はパラメータファイル/web/pleasanter/Implem.Pleasanter/App_Data/Parameters/Security.jsonの"PasswordExpirationPeriod"パラメータで行います。例えばこれを60に設定するとパスワードを設定した時刻から60日後にパスワードの変更が求められます。

/web/pleasanter/Implem.Pleasanter/App_Data/Parameters/Security.json

```
{
~~ 中略 ~~
    "PasswordExpirationPeriod": 0,
~~ 中略 ~~
}
```

パスワードの有効期限後にログインすると、下図のように新しいパスワードを変更するためのダイアログが表示されます。

図8-2　パスワード変更ダイアログ

● ユーザのロック

総当たり攻撃などによる不正ログインを防ぐために**ログイン試行回数**を制限し、試行回数に到達した場合に、ユーザのログインを拒否する（ロックする）ことができます。ロックされたユーザはテナント管理者がユーザの管理画面でロックを解除するまでログインすることができません。ユーザのロックの設定はパラメータファイル**/web/pleasanter/Implem. Pleasanter/App_Data/Parameters/Security.json**の**"LockoutCount"**パラメータで行います。このパラメータは試行回数を表し、標準では0（無制限）に設定されています。例えば、これを3に変更すると、パスワードを3回以上連続で間違えた場合にユーザがロックされます。

/web/pleasanter/Implem.Pleasanter/App_Data/Parameters/Security.json
```
{
~~ 中略 ~~
    "LockoutCount": 0,
~~ 中略 ~~
}
```

ユーザがロックされている場合、正しいパスワードを入力しても**このユーザはロックされています。**と表示され、ログインすることができません。

図8-3 ユーザがロックされている場合のログイン画面

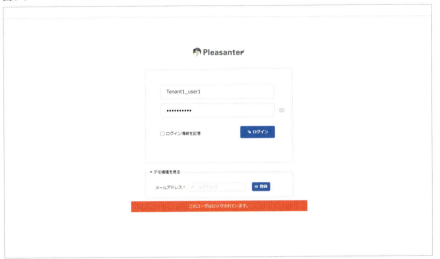

> ⚠ **CAUTION**
> 誤ったパスワードを入力し続けた場合、ユーザがロックされていても、**指定されたログインIDまたはパスワードが不正です。**と表示され、ロックされていることは表示されません。

　ユーザのロックの解除は、テナント管理者でログインし、ユーザの管理画面を開いて、**ロック**のチェックボックスをオフにして更新ボタンをクリックしてください。

Chapter 8 ユーザ認証とアクセス制御

図8-4 ユーザがロックされている場合のユーザ管理画面

● パスワードポリシー

ローカル認証では、正規表現により、設定可能なパスワードに制約（例えば、パスワードの最少文字数など）を設けることができます。これをパスワードポリシーと言います。パスワードポリシーの設定はパラメータファイル/web/pleasanter/Implem.Pleasanter/App_Data/Parameters/Security.jsonの"PasswordPolicies"セクションで行います。プリザンターは5種類のパスワードポリシーを提供し、標準では**文字数が6文字以上で文字種は問わない**ポリシーが有効化されています。パスワードポリシーは、パスワードの強度を一定レベル以上に保つのに役立ちます。

No	Enabled（有効）	Regex（正規表現）	説明
1	true（有効）	".{6,}"	パスワードは6文字以上とする
2	false（無効）	"[a-z]+"	パスワードに小文字のアルファベットを含む
3	false（無効）	"[A-Z]+"	パスワードに大文字のアルファベットを含む
4	false（無効）	"[0-9]+"	パスワードに数字を含む
5	false（無効）	"[^a-zA-Z0-9]+"	パスワードに記号を含む

Security.jsonの"PasswordPolicies"セクションは以下のようになっています。"Enabled": falseを"Enabled": trueに変更すると無効のポリシーを有効化できます。"Regex"の正規表現を変更すれば文字数や文字種の制限を変更できます。また、

"Languages" セクションには英語と日本語で任意のエラーメッセージを設定できます。
No1 〜 5以外の新たなポリシーを追加することもできます。

/web/pleasanter/Implem.Pleasanter/App_Data/Parameters/Security.json

```
{
~～ 中略 ～～
    "PasswordPolicies": [
        {
            "Enabled": true,
            "Regex": ".{6,}",
            "Languages": [
                {
                    "Body": "Please enter ...省略"
                },
                {
                    "Language": "ja",
                    "Body": "パスワードは6文字以上を入力してください。"
                }
            ]
        },
        {
            "Enabled": false,
            "Regex": "[a-z]+",
            "Languages": [
                {
                    "Body": "Please enter ...省略"
                },
                {
                    "Language": "ja",
                    "Body": "パスワードにはアルファベット小文字を...省略"
                }
            ]
        },
        {
            "Enabled": false,
            "Regex": "[A-Z]+",
            "Languages": [
                {
                    "Body": "Please enter ...省略"
                },
                {
```

Chapter 8　ユーザ認証とアクセス制御

```
                "Language": "ja",
                "Body": "パスワードにはアルファベット大文字を...省略"
            }
        ]
    },
    {
        "Enabled": false,
        "Regex": "[0-9]+",
        "Languages": [
            {
                "Body": "Please enter ...省略"
            },
            {
                "Language": "ja",
                "Body": "パスワードには数字を1文字以上を入力してください。"
            }
        ]
    },
    {
        "Enabled": false,
        "Regex": "[^a-zA-Z0-9]+",
        "Languages": [
            {
                "Body": "Please enter ...省略"
            },
            {
                "Language": "ja",
                "Body": "パスワードには記号を1文字以上を入力してください。"
            }
        ]
    }
],
〜〜 中略 〜〜
}
```

　パスワードポリシーに違反したパスワードを設定しようとすると、**"Body"**に設定されているエラーメッセージが表示されます。下図はパスワードを6文字未満に設定しようとした場合のエラーメッセージです。

図8-5　パスワードを6文字未満に設定した場合のエラー

8.2.3　LDAP認証

組織のユーザ認証基盤としてActive Directory（以下AD）などのLDAPサーバが利用できる場合、プリザンターのユーザ認証をLDAPサーバで行うことができます。LDAP認証の設定が行われている場合、プリザンターは下図の1〜3の動作を行います。

図8-6　LDAP認証の概念図

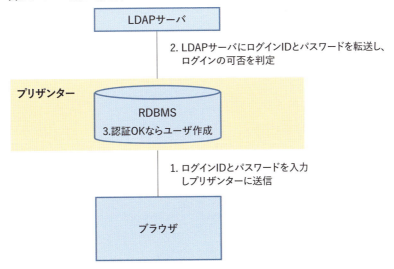

> **NOTE**
> 認証が成功すると、プリザンターのユーザにLDAPサーバのユーザが追加されます。既に存在する場合には、メールアドレスなど属性情報の更新が行われます。

> **CAUTION**
> 通常、LDAPサーバはイントラネット内に存在するため、LDAPサーバを利用して認証を行う場合はプリザンターをイントラネットに構築する必要があります。

LDAP認証の設定

LDAP認証を行うには、パラメータファイル/web/pleasanter/Implem.
Pleasanter/App_Data/Parameters/Authentication.jsonを以下のように設定
してください。

> ⚠ **CAUTION**
>
> パラメータの設定内容はLDAPサーバやプリザンターの環境によって異なります。詳細についてはユー
> ザマニュアルのパラメータ設定Authentication.jsonを参照してください。
> https://pleasanter.org/ja/manual/authentication-json

/web/pleasanter/Implem.Pleasanter/App_Data/Parameters/Authentication.json

```
{
    "Provider": "LDAP",
    "DsProvider": null,
    "ServiceId": null,
    "ExtensionUrl": null,
    "RejectUnregisteredUser": false,
    "LdapParameters": [
        {
            "LdapSearchRoot": "LDAP://ldap.example.local/ou=Company,
dc=example,dc=local",
            "LdapSearchProperty": "sAMAccountName",
            "LdapSearchPattern": null,
            "LdapLoginPattern": null,
            "LdapAuthenticationType": null,
            "NetBiosDomainName": "EXAMPLE",
            "LdapTenantId": 1,
            "LdapDeptCode": "Company",
            "LdapDeptCodePattern": null,
            "LdapDeptName": "department",
            "LdapDeptNamePattern": null,
            "LdapUserCode": null,
            "LdapUserCodePattern": null,
            "LdapFirstName": "givenName",
            "LdapFirstNamePattern": null,
            "LdapLastName": "sn",
            "LdapLastNamePattern": null,
            "LdapMailAddress": "mail",
            "LdapMailAddressPattern": null,
            "LdapGroupName": "cn",
            "LdapGroupNamePattern": null,
```

```
            "LdapSyncPageSize": 0,
            "LdapSyncPatterns": [
                "(&(ObjectCategory=User)(ObjectClass=Person))"
            ],
            "LdapSyncGroupPatterns": [
                "(&(ObjectCategory=Group))"
            ]
            "LdapExcludeAccountDisabled": false,
            "AutoDisable": false,
            "AutoEnable": false,
            "LdapSyncUser": "Administrator",
            "LdapSyncPassword": "********"
        }
    ],
~～ 中略 ～～
}
```

⦿ ローカル認証とLDAP認証の併用

　パラメータファイルAuthentication.jsonファイルの"Provider"パラメータが"LDAP+Local"に設定されている場合、LDAP認証を試みた後にローカル認証を試みます。これにより、LDAPサーバに登録されていないユーザをローカルユーザとして登録し、両方の方式でユーザ認証を行うことができます。

8.2.4　SAML認証

　組織のユーザ認証基盤としてSAMLが利用できる場合、プリザンターの認証をSAML認証で行うことができます。SAML認証により**シングルサインオン**が可能となるため、プリザンターでログイン操作を行う必要がありません。SAML認証の設定が行われている場合、プリザンターとSAMLの**Identity Provider**は下図の1 ～ 4の動作を行います。

図8-7 SAML認証の概念図

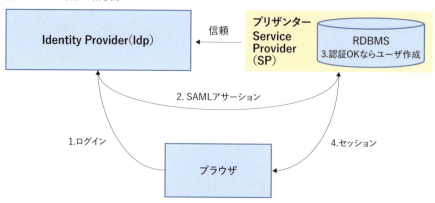

> **! NOTE**
> 認証が成功すると、プリザンターのユーザにSAMLのユーザが追加されます。既に存在する場合には、メールアドレスなど属性情報の更新が行われます。

> **! NOTE**
> SAML認証は、HTTPSプロトコルを使用してブラウザ経由で行われるため、インターネット上で構築したプリザンターでも利用できます。

● SAML認証の設定

SAML認証を行うには、パラメータファイル/web/pleasanter/Implem.Pleasanter/App_Data/Parameters/Authentication.jsonを以下のように設定してください。

> **! CAUTION**
> パラメータの設定内容はSAMLやプリザンターの環境によって異なります。詳細についてはユーザマニュアルの「プリザンターでSAML認証を利用する」を参照してください。
> https://pleasanter.org/ja/manual/saml

/web/pleasanter/Implem.Pleasanter/App_Data/Parameters/Authentication.json

```
{
    "Provider": "SAML",
~~ 中略 ~~
    "SamlParameters": {
        "Attributes": {
            "Name": "Name",
            "UserCode": "UserCode",
            "Birthday": "Birthday",
            "Gender": "Gender",
```

```
            "Language": "Language",
            "TimeZone": "TimeZone",
            "TenantManager": "TenantManager",
            "DeptCode": "DeptCode",
            "Dept": "Dept",
            "Body": "Body",
            "MailAddress": "{NameId}"
        },
        "SamlTenantId": 1,
        "SPOptions": {
            "EntityId": "https://sso-pleasanter.example.com/
pleasanter/Saml2",
            "ReturnUrl": "https://sso-pleasanter.example.com/
pleasanter/Users/SamlLogin",
            "AuthenticateRequestSigningBehavior":
"IfIdpWantAuthnRequestsSigned",
            "OutboundSigningAlgorithm": "http://www.w3.org/2001/04/
xmldsig-more#rsa-sha256",
            "MinIncomingSigningAlgorithm": "http://www.
w3.org/2001/04/xmldsig-more#rsa-sha256",
            "IgnoreMissingInResponseTo": false,
            "PublicOrigin": null,
            "ServiceCertificates": []
        },
        "IdentityProviders": [
            {
                "EntityId": "https://id-provider.example.com/saml",
                "SignOnUrl": "https://id-provider.example.com/saml/
login",
                "LogoutUrl": null,
                "AllowUnsolicitedAuthnResponse": true,
                "Binding": "HttpPost",
                "WantAuthnRequestsSigned": false,
                "DisableOutboundLogoutRequests": true,
                "LoadMetadata": false,
                "MetadataLocation": null,
                "SigningCertificate": {
                    "StoreName": "My",
                    "StoreLocation": "LocalMachine",
                    "X509FindType": "FindByThumbprint",
                    "FindValue": "50B459426DE554010B35E9XXXX...省略"
```

```
                }
            }
        ]
    }
}
```

ローカル認証とSAML認証の併用

　プリザンターのSAML認証はローカル認証と併用となります。そのため、SAML認証を試みた後にローカル認証を試みます。SAML認証を選択した場合、ローカル認証を使用禁止にすることができません。

8.2.5　プリザンターの通信の暗号化

　ログイン時に入力するログインIDとパスワードがネットワーク上で盗聴されないように、通信を暗号化できます。暗号化の設定はプリザンターの動作上、必須ではありません。本項では、プリザンターとブラウザ間、プリザンターとRDBMS間、プリザンターとLDAPサーバ間の通信暗号化について説明します。

1. ブラウザとプリザンター間の暗号化

　ブラウザとプリザンター間の通信がHTTPを使用して行われる場合、入力されたログインIDとパスワードが平文で送信されます。通信内容を暗号化するには、Webサーバーを設定し、**TLS**を使用したHTTPS通信を有効にしてください。TLSの設定方法については、本書の範囲を超えるため、割愛いたします。

2. プリザンターとRDBMS間の暗号化

　プリザンターとRDBMS間の通信では、ログインIDやパスワード（ハッシュ化されたもの）、RDBMSに入出力するデータなどが平文で送信される可能性があります。暗号化を有効化するには、`Rds.json`の各`ConectionString`に暗号化の指定をおこなってください。また、必要に応じてRDBMSの設定を変更してください。各RDBMS毎に暗号化通信の設定方法が異なります。暗号化の設定方法については、本書の範囲を超えるため、割愛いたします。

3. プリザンターとLDAPサーバ間の暗号化

　プリザンターとLDAPサーバ間の通信がLDAPを使用して行われる場合、入力されたログインIDとパスワードが平文で送信されます。通信内容を暗号化するには、LDAPSを使用してください。**LDAPS**を使用するには、`Authentication.json`の`LdapSearchRoot`

の設定をLDAPSが利用できるように設定してください。具体的には、先頭部分を
LDAPS://とし、サーバ名の末尾にポート番号:636を追加してください。以下に例を示します。

/web/pleasanter/Implem.Pleasanter/App_Data/Parameters/Authentication.json

```
{
~~ 中略 ~~
    "LdapParameters": [
        {
            "LdapSearchRoot": "LDAPS://ldap.example.local:636/ou=Com
pany,dc=example,dc=local",
~~ 中略 ~~
        }
    ],
~~ 中略 ~~
}
```

Chapter 8　ユーザ認証とアクセス制御

8.3　Active Directoryと同期する

プリザンターは、Active Directory(以下、AD)のユーザおよびセキュリティグループを自動的に取り込めます。ADにユーザやグループの最新情報が格納されている場合、プリザンター上でのユーザ管理が不要になります。

8.3.1　ADのオブジェクトとプリザンターの管理情報の対応

プリザンターのアクセス制御を行う単位に、組織、グループ、ユーザがあります。これらは、ADから下表のとおり同期されます。ADのユーザのパスワードは同期されません。

No	ADのオブジェクト	プリザンターの管理情報	同期される情報
1	ユーザに含まれる組織の属性情報	組織	組織コード、組織名
2	セキュリティグループ	グループ	グループ名、所属する子グループ、所属ユーザ
3	ユーザ	ユーザ	ログインID、名前、ユーザコード、組織、メールアドレス

8.3.2　組織の同期

ADのユーザに含まれる組織の属性情報を使って、プリザンターの組織を作成または更新します。組織を同期するには、`Authentication.json`の`"LdapParameters"`に`"LdapDeptCode"`及び`"LdapDeptName"`を設定してください。下図はADのドメインコントローラのサーバ上で`Active Directory ユーザとコンピュータ`のツールでユーザ高橋一郎を開き**組織**タブを開いた画面です。この例では会社名の属性に組織コード**310**が格納され、部署の属性に組織名**総務部**が格納されています。

8.3 Active Directoryと同期する

図8-8 ADに格納される組織情報の例

この場合の LdapParameters の組織関連の設定は以下のとおりです。

/web/pleasanter/Implem.Pleasanter/App_Data/Parameters/Authentication.json

```
{
~~ 中略 ~~
    "LdapParameters": [
        {
~~ 中略 ~~
            // ADのcompany属性（会社名）を組織コードに同期
            "LdapDeptCode": "company",
            "LdapDeptCodePattern": null,
            // ADのdepartment属性（部署）
            "LdapDeptName": "department",  を組織名に同期
            "LdapDeptNamePattern": null,
~~ 中略 ~~
        }
    ],
```

Chapter 8 ユーザ認証とアクセス制御

```
~~ 中略 ~~
}
```

"LdapParameters"に設定するADの属性名を調べるには、ADのドメインコントローラのサーバ上でADSI エディターを開いて確認してください。下図はADSIエディターでユーザのプロパティ（属性）を確認している画面です。companyに310、departmentに総務部が格納されているのが確認できます。

図8-9 ADSIエディター

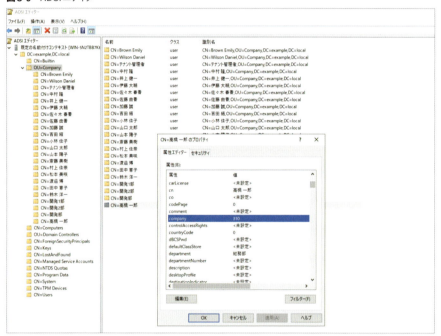

> ⚠ **CAUTION**
> ADのユーザオブジェクトには、組織コードに該当する属性がありません。そのため組織コードは使用されていない他の項目に格納されたり、部署の属性に一緒に格納（610 総務部のように）されたりすることがあります。

> ⚠ **CAUTION**
> プリザンターでは組織コードをキーとして組織を取り込みます。組織コードが一致している場合、組織名が変わっていても同一の組織として上書きします。そのため、ADのユーザの部署名が変更されると、同期によりプリザンターの組織名が変更されます。

8.3 Active Directoryと同期する

> **❶ NOTE**
>
> ADに組織コードが格納されていない場合、組織名を組織コードとして代用できます。その場合は
> "LdapDeptCode"と"LdapDeptName"の両方に"department"を設定してください。

　組織コードと組織名が1つの属性に格納されている場合など、属性の一部を切り出して同期できます。文字列の一部を切り出す場合、**"LdapDeptCodePattern"**及び**"LdapDeptNamePattern"**に正規表現パターンを記述してください。例えば、組織コードと組織名が610　総務部のように格納されている場合、1～3文字目を組織コード、空白が1つあり、5文字目以降が組織名というパターンで文字を切り出します。その場合はAuthentication.jsonを以下のように設定してください。

/web/pleasanter/Implem.Pleasanter/App_Data/Parameters/Authentication.json

```
{
～～ 中略 ～～
    "LdapParameters": [
        {
～～ 中略 ～～
            "LdapDeptCode": "department",
            "LdapDeptCodePattern": "^.{0,3}", // 先頭から3文字を切り出し
            "LdapDeptName": "department",
            // 先頭の4文字をスキップして5文字目以降を切り出し
            "LdapDeptNamePattern": "(?<=^.{4}).+",
～～ 中略 ～～
        }
    ],
～～ 中略 ～～
}
```

Chapter 8　ユーザ認証とアクセス制御

8.3.3　グループの同期

> **⚠ CAUTION**
>
> **ADのセキュリティグループ**の同期は、以下の条件を満たす場合にのみ使用できます。
>
> - プリザンターが Windows 環境に構築されている（Linux 環境では使用できません）
> - Authentication.jsonのDsProviderがnullに設定されている（"Novell"に設定されている場合には動作しません）

　ADに登録されているセキュリティグループの情報を使って、プリザンターのグループを作成または更新します。グループを同期するには、Authentication.jsonの"LdapParameters"に"LdapSyncGroupPatterns"を設定してください。

/web/pleasanter/Implem.Pleasanter/App_Data/Parameters/Authentication.json

```
{
～～ 中略 ～～
    "LdapParameters": [
        {
～～ 中略 ～～
            "LdapSyncGroupPatterns": [
                "(&(ObjectCategory=Group))"
            ],
～～ 中略 ～～
        }
    ],
～～ 中略 ～～
}
```

> **ⓘ NOTE**
>
> LdapSyncGroupPatternsに、"(&(ObjectCategory=Group))"が設定されている場合、"LdapSearchRoot"で指定したOU配下のグループの全てが同期されます。LdapSyncGroupPatternsに、検索フィルター構文を指定すると、取得するオブジェクトを絞り込むことができます。検索フィルター構文の文法については、以下URLのドキュメントを参照してください。
> https://learn.microsoft.com/ja-jp/windows/win32/adsi/search-filter-syntax

　下図はADのドメインコントローラのサーバ上でActive Directory ユーザとコンピュータのツールでOrganization Unit (OU) Companyを開いた画面です。上から3つ表示されているセキュリティグループをプリザンターのグループに同期できます。

8.3 Active Directoryと同期する

図8-10 ADのセキュリティグループ

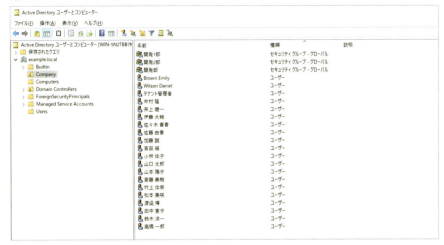

セキュリティグループ開発部のメンバーとして、開発1部と開発2部が所属している場合、開発部を開くと図8-11のように表示されます。図8-11のようにADのセキュリティグループは入れ子にできます。

また、開発1部のメンバーにユーザが含まれる場合、開発1部を開くと図8-12のように表示されます。また、開発1部のメンバーにユーザが含まれる場合、開発1部を開くと図8-12のように表示されます。

図8-11 メンバーに他のセキュリティグループを含む

図8-12 メンバーにユーザを含む

プリザンターは、入れ子になったADのセキュリティグループを、そのまま同期できます。同期されたユーザは、自動的にグループのメンバーに所属します。

図8-13　グループの同期のイメージ

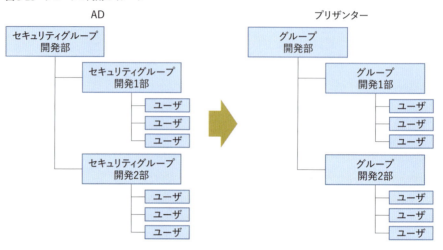

ADからプリザンターに同期されたグループは、下図のようにグループの一覧画面に表示されます。

図8-14　プリザンターに同期されたグループの一覧画面

ADからプリザンターに同期されたグループを開くと、下図のようにLDAP同期のチェックがオンになります。この項目は読み取り専用のため変更できません。

8.3 Active Directoryと同期する

図8-15 プリザンターに同期されたグループの編集画面

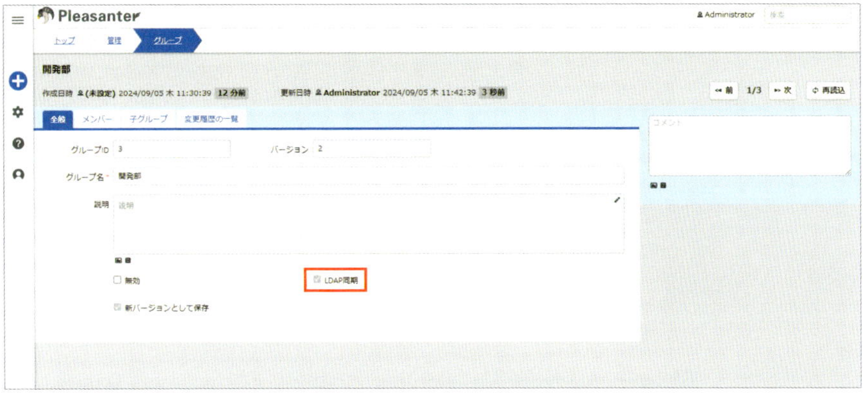

> ⚠ **CAUTION**
>
> プリザンターではADのセキュリティグループのobjectGUIDをキーとしてグループを取り込みます。そのため、AD上のセキュリティグループ名が変わっても同一のグループとして上書きします。ADのセキュリティグループを削除して、新しいセキュリティグループを同じ名前で作成した場合、objectGUIDが異なるためプリザンター上では別のグループとして新規に登録されます。

8.3.4 ユーザの同期

ADに登録されているユーザをプリザンターのユーザとして取り込むことができます。ユーザの同期を行うために `Authentication.json` の `"LdapParameters"` に以下のような設定を行います。

/web/pleasanter/Implem.Pleasanter/App_Data/Parameters/Authentication.json

```
{
~~ 中略 ~~
    "LdapParameters": [
        {
~~ 中略 ~~
            // ADのsAMAccountName属性(ログオン名)をログインIDに同期
            "LdapSearchProperty": "sAMAccountName",
            "LdapSearchPattern": null,
~~ 中略 ~~
            // ADに社員番号が登録されている場合は属性を指定
            "LdapUserCode": null,
            "LdapUserCodePattern": null,
            // ADのgivenName属性(名)を名前に同期
            "LdapFirstName": "givenName",
            "LdapFirstNamePattern": null,
```

```
                "LdapLastName": "sn",   // ADのsn属性(姓)を名前に同期
                "LdapLastNamePattern": null,
                // ADのmail属性(メール)をユーザのメールアドレスに同期
                "LdapMailAddress": "mail",
                "LdapMailAddressPattern": null,
            }
        ],
~~ 中略 ~~
}
```

　図8-16はADのドメインコントローラのサーバ上でActive Directory ユーザとコンピュータのツールでユーザ高橋　一郎を開いた全般タブの画面です。また、図8-17はアカウントタブの画面です。

図8-16　ADのユーザ情報(全般)　　　　**図8-17**　ADのユーザ情報(アカウント)

　ADからプリザンターに同期されたユーザは、下図のようにユーザの一覧画面に表示されます。

8.3 Active Directoryと同期する

図8-18 ユーザの一覧画面

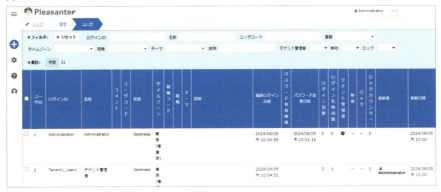

　ADからプリザンターに同期されたユーザを開くと、下図のようにユーザの編集画面が表示されます。

図8-19 ユーザの編集画面

　メールアドレスタブを開くと下図のように同期されたメールアドレスが表示されます。

図8-20 ユーザの編集画面（メールアドレスタブ）

> **CAUTION**
> ADからプリザンターに同期されたユーザは、プリザンター上でパスワードの変更を行うことができません。

347

Chapter 8　ユーザ認証とアクセス制御

8.3.5　同期の設定

　ADの同期は、パラメータファイル BackgroundService.json に設定したスケジュールに従って実行されます。例えば、昼間の12時と深夜2時の2回実施したい場合には、以下のように設定してください。設定後はプリザンターを再起動してください。

/web/pleasanter/Implem.Pleasanter/App_Data/Parameters/BackgroundService.json

```
{
~～ 中略 ～～
    "SyncByLdap": true,
    "SyncByLdapTime": [ "12:00", "02:00" ],
~～ 中略 ～～
}
```

> **❶ NOTE**
>
> 同期のテストを行う場合は、以下のように実施してください。
>
> 1. Authentication.jsonの設定してください。
> 2. BackgroundService.jsonで"SyncByLdapTime"に数分後の時間を設定してください。
> 3.「4.1.3 再起動」（P.110）を参考にプリザンターを再起動してください。
> 4. プリザンターの管理画面（組織、グループ、ユーザ）を開いて確認してください。

> **⚠ CAUTION**
>
> ADと同期した組織、グループ、ユーザをプリザンター側で編集しないでください。プリザンター側で編集しても、再同期の際にAD側の最新情報で上書きされます。

8.4 組織とグループとユーザ

プリザンターには、ユーザ認証を行うための**ユーザ**と、ユーザをグループ化するための機能として**組織**と**グループ**があります。**組織**と**グループ**を利用すると、アクセス制御のメンテナンスにかかる手間を減らすことができます。組織とグループとユーザの管理を行うには、テナント管理者の権限が必要です。

8.4.1 組織とグループとユーザの関係

組織とグループとユーザは、下表に示すグループ化を設定できます。組織はユーザに1つしか設定できません。また組織の子に組織を設定して階層化することができません。そのため、複雑なアクセス制御を必要としない場合のみ使用してください。階層化が必要な場合や、複数のグループ化を行う必要がある場合にはグループを使用してください。

対象	親	子
組織	複数のグループを親に設定できる	複数のユーザを子に設定できる
グループ	複数のグループを親に設定できる	複数の組織、グループ、ユーザを子に設定できる
ユーザ	単一の組織および複数のグループを親に設定できる	子は設定できない

組織とグループとユーザの関係を図に示すと下図のようになります。

図8-21　組織とグループとユーザの関係図

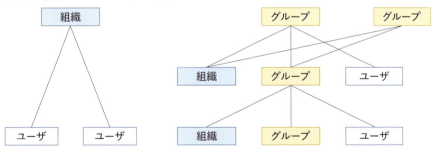

8.4.2 組織の操作

> ⚠ **CAUTION**
> 本書執筆時点で、Pleasanter.netでは組織を使用できない制限がありますので、注意してください。

この項では新しい組織の作成を行います。この操作を行う前に「4 プリザンターの基本操作」（P.107）を実施してください。他のユーザでログイン中の場合にはログアウトを行い、下表に示すユーザでログインしなおしてください。

名前	グループ	ログインID	パスワード
テナント管理者	なし	Tenant1_User1	pleasanter!

● 組織の作成手順

新しい組織を作成します。ナビゲーションメニューの**管理**ボタン（**歯車**のアイコン）をクリックしてください。管理メニューが開くので**組織の管理**をクリックしてください。

図8-22 組織の管理メニュー

組織の一覧画面が開きます。ナビゲーションメニューの**新規作成**ボタン（＋のアイコン）をクリックしてください。

図8-23 組織の一覧画面

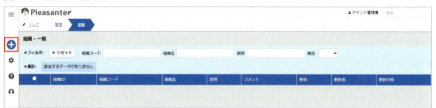

組織の新規作成画面が表示されますので、下表のとおり入力し、コマンドボタンエリアの**作成**ボタンをクリックしてください。**" テスト組織1 " を作成しました**と表示されます。

項目	設定値	備考
組織コード	S0001	組織を識別するためのコード値
組織名	テスト組織1	組織を識別するための名称
説明	（空欄）	組織の説明が必要となる場合に入力

図8-24　組織の作成が完了した画面

> **NOTE**
> ユーザを組織のメンバーとして追加するには、ユーザの編集画面で行う必要があります。詳細については「8.4.4 ユーザの操作」（P.356）を参照してください。

> **NOTE**
> 組織の設定を更新するには、組織の一覧画面で該当の組織を開き、内容を修正の上、更新ボタンをクリックしてください。削除を行う場合には、組織の一覧画面で該当の組織を開き、削除ボタンをクリックしてください。また、組織は通常のテーブルと同じように、CSVによるインポートやエクスポートを行うことができます。

8.4.3　グループの操作

この項では新しいグループの作成及びメンバーの追加、子グループの設定を行います。この操作は前項を実施した後に続けて行ってください。他のユーザでログイン中の場合にはログアウトを行い、下表に示すユーザでログインしなおしてください。

名前	グループ	ログインID	パスワード
テナント管理者	なし	Tenant1_User1	pleasanter!

● グループの作成手順

新しいグループを作成します。ナビゲーションメニューの**管理**ボタン（**歯車**のアイコン）をクリックしてください。管理メニューが開くので**グループの管理**をクリックしてください。

図8-25 グループの管理メニュー

グループの一覧画面が開きます。ナビゲーションメニューの**新規作成**ボタン（**＋**のアイコン）をクリックしてください。

図8-26 グループの一覧画面

グループの新規作成画面が表示されますので、下表のとおり入力し、コマンドボタンエリアの**作成**ボタンをクリックしてください。**" テストグループ1 " を作成しました**と表示されます。

項目	設定値	備考
グループ名	テストグループ1	グループを識別するための名称
説明	（空欄）	グループの説明が必要となる場合に入力

8.4 組織とグループとユーザ

図8-27 グループの作成が完了した画面

● グループメンバー（組織またはユーザ）の追加手順

作成したグループにメンバーを追加します。**メンバー**タブをクリックしてください。**選択可能なメンバー**の検索用のテキストボックスに**加藤**と入力し、Enterキーを押下してください。下図のように**加藤 誠**が表示されます。**加藤 誠**をクリックし**追加**ボタンをクリックしてください。

> ⚠ **CAUTION**
> メンバーには検索条件に該当する組織またはユーザが表示されます。ここでは組織またはユーザをメンバーにする手順を説明します。グループをメンバーとする手順は後述します。

図8-28 グループのメンバータブ

コマンドボタンエリアの**更新**ボタンをクリックしてください。**"テストグループ1"を更新しました。**と表示されます。

図8-29　グループのメンバーを追加し、更新が完了した画面

> **! NOTE**
> 全ての組織、ユーザを表示するには検索用のテキストボックスに**%**と入力して、Enterキーを押下してください。

図8-30　追加可能な全てのメンバーを検索した画面

● グループメンバー（子グループ）の追加手順

> **! CAUTION**
> 子グループを設定する機能は、バージョン1.4.4.0で追加されました。これ以前のバージョンを使用している場合には最新バージョンへのバージョンアップを行ってください。

グループに子グループを追加します。「8.4.3 グループの操作」（P.351）の**グループ作成手順**を参考に、親となる下表のグループを作成してください。

項目	設定値	備考
グループ名	親グループ	グループを識別するための名称
説明	（空欄）	グループの説明が必要となる場合に入力

作成したグループの編集画面で**子グループ**タブをクリックしてください。**選択可能なメンバー**の検索用のテキストボックスに**グループ**と入力し、Enterキーを押下してください。下図のように前の手順で作成した**テストグループ1**が表示されます。**テストグループ1**をクリックし**追加**ボタンをクリックしてください。

図8-31　グループの子グループタブ

コマンドボタンエリアの**更新**ボタンをクリックしてください。**" 親グループ " を更新しました。**と表示されます。

図8-32　グループの子グループを追加し、更新が完了した画面

⚠ CAUTION

子グループの設定は循環させることができません。親、子のグループがあり、**親→子**という関係を作成した場合、**親→子→親**のように設定しようとすると、下図のように循環参照のエラーとなります。

図8-33　グループの循環参照エラーが表示された画面

> **NOTE**
> グループの更新を行う場合には、グループの一覧画面で該当のグループを開き、内容を修正の上、更新ボタンをクリックしてください。削除を行う場合には、グループの一覧画面で該当のグループを開き、削除ボタンをクリックしてください。通常のテーブルと同じように、CSVによるインポートやエクスポートを行うことができます。

8.4.4 ユーザの操作

> **CAUTION**
> 本書執筆時点で、Pleasanter.netではプリザンター上のユーザの管理画面を使用することができない制限がありますので、注意してください。ユーザの追加、パスワードのリセットなどの管理操作はPleasanter.netの管理画面から行います。

この項では新しいユーザの作成、パスワードのリセット、パスワードの変更を行います。この操作は前項を実施した後に続けて行ってください。他のユーザでログイン中の場合にはログアウトを行い、下表に示すユーザでログインしなおしてください。

名前	グループ	ログインID	パスワード
テナント管理者	なし	Tenant1_User1	pleasanter!

● **ユーザの作成手順**

新しいユーザを作成します。ナビゲーションメニューの**管理**ボタン（**歯車**のアイコン）をクリックしてください。管理メニューが開くので**ユーザの管理**をクリックしてください。

図8-34　ユーザの管理メニュー

ユーザの一覧画面が開きます。ナビゲーションメニューの**新規作成**ボタン（＋のアイコン）をクリックしてください。

8.4　組織とグループとユーザ

図8-35　ユーザの一覧画面

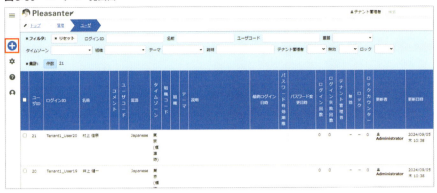

　ユーザの新規作成画面が表示されますので、下表のとおり入力し、コマンドボタンエリアの**作成**ボタンをクリックしてください。**" テストユーザ１ " を作成しました**と表示されます。

項目	設定値	備考
ログインID	test_user1	ユーザ認証（ログイン）に使用するユーザを識別するID（使用中の場合は任意のIDに変更）
名前	テストユーザ１	ユーザを識別する名称
ユーザコード	（空欄）	従業員番号などユーザを識別するコード値
パスワード	pleasanter!	ユーザ認証に使用するパスワード
再入力	pleasanter!	パスワード確認用に同じ文字列を入力
言語	Japanese	メニューやボタンの表記に使用する言語
タイムゾーン	東京（標準時）	画面に表示する時刻のタイムゾーン
組織	（空欄）	所属する組織
テーマ	（空欄）	画面デザインのテーマ
説明	（空欄）	ユーザの説明が必要となる場合に入力
パスワード有効期限	（空欄）	ここで設定した日を過ぎた後にログインを行うとパスワードの再設定が求められる
テナント管理者	オフ	テナント管理者の指定
無効	オフ	利用できないよう無効化する設定
ロック	オフ	ログインできないようロックする設定

図8-36　ユーザの作成が完了した画面

● パスワードのリセット手順

ユーザがパスワードを忘れてしまった場合、テナント管理者が新しいパスワードで再設定（リセット）します。ここではテナント管理者によるパスワードのリセットを行います。

ユーザの一覧画面から、**渡邉 博**をクリックしてください。ユーザの編集画面が開くのでコマンドボタンエリアの**パスワードリセット**ボタンをクリックしてください。

図8-37　ユーザの編集画面

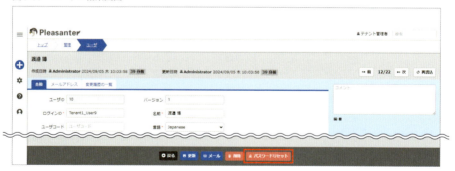

下図のダイアログが開くので、**変更後のパスワード**に任意のパスワードを入力してください。**再入力**には同じパスワードを入力してください。**リセット**ボタンをクリックしてください。

図8-38 パスワードリセットのダイアログ

パスワードをリセットしました。と表示されます。

図8-39 パスワードのリセットが完了した画面

◉ パスワードの変更手順

ユーザは自らのパスワードを変更できます。この手順はパスワードのリセットと異なりテナント管理者の権限は不要です。一般ユーザでも実施できます。下表に示すユーザでログインしなおしてください。

名前	グループ	ログインID	パスワード
渡邉 博	なし	Tenant1_User9	前の手順で設定したパスワード

新しい組織を作成します。ナビゲーションメニューの**ユーザ**ボタン（人間のアイコン）をクリックしてください。アカウントメニューが開くので**プロファイル編集**をクリックしてください。

図8-40　プロファイル編集メニュー

ログインユーザの編集画面が開きます。コマンドボタンエリアの**パスワード変更**ボタンをクリックしてください。

図8-41　プロファイル編集の画面

下図のダイアログが開くので、**現在のパスワード**に変更前のパスワード、**変更後のパスワード**に任意のパスワードを入力してください。**再入力**には**変更後のパスワード**と同じパスワードを入力してください。**変更**ボタンをクリックしてください。

図8-42　パスワード変更のダイアログ

パスワードを変更しました。と表示されます。

図8-43 パスワードの変更が完了した画面

8.4.5 特権ユーザの設定

> ⚠ **CAUTION**
> 特権ユーザはPleasanter.netやデモ環境では設定できません。「3 プリザンターの環境準備」（P.55）で「3.2 サーバにインストールして使う」（P.60）を選択した場合のみ設定できます。

> ⚠ **CAUTION**
> 特権ユーザはアクセス制御の影響を受けず、全ての操作を行うことができます。また、特権ユーザのみ利用できる機能があります。特権ユーザは標準では未設定です。必要に応じて本手順で設定してください。

一般ユーザ、テナント管理者、特権ユーザの違いは下表のとおりです。

権限	一般ユーザ	テナント管理者	特権ユーザ
アクセス権の有るサイト、レコードの閲覧・操作	○	○	○
アクセス権の無いサイト、レコードの閲覧・操作	×	×	○
テナントの管理	×	○	○
組織の管理	×	○	○
グループの管理	×	○	○
ユーザの管理	×	○	○
スイッチユーザ（他のユーザに成り代わる）	×	×	○
トップのごみ箱の表示	×	×	○
自分でロックしていないテーブルのロックの解除	×	×	○
自分でロックしていないレコードのロックの解除	×	×	○

ユーザ招待機能を使用した際のユーザの承認	×	×	○
バージョン管理画面にDB使用量を表示	×	×	○
バックグラウンドサーバスクリプトの設定	×	×	○
システムログの管理画面へのアクセス	×	×	○

　この操作ではサーバに配置されたパラメータファイルの設定を変更します。Security.jsonの"PrivilegedUsers"を以下のように編集して保存してください。

/web/pleasanter/Implem.Pleasanter/App_Data/Parameters/Security.json

```
{
～～ 中略 ～～
    "PrivilegedUsers": [ "Administrator" ],
～～ 中略 ～～
}
```

> ⚠ CAUTION
>
> "PrivilegedUsers"にはログインIDを設定してください。大文字・小文字を正しく設定する必要がありますので、注意してください。

　「4.1.3 再起動」（P.110）を参考にプリザンターを再起動してください。その後、下表に示すユーザでログインしなおしてください。

名前	グループ	ログインID	パスワード
Administrator	なし	Administrator	「3.2 サーバにインストールして使う」（P.60）で設定したパスワード

　特権ユーザの機能を確認します。特権ユーザでログインしていると、下図のようにプリザンターのトップ画面で、管理メニューに**ごみ箱**が表示されます。また、トップ画面に限りませんが管理メニューに**システムログの管理**が表示されます。

8.4 組織とグループとユーザ

図8-44 特権ユーザのみ表示されるメニュー

> **! NOTE**
> ごみ箱はサイトの管理権限がある場合に操作できます。プリザンターのトップ画面にはサイトの管理権限を設定することができないため、サイトの管理権限をもったユーザは存在しません。トップ画面でごみ箱を表示できるのは、アクセス権の無いサイト、レコードの閲覧・操作が行える特権ユーザのみです。

また、管理メニューから**ユーザの管理**を開き、ユーザの一覧画面から**渡邉 博**をクリックしてください。ユーザの編集画面が開くのでコマンドボタンエリアの**このユーザに切り替え**ボタンをクリックしてください。**本当にユーザを切り替えますか?** が表示されるので、**OK**をクリックしてください。

図8-45 特権ユーザでユーザの編集画面を開いた状態

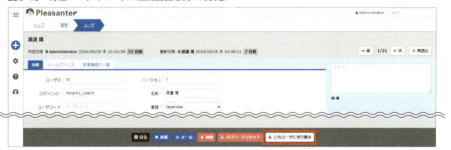

ユーザが**渡邉 博**に切り替わります。この操作により**渡邉 博**でログインした時と同じ権限となるため、権限のチェックなどに活用できます。画面上部には**スイッチしたユーザで実行中です。クリックすると元のユーザにもどります。**と常時表示されます。元のユーザに戻すため、これをクリックしてください。**本当にユーザを切り替えますか?** が表示されるので、**OK**をクリックしてください。**ユーザを " Administrator " に切り替えました。**と表示されます。

図8-46　ユーザの切り替えが完了した画面

> **NOTE**

特権ユーザは以下のように複数設定できます。

/web/pleasanter/Implem.Pleasanter/App_Data/Parameters/Security.json

```
{
~~ 中略 ~~
    "PrivilegedUsers": [ "Admin1", "Admin2", "Admin3" ],
~~ 中略 ~~
}
```

> **CAUTION**

　本手順が終了したら、Security.jsonの"PrivilegedUsers"をnullに設定してください。その後、「4.1.3 再起動」（P.110）を参考にプリザンターを再起動してください。これにより特権ユーザの設定を解除します。

/web/pleasanter/Implem.Pleasanter/App_Data/Parameters/Security.json

```
{
~~ 中略 ~~
    "PrivilegedUsers": null,
~~ 中略 ~~
}
```

8.5 アクセス制御の設定

業務アプリケーションにとって、データへのアクセス制御は重要です。プリザンターはデータへのアクセス制御をきめ細かく設定できます。本節ではプリザンターのアクセス制御の概要および設定の手順について説明します。

8.5.1 アクセス制御の概要

プリザンターには5種類のサイトと、3種類のアクセス制御の機能があります。全てのサイトには、サイトの閲覧や管理の権限を制御する機能があります。期限付きテーブルと記録テーブルはレコードを含むため、レコードのアクセス制御と項目のアクセス制御の機能があります。

サイトの種類	サイトの アクセス制御	レコードの アクセス制御	項目の アクセス制御
フォルダ	○		
期限付きテーブル	○	○	○
記録テーブル	○	○	○
Wiki	○		
ダッシュボード	○		

期限付きテーブルと記録テーブルにおいて、サイトのアクセス制御、レコードのアクセス制御、項目のアクセス制御は、それぞれ下図に示す範囲（表、行、列）のアクセス制御を実現します。

Chapter 8　ユーザ認証とアクセス制御

図8-47　アクセス制御の種類と適用される範囲

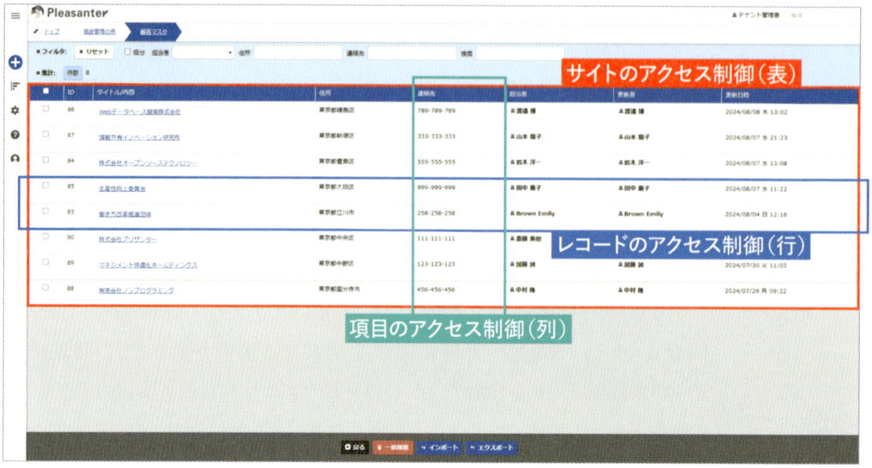

　サイトのアクセス制御とレコードのアクセス制御には、下表に示す権限を設定できます。No6 〜 7はサイトのアクセス制御で設定した場合のみ有効な権限です。

No	種類	説明	サイトのアクセス制御のみ
1	読取り	テーブルのレコードやWikiの表示	
2	作成	テーブルのレコードの新規作成	
3	更新	テーブルのレコードやWikiの更新	
4	削除	テーブルのレコードやWikiの削除	
5	メール送信	テーブルのレコードやWikiからメールを送信	
6	エクスポート	テーブルのレコードをCSVファイルとして出力	○
7	インポート	CSVファイルのデータをテーブルにインポート	○
8	サイトの管理	サイトの作成、設定の変更、削除、サイトの移動、並び替え	○
9	権限の管理	サイトやレコードの権限を設定	

　項目のアクセス制御における権限の種類は下表に示す3種類です。レコードの特定の項目について、表示/非表示および編集の可否を制御できます。

No	種類	説明
1	読取り	レコードの項目が画面に表示される
2	作成	レコード新規作成時に項目が入力可能になる
3	更新	レコード編集時に項目が入力可能になる

　アクセス権は、組織、グループ、ユーザに付与できます。ユーザに直接アクセス権を付与すると、サイトが増えた際にメンテナンスが大変になります。適切な組織やグループを作成し、それらにアクセス権を付与してください。組織やグループのメンバーとしてユーザを管理することで、権限管理のメンテナンスが容易になります。

図 8-48　アクセス権を与える対象 / アクセス制御 / サイトの関連図

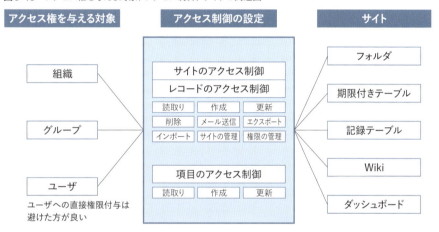

8.5.2　サイトのアクセス制御の操作

　この項ではサイトのアクセス制御の設定を行います。この操作を行う前に「4 プリザンターの基本操作」（P.107）を実施してください。他のユーザでログイン中の場合にはログアウトを行い、下表に示すユーザでログインしなおしてください。

名前	グループ	ログインID	パスワード
テナント管理者	なし	Tenant1_User1	pleasanter!

　「4.4.3 テーブルの操作」（P.125）を参考に、トップに下表の内容のテーブルを作成してください。

Chapter 8 ユーザ認証とアクセス制御

項目	内容
テンプレートのタブ	標準
テンプレート	期限付きテーブル
タイトル	練習用テーブル8

作成したテーブルのレコードの一覧画面を開いてください。下図の表示となります。

図8-49 練習用テーブル8のレコードの一覧画面

作成した**練習用テーブル8**のテーブルの管理画面を開き、**サイトのアクセス制御**タブをクリックしてください。**選択肢一覧**から[**グループ x**] **人事部**、[**グループ x**] **営業部**、[**グループ x**] **技術部**を選択してください。デモ環境では[**組織 x**] **人事部**などもあり、間違いやすいので注意してください。

図8-50 サイトのアクセス制御タブを開いた画面

権限追加ボタンをクリックしてください。

8.5　アクセス制御の設定

図8-51　サイトのアクセス制御に3つのグループを追加した状態

　左側のリストに移動した**人事部**をクリックして、**詳細設定**ボタンをクリックしてください。ダイアログが開くので、**パターン**のドロップダウンリストから**管理者**を選択してください。下図の画面になるので、**変更**ボタンをクリックしてください。

図8-52　人事部のサイトのアクセス制御の詳細設定ダイアログ

　同様の操作で**技術部**のパターンを**読取専用**に変更してください。下図のような画面になりますので、コマンドボタンエリアの　更新ボタンをクリックしてください。**" 練習用テーブル8 " を更新しました。**と表示されます。

Chapter 8　ユーザ認証とアクセス制御

図8-53　サイトのアクセス制御で技術部を読取専用に変更した状態

⚠ CAUTION

ログイン中のユーザが自分自身のアクセス権を変更することはできません。**権限の管理**権限を付与されている他のユーザでログインしなおして変更してください。

　人事部に設定した**管理者**の権限を確認します。ログアウトを行い、下表に示すユーザでログインしなおしてください。

名前	グループ	ログインID	パスワード
鈴木 洋一	人事部	Tenant1_User7	pleasanter!

　練習用テーブル8のレコードの一覧画面を開くと下図のような画面が表示されます。レコードの新規作成を行う**新規作成**ボタン（＋のアイコン）、**一括削除**ボタン、**インポート**ボタン、**エクスポート**ボタンが表示されます。

図8-54　人事部メンバーでレコードの一覧画面を開いた状態

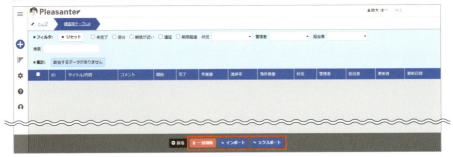

370

また、**サイトの管理**権限が付与されているので、**テーブルの管理**画面を開いて設定を行うことができます。**権限の管理**権限も付与されているため、**サイトのアクセス制御**タブ、**レコードのアクセス制御**タブ、**項目のアクセス制御**タブも表示されます。

図8-55　人事部メンバーでテーブルの管理画面を開いた状態

レコードの一覧画面に戻り、レコードを1件作成してください。レコードの編集画面では、**更新**ボタンや**メール**ボタンを使用できます。

図8-56　人事部メンバーでレコードの編集画面を開いた状態

次に営業部に設定した**書き込み**の権限を確認します。ログアウトを行い、下表に示すユーザでログインしなおしてください。

名前	グループ	ログインID	パスワード
吉田 結	営業部	Tenant1_User14	pleasanter!

練習用テーブル8のレコードの一覧画面を開くと下図のような画面が表示されます。レコードの新規作成を行う**新規作成**ボタン（＋のアイコン）、**一括削除**ボタンは表示されますが、**インポート**ボタン、**エクスポート**ボタンは権限が無いため表示されません。

図8-57　営業部のメンバーでレコードの一覧画面を開いた状態

ナビゲーションメニューの**管理**ボタン（**歯車**のアイコン）をクリックしてください。下図のように**テーブルの管理**メニューが表示されず、テーブルの管理を行うことができません。

図8-58　営業部のメンバーで管理メニューを開いた状態

テストで作成したレコードの編集画面を開いてください。**更新**ボタンや**削除**ボタンが表示されます。

図8-59　営業部メンバーでレコードの編集画面を開いた状態

次に営業部に設定した**読取専用**の権限を確認します。ログアウトを行い、下表に示すユーザでログインしなおしてください。

8.5 アクセス制御の設定

名前	グループ	ログインID	パスワード
井上 健一	技術部	Tenant1_User19	pleasanter!

練習用テーブル8のレコードの一覧画面を開くと下図のような画面が表示されます。レコードの新規作成を行う**新規作成**ボタン（＋のアイコン）、**一括削除**ボタン、**インポート**ボタン、**エクスポート**ボタンは権限が無いため表示されません。

図8-60 技術部のメンバーでレコードの一覧画面を開いた状態

ナビゲーションメニューの**管理**ボタン（**歯車**のアイコン）をクリックしてください。下図のように**テーブルの管理**メニューが表示されず、テーブルの管理を行うことができません。

図8-61 技術部のメンバーで管理メニューを開いた状態

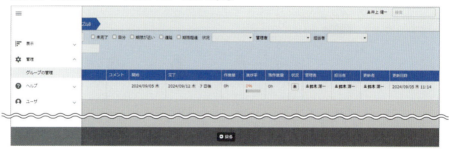

テストで作成したレコードの編集画面を開いてください。**読取専用のため更新できません。**と表示され、**更新**ボタンも**削除**ボタンも表示されません。

373

図8-62 技術部メンバーでレコードの編集画面を開いた状態

次に権限を設定していない（人事部、営業部、技術部に所属していない）**高橋 一郎**で確認を行います。ログアウトを行い、下表に示すユーザでログインしなおしてください。

名前	グループ	ログインID	パスワード
高橋 一郎	なし	Tenant1_User3	pleasanter!

トップ画面を開くと**練習用テーブル8**が表示されません。権限が付与されていないユーザは、テーブルの存在を確認することができません。

図8-63 権限が付与されていないユーザでトップにアクセスした状態

権限の無いユーザが直接URLでテーブルにアクセスしようとした場合には、**指定された情報は見つかりませんでした。**というエラーメッセージが表示されます。

図8-64 権限が付与されていないユーザで直接URLでテーブルにアクセスしようとした状態

> **❗ NOTE**
> 上図のエラーを確認するには、以下の手順を実施してください。
>
> 1. Tenant1_User7でログインし**練習用テーブル8**を表示してください。
> 2. **練習用テーブル8**のURLをコピーしてください。
> 3. Tenant1_User3でログインしなおしてください。
> 4. **練習用テーブル8**のURLをブラウザで開いてください。
> 5. **指定された情報は見つかりませんでした。**というエラーメッセージが表示されます。

8.5.3 アクセス制御の継承の操作

サイト毎にアクセス権の設定を行うと、設定箇所が増えメンテナンスが困難になります。これを避けるにはアクセス権の継承を使います。**フォルダ**にはアクセス権の継承を行う機能があります。下図のように1つのフォルダで、複数のサイトの権限を集中管理できます。

図8-65 アクセス制御の継承の概念図

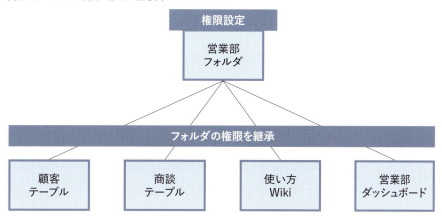

この項ではアクセス制御の継承の設定を行います。この操作は前項を実施した後に続けて行ってください。他のユーザでログイン中の場合にはログアウトを行い、下表に示すユーザでログインしなおしてください。

名前	グループ	ログインID	パスワード
テナント管理者	なし	Tenant1_User1	pleasanter!

「4.4.1 フォルダの操作」（P.118）を参考に、トップに**練習用フォルダ8.5.3**フォルダを作成してください。作成した**練習用フォルダ8.5.3**を開いてください。

図8-66　練習用フォルダ8.5.3を開いた画面

「4.4.3 テーブルの操作」（P.125）を参考に、**練習用フォルダ8.5.3**の配下に下表の内容のテーブルを作成してください。

項目	内容
テンプレートのタブ	標準
テンプレート	記録テーブル
タイトル	練習用テーブル8.5.3

作成したテーブルのレコードの一覧画面を開いてください。下図の表示となります。

図8-67　練習用テーブル8.5.3のレコードの一覧画面

　作成した**練習用テーブル8.5.3**のテーブルの管理画面を開き、**サイトのアクセス制御**タブをクリックしてください。**アクセス権の継承**に**練習用フォルダ8.5.3**となっているのが確認できます。このようにフォルダの中にテーブルを作成すると、自動的に上位のフォルダのアクセス権を継承します。次にアクセス権の継承を解除してみます。**アクセス権の継承**のドロップダウンリストをクリックしてください。

8.5 アクセス制御の設定

図8-68 サイトのアクセス制御タブを開いた画面

　下図のダイアログが表示されるので、**アクセス権を継承しない**を選択し、**選択**ボタンをクリックしてください。

図8-69 アクセス権の継承を設定するダイアログ

　練習用フォルダ8.5.3に設定されているアクセス権がコピーされ、個別に設定を変更することができるようになります。設定を変更したらコマンドボタンエリアの**更新**ボタンをクリックしてください。**" 練習用テーブル8.5.3 " を更新しました。**と表示されます。

377

図8-70 アクセス権の継承を解除した状態

8.5.4 レコードのアクセス制御

　期限付きテーブルや記録テーブルではレコード毎にアクセス制御を行うことができます。この項ではレコード単位にアクセス権を設定します。この操作は前項を実施した後に続けて行ってください。他のユーザでログイン中の場合にはログアウトを行い、下表に示すユーザでログインしなおしてください。

名前	グループ	ログインID	パスワード
テナント管理者	なし	Tenant1_User1	pleasanter!

　「4.4.3 テーブルの操作」（P.125）を参考に、トップに下表の内容のテーブルを作成してください。

項目	内容
テンプレートのタブ	標準
テンプレート	記録テーブル
タイトル	練習用テーブル8.5.4

　作成したテーブルのレコードの一覧画面を開いてください。下図の表示となります。

図8-71 練習用テーブル8.5.4のレコードの一覧画面

作成した**練習用テーブル8.5.4**のテーブルの管理画面を開き、**サイトのアクセス制御**タブをクリックしてください。**選択肢一覧**から[**グループ x**]**技術部**を選択します。

図8-72 サイトのアクセス制御タブを開いた画面

権限追加ボタンをクリックしてください。左側のリストに移動した[**グループ x**]**技術部**をクリックして、**詳細設定**ボタンをクリックしてください。

図8-73 サイトのアクセス制御に技術部を追加した状態

Chapter 8　ユーザ認証とアクセス制御

ダイアログが開くので、作成以外のチェックをオフにしてください。下図の画面になるので、変更ボタンをクリックしてください。

図8-74　アクセス制御の詳細設定ダイアログで作成のみをオンにした状態

> **! NOTE**
> 9種類の権限を個別にオン、オフすることでパターンに無い設定を行うことができます。

下図のような画面になりますので、コマンドボタンエリアの更新ボタンをクリックしてください。"練習用テーブル8.5.4"を更新しました。と表示されます。

図8-75　テーブルの設定変更が完了した画面

レコードの一覧画面に戻り、「4.5.1 レコードの新規作成」（P.127）を参考に、テストレコードを3件作成してください。テストレコードのタイトルはテストレコード1～3としてください。レコードを作成後、一覧画面に戻ると下図のようになります。

図8-76 テストレコードを3件作成したあとの一覧画面

テストレコード1を開き、**レコードのアクセス制御**タブを開いてください。**選択肢一覧**から[グループ x] 技術部を選択します。

図8-77 レコードのアクセス制御タブを開いた画面

権限追加ボタンをクリックしてください。権限は**書き込み**のまま変更しないでください。

図8-78 レコードのアクセス制御に技術部を追加した状態

コマンドボタンエリアの**更新**ボタンをクリックしてください。" **テストレコード１** " を更新しました。と表示されます。

図8-79 レコードの更新が完了した画面

次に技術部に設定した**書き込み**の権限を確認します。ログアウトを行い、下表に示すユーザでログインしなおしてください。

名前	グループ	ログインID	パスワード
井上 健一	技術部	Tenant1_User19	pleasanter!

練習用テーブル8.5.4のレコードの一覧画面を開くと下図のような画面が表示されます。レコードのアクセス制御で技術部に書き込み権限を追加した**テストレコード1**が表示されていますが、**テストレコード2**と**テストレコード3**は表示されていません。

図8-80 テストレコード1のみ表示されている一覧画面

次にレコードの作成を行います。技術部には**作成**権限が付与されているため、レコードの作成が可能です。「4.5.1 レコードの新規作成」（P.127）を参考に、レコードの一覧画面で**テストレコード4**を作成してください。

図8-81 テストレコード4の新規作成画面

作成ボタンをクリックすると、下図のように**指定された情報は見つかりませんでした。**と表示され、作成したレコードが表示できません。サイトのアクセス制御で読取り権限が付与されていないため、このような動作となります。

図8-82 レコード作成後に表示されるエラー画面

レコード1件ずつレコードのアクセス権を付与しようとすると手間がかかります。これを回避するため、プリザンターではレコードに設定された担当者などに自動的に権限を付与できます。この後の手順でレコードのアクセス権を自動的に付与する設定を行います。コマンドボタンエリアの**戻る**ボタンをクリックしたらログアウトを行い、下表に示すユーザでログインしなおしてください。

名前	グループ	ログインID	パスワード
テナント管理者	なし	Tenant1_User1	pleasanter!

作成した**練習用テーブル8.5.4**のテーブルの管理画面を開き、**レコードのアクセス制御**タブをクリックしてください。

図8-83 レコードのアクセス制御タブを開いた画面

　レコード作成時の許可の右側のリストにある**管理者**、**担当者**を選択し、**有効化**ボタンをクリックしてください。同様に**レコード更新時の許可**のリストにある**管理者**、**担当者**を選択し、**有効化**ボタンをクリックしてください。下図のような画面になり、レコードの作成時や更新時に、管理者と担当者に設定されたユーザに書き込み権限を付与する設定となります。

図8-84 レコード作成時の許可とレコード更新時の許可を設定した状態

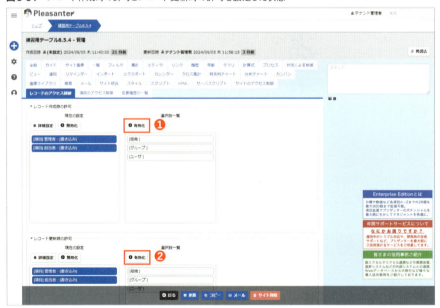

　コマンドボタンエリアの**更新**ボタンをクリックしてください。" **練習用テーブル8.5.4** " を**更新しました**。と表示されます。

8.5 アクセス制御の設定

図8-85 テーブルの設定変更が完了した画面

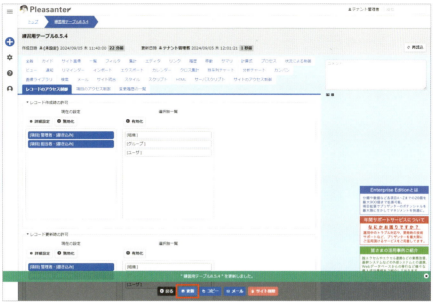

レコードの一覧画面に戻り、**テストレコード4**を開いて**レコードのアクセス制御**タブを開いてください。下図のような画面となり権限設定は1つもありません。

図8-86 テストレコード4のレコードのアクセス制御タブを開いた画面

全般タブを開き**担当者**に**井上 健一**が設定されていることを確認し、コマンドボタンエリアの**更新**ボタンをクリックしてください。" **テストレコード4** " **を更新しました**。と表示されます。

図8-87　レコードの更新が完了した画面

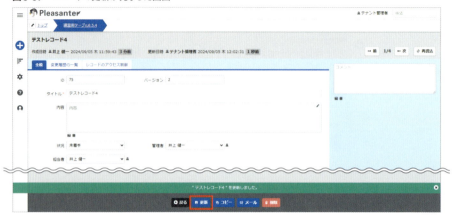

その後、もう一度**レコードのアクセス制御**タブを開いてください。下図のように**権限設定**に**井上 健一**が設定されていることが確認できます。

図8-88　レコードのアクセス制御に井上 健一が設定された画面

> **❶ NOTE**
> **担当者**項目を**井上 健一**に変更してレコードを更新すると、**レコード更新時の許可**が動作し、このレコードに**井上 健一**の書き込み権限が設定されます。**レコード更新時の許可**は、設定する前に作成された既存のレコードには反映されず、レコードが更新されたタイミングで適用されます。

井上 健一に自動的に設定された**書き込み**の権限を確認します。ログアウトを行い、下表に示すユーザでログインしなおしてください。

名前	グループ	ログインID	パスワード
井上 健一	技術部	Tenant1_User19	pleasanter!

練習用テーブル8.5.4のレコードの一覧画面を開くと下図のような画面が表示されます。自動的に権限が設定されたテストレコード4を閲覧できます。

図8-89 井上 健一で練習用テーブル8.5.4のレコードの一覧画面を開いた画面

続いてレコードの作成を行います。「4.5.1 レコードの新規作成」（P.127）を参考に、レコードの一覧画面でテストレコード5を作成してください。下図のように作成直後のレコードが閲覧できます。

図8-90 テストレコード5の作成が完了した画面

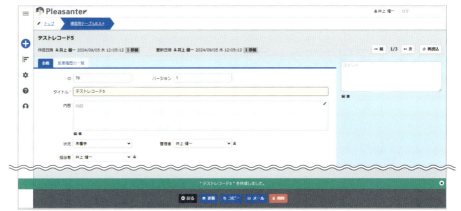

Chapter 8 ユーザ認証とアクセス制御

> ⚠ **CAUTIION**
> レコード更新時の許可を設定した場合、レコードの編集画面にあるレコードのアクセス制御タブにある権限削除と権限追加のボタンがグレーアウトしクリックできないようになります。レコードのアクセス制御がレコード更新時に自動で設定されるため、手動でのアクセス権の変更は行えません。この画面を確認するにはテナント管理者でログインしてください。

図8-91 権限削除と権限追加のボタンがグレーアウトした状態

> ℹ **NOTE**
> サイトのアクセス制御とレコードのアクセス制御の両方の設定がある場合、どちらの権限も有効となります。例えばサイトのアクセス制御で更新の権限があり、レコードのアクセス制御で削除の権限がある場合、更新と削除の両方の権限が有効となります。

8.5.5 項目のアクセス制御

期限付きテーブルや記録テーブルでは項目毎にアクセス制御を行うことができます。この項では項目単位にアクセス権を設定します。この操作は前項を実施した後に続けて行ってください。他のユーザでログイン中の場合にはログアウトを行い、下表に示すユーザでログインしなおしてください。

名前	グループ	ログインID	パスワード
テナント管理者	なし	Tenant1_User1	pleasanter!

「4.4.3 テーブルの操作」（P.125）を参考に、トップに下表の内容のテーブルを作成してください。

項目	内容
テンプレートのタブ	標準
テンプレート	期限付きテーブル
タイトル	練習用テーブル8.5.5

8.5　アクセス制御の設定

作成したテーブルのレコードの一覧画面を開いてください。下図の表示となります。

図8-92　練習用テーブル8.5.5のレコードの一覧画面

作成した**練習用テーブル8.5.5**のテーブルの管理画面を開き、**サイトのアクセス制御**タブをクリックしてください。**選択肢一覧**から[**グループ x**]**人事部**、[**グループ x**]**営業部**、[**グループ x**]**技術部**を選択してください。デモ環境では[**組織 x**]**人事部**などもあり、間違いやすいので注意してください。

図8-93　サイトのアクセス制御タブを開いた画面

権限追加ボタンをクリックしてください。

図8-94 サイトのアクセス制御に3つのグループを追加した状態

項目のアクセス制御タブをクリックしてください。

図8-95 項目のアクセス制御タブを開いた画面

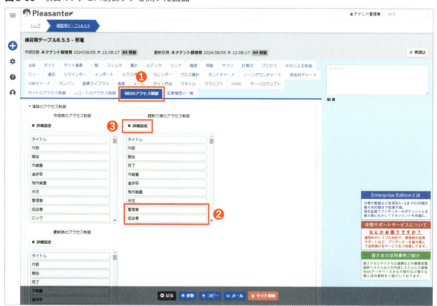

読取り時のアクセス制御のリストにある**管理者**と**担当者**をマウスのドラッグ操作で選択し、**詳細設定**ボタンをクリックしてください。**選択肢一覧**から[**グループ x**]**人事部**を選択し、**権限追加**ボタンをクリックしてください。下図の画面になるので**変更**ボタンをクリックしてください。

図8-96 読取り時のアクセス制御に人事部を設定した状態

下図の画面のように**管理者**と**担当者**に（**有効**）と表示されます。同様の操作で**更新時のアクセス制御**のリストから**内容**を選択し、**詳細設定**ボタンをクリックしてください。

図8-97 読取り時のアクセス制御の設定が有効になった状態

ダイアログが開くので[**グループ x**]**技術部**を選択し、**権限追加**ボタンをクリックしてくだ

Chapter 8　ユーザ認証とアクセス制御

さい。下図の画面になるので**変更**ボタンをクリックしてください。

図8-98　更新時のアクセス制御に技術部を設定した状態

下図の画面のように**内容**に**（有効）**と表示されます。

図8-99　更新時のアクセス制御の設定が有効になった状態

8.5　アクセス制御の設定

　コマンドボタンエリアの更新ボタンをクリックしてください。"練習用テーブル8.5.5"を更新しました。と表示されます。

図8-100　テーブルの設定変更が完了した画面

　レコードの一覧画面に戻り、「4.5.1 レコードの新規作成」(P.127) を参考に、テストレコードを1件作成してください。テストレコードのタイトルはテストレコード1としてください。レコードを作成すると下図のようになります。現在のログインユーザテナント管理者は [グループ x] 人事部にも [グループ x] 技術部にも所属していないため、管理者と担当者は非表示となり、内容は編集できない状態 (読取専用) となります。

> ⚠ **CAUTION**
> デモ環境では、各グループにテナント管理者が所属しているため、図8-101と図8-102の結果は確認できません。

393

図8-101 テナント管理者による項目のアクセス制御の確認（レコードの編集画面）

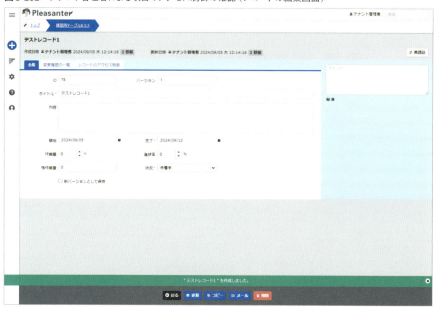

レコードの一覧画面に戻ってください。**管理者**と**担当者**の列が表示されません。

図8-102 テナント管理者による項目のアクセス制御の確認（レコードの一覧画面）

人事部に設定された権限を確認します。ログアウトを行い、下表に示すユーザでログインしなおしてください。

名前	グループ	ログインID	パスワード
鈴木 洋一	人事部	Tenant1_User7	pleasanter!

練習用テーブル8.5.5のレコードの一覧画面を開いてください。人事部に読取り権限が付与されているため**管理者**と**担当者**の列が表示されます。

図8-103 人事部による項目のアクセス制御の確認（レコードの一覧画面）

テストレコード1の編集画面を開いてください。**管理者**と**担当者**が表示されます。**内容**は編集できない状態（読取専用）となります。内容欄が読取専用の場合は、項目の右上に鉛筆アイコンが表示されません。

図8-104 人事部による項目のアクセス制御の確認（レコードの編集画面）

次に**技術部**に設定された権限を確認します。ログアウトを行い、下表に示すユーザでログインしなおしてください。

名前	グループ	ログインID	パスワード
井上 健一	技術部	Tenant1_User19	pleasanter!

練習用テーブル8.5.5のレコードの一覧画面を開いてください。技術部に読取り権限が付与されていないため**管理者**と**担当者**の列が表示されません。

Chapter 8 ユーザ認証とアクセス制御

図8-105 技術部による項目のアクセス制御の確認（レコードの一覧画面）

テストレコード1の編集画面を開いてください。**管理者**と**担当者**が表示されません。技術部に更新権限が付与されているため**内容**は編集できる状態となります。

図8-106 人事部による項目のアクセス制御の確認（レコードの編集画面）

> **NOTE**
> **作成時のアクセス制御**を設定した場合、権限付与されていないユーザが新規作成画面を開くと、設定した項目が読取専用になります。

Chapter 9
開発者向け機能とシステム間連携

プリザンターはノーコードで業務システムを開発できるツールですが、ユーザ独自のカスタマイズや外部システムとの連携が必要な場合、スクリプトやAPIを使用して高度な開発を行うことができます。本章では、プリザンターが備える開発者向け機能の概要を紹介します。

> **! NOTE**
> 本章の手順ではサンプルデータを使用します。手順で指示されたサンプルデータは、以下のURLからダウンロードしてください。
> https://pleasanter.org/books/000001/index.html

Chapter 9　開発者向け機能とシステム間連携

9.1　開発者向け機能の概要

　プリザンターには、開発者向けのさまざまな機能が備わっています。ブラウザで実行する JavaScriptやCSS、外部アプリケーションやスクリプトからプリザンターの機能を操作するためのAPI、サーバ内部でデータ処理を行うサーバスクリプト、そしてプリザンターが発行するSQLを拡張する拡張SQLなどがあります。下図の青い部分は、開発者がプログラミングによってカスタマイズできる領域を示しています。

図9-1　開発者がプログラミングによってカスタマイズできる領域

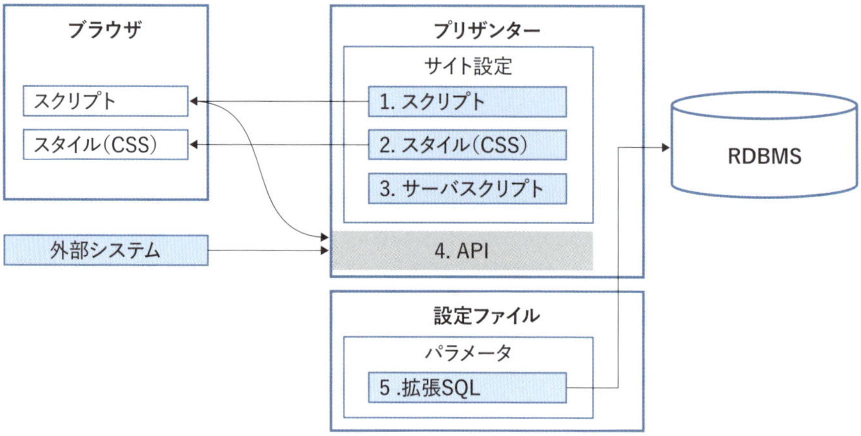

> **❶ NOTE**
> 拡張SQLを使用するには、プリザンターのテーブル構成の知識や、SQLの知識など高度な前提知識を必要とします。そのため、本書での説明は割愛しました。拡張SQLの詳細については、以下のURLのマニュアルを参照してください。
> https://pleasanter.org/ja/manual/extended-sql

9.1.1　スクリプト

　ブラウザ上で画面の内容の変更、APIの呼び出し、ボタンの設置などを行う際に使用します。スクリプトは、サイトの管理画面にJavaScriptを入力すると、ブラウザで実行されます。また、jQueryの関数やプリザンターのスクリプト機能で提供されている関数も利用できます。詳細は「9.2 スクリプト」（P.401）を参照してください。

9.1.2　スタイル（CSS）

　文字の色やサイズ、背景色、表の幅など、デザイン上の変更を加えたい場合に使用します。スタイルは、スクリプトと同様にサイトの管理画面にCSSを入力すると、ブラウザに反映されます。詳細は「9.3 スタイル（CSS）」（P.409）を参照してください。

9.1.3 サーバスクリプト

業務ロジックの実現や、ユーザが入力したデータの検証などに利用できます。サーバスクリプトは、サイトの管理画面にJavaScriptを入力するとサーバで実行されます。通常のスクリプトはブラウザで実行されるため、APIからのデータ入力時やCSVインポート時には実行されませんが、サーバスクリプトはこれらの場合でも実行されます。詳細は「9.4 サーバスクリプト」（P.417）を参照してください。

9.1.4 API

APIは、プリザンターの機能を外部アプリケーションやスクリプトから呼び出すために使用します。APIを呼び出すには、外部アプリケーションやスクリプトからHTTPまたはHTTPSで接続してください。詳細は「9.5 API」（P.434）を参照してください。

9.1.5 システム内部の名称

プリザンターの開発者向け機能を使用する際、サイトや項目にアクセスするためにシステム内部の名称を使用します。本章で紹介するサンプルコードには下表の名称が使われていますので、適宜参照してください。

表9-1 サイトの種類に対応するシステム内部の名称一覧

表示名（日本語）	システム内部の名称
フォルダ	Sites
期限付きテーブル	Issues
記録テーブル	Results
Wiki	Wikis
ダッシュボード	Dashboards

下表は、期限付きテーブルおよび記録テーブルの項目に対応するシステム内部の名称一覧です。それぞれのテーブルに存在する項目には、〇が記載されています。

表示名（日本語）	システム内部の名称	データ型	期限付きテーブル	記録テーブル
サイトID	SiteId	long	〇	〇
ID	IssueId	long	〇	
ID	ResultId	long		〇

Chapter 9　開発者向け機能とシステム間連携

バージョン	Ver	int	○	○
タイトル	Title	string	○	○
内容	Body	string	○	○
開始	StartTime	datetime	○	
完了	CompletionTime	datetime	○	
作業量	WorkValue	decimal	○	
進捗率	ProgressRate	decimal	○	
状況	Status	int	○	○
管理者	Manager	int	○	○
担当者	Owner	int	○	○
ロック	Locked	boolean	○	○
分類A〜分類Z	ClassA 〜 ClassZ	string	○	○
数値A〜数値Z	NumA 〜 NumZ	decimal	○	○
日付A〜日付Z	DateA 〜 DateZ	datetime	○	○
説明A〜説明Z	DescriptionA 〜 DescriptionZ	string	○	○
チェックA〜チェックZ	CheckA 〜 CheckZ	boolean	○	○
添付ファイルA〜添付ファイルZ	AttachmentsA 〜 AttachmentsZ	string	○	○
作成者	Creator	int	○	○
更新者	Updator	int	○	○
作成日時	CreatedTime	datetime	○	○
更新日時	UpdatedTime	datetime	○	○

9.2 スクリプト

スクリプトを使用すると、ブラウザ上で動作するJavaScriptを追加できます。この節では、スクリプトを使用して画面のカスタマイズを行う方法について説明します。

> ⚠ CAUTION
> 本節はJavaScriptに関する基本的な前提知識がある方を対象とします。JavaScriptの用語や記述方法、開発者ツールについての説明は記載していません。

9.2.1 スクリプトの設定手順

この操作を行う前に「4 プリザンターの基本操作」（P.107）を実施してください。他のユーザでログイン中の場合にはログアウトを行い、下表に示すユーザでログインしなおしてください。

名前	グループ	ログインID	パスワード
テナント管理者	なし	Tenant1_User1	pleasanter!

「4.4.3 テーブルの操作」（P.125）を参考に、トップに下表の内容のテーブルを作成してください。

項目	内容
テンプレートのタブ	標準
テンプレート	記録テーブル
タイトル	練習用テーブル9.2.1

作成したテーブルのレコードの一覧画面を開いてください。下図の表示となります。

図9-2 練習用テーブル9.2.1のレコードの一覧画面

Chapter 9 開発者向け機能とシステム間連携

作成した**練習用テーブル9.2.1**のテーブルの管理画面を開き、**スクリプト**タブをクリックし、**新規作成**ボタンをクリックしてください。

図9-3 スクリプトタブを開いた画面

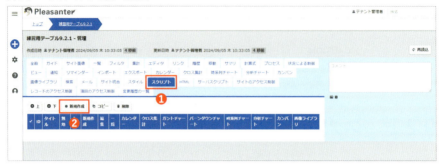

ダイアログが開くので、**タイトル**に**TEST**、**スクリプト**に以下のコードを入力してください。入力が完了したら**追加**ボタンをクリックしてください。

sample09-02-01-01.js

```
console.log('TEST');
```

図9-4 スクリプトの新規作成ダイアログ

下図のように、スクリプトが追加されます。コマンドボタンエリアの**更新**ボタンをクリックしてください。**" 練習用テーブル9.2.1 " を更新しました。**と表示されます。

9.2 スクリプト

図9-5 テーブルの設定変更が完了した画面

レコードの一覧画面に戻り、ブラウザの開発者ツールを開いてください。Google Chromeの場合はキーボードのF12キーを押下すると開発者ツールが開きます。開発者ツールが開いたら**Console**タブを開いてください。下図のように、コンソールにTESTと出力されます。追加したスクリプトにより、ブラウザのコンソールに文字列を出力されたことが確認できます。

図9-6 開発者ツールのコンソールにログが出力された状態

> **! NOTE**
> 一般に公開されているJavaScriptライブラリは、**テーブルの管理**の**HTML**タブにscriptタグを登録して使用できます。

図9-7 HTMLの編集ダイアログ

403

Chapter 9　開発者向け機能とシステム間連携

9.2.2　レコードURLのQRコード生成

　プリザンターはQRコードの生成機能は備えていませんが、JavaScriptのライブラリを使用してプリザンターのレコードのURLをQRコードとして生成し、画面表示させることができます。この操作は前項を実施した後に続けて行ってください。他のユーザでログイン中の場合にはログアウトを行い、下表に示すユーザでログインしなおしてください。

名前	グループ	ログインID	パスワード
テナント管理者	なし	Tenant1_User1	pleasanter!

　画面左上のロゴをクリックし、**トップ**画面に移動してください。ナビゲーションメニューの**管理**ボタン（**歯車**のアイコン）をクリックし、**サイトパッケージのインポート**をクリックしてください。下図のダイアログが開きます。**ファイルを選択**ボタンをクリックしてサンプルデータ**sample09-02-02-01.json**を選択し、**インポート**ボタンをクリックしてください。

図9-8　サイトパッケージのインポートダイアログ

　サイト 1 件、データ 1 件 インポートしました。と表示されます。下図のように**9.2.2 レコードURLのQRコード生成**が表示されます。

図9-9 サイトパッケージのインポートが完了した画面

9.2.2 QRコードの表示テーブルを開き、**テストレコード1**を開くと下図のようにレコードの編集画面が開き、タイトルの下にURLのQRコードが表示されます。スマートフォンとプリザンターが接続可能なネットワーク構成になっている場合、このQRコードを読み取ることでスマートフォンでレコードを開くことができます。

図9-10 レコードの編集画面にQRコードが表示された状態

テーブルの管理を開き**スクリプト**タブを開くと、以下のスクリプトが登録されていることを確認できます。これは**jQuery.qrcode.js**というJavaScriptライブラリを使用して、レコードの編集画面にURLのQRコードを表示するスクリプトです。

sample09-02-02-02.js

```
$p.events.on_editor_load = function () {
    $('#HeaderTitleContainer').append('<div id="qrcode" />');
    $.getScript('https://cdnjs.cloudflare.com/ajax/libs/jquery.qrcode/1.0/jquery.qrcode.min.js', function () {
        $('#qrcode').qrcode({
```

```
            text: location.href,
            width: 64,
            height: 64
        });
    });
}
```

9.2.3 郵便番号から住所入力

　スクリプトを使用すると、住所を入力する際に郵便番号から自動的に入力する仕組みを実現できます。この操作は前項を実施した後に続けて行ってください。他のユーザでログイン中の場合にはログアウトを行い、下表に示すユーザでログインしなおしてください。

名前	グループ	ログインID	パスワード
テナント管理者	なし	Tenant1_User1	pleasanter!

　画面左上のロゴをクリックし、**トップ**画面に移動してください。ナビゲーションメニューの**管理**ボタン（**歯車**のアイコン）をクリックし、**サイトパッケージのインポート**をクリックしてください。下図のダイアログが開きます。**ファイルを選択**ボタンをクリックしてサンプルデータ **sample09-02-03-01.json** を選択し、**インポート**ボタンをクリックしてください。

図9-11　サイトパッケージのインポートダイアログ

サイト 1 件、データ 0 件 インポートしました。と表示されます。下図のように **9.2.3 郵便番号から住所入力**が表示されます。

図9-12 サイトパッケージのインポートが完了した画面

9.2.3 郵便番号から住所入力テーブルを開き、ナビゲーションメニューの**新規作成**ボタン（＋のアイコン）をクリックしてください。レコードの新規作成画面が開きます。**郵便番号**項目に任意の郵便番号を入力すると、自動的に**住所**、**都道府県**、**市区町村**、**町域**が入力されます。

図9-13 郵便番号から住所が自動的に入力された状態

テーブルの管理を開き**スクリプト**タブを開くと、以下のスクリプトが登録されていることを確認できます。このスクリプトは、**yubinbango.js**というJavaScriptライブラリを使用して、レコードの編集画面に入力された郵便番号から、住所、都道府県、市区町村などを自動入力するプログラムです。（強調されたコードの詳細はユーザマニュアルを参照。）

sample09-02-03-02.js

```
$p.events.on_editor_load = function () {
    $('#MainForm').addClass('h-adr').append('<span class="p-country-name" style="display:none;">Japan</span>');
    $p.getControl('郵便番号').addClass('p-postal-code');
```

Chapter 9　開発者向け機能とシステム間連携

```
    $p.getControl('住所').addClass('p-region p-locality p-street-
address p-extended-address');
    $p.getControl('都道府県').addClass('p-region');
    $p.getControl('市区町村').addClass('p-locality');
    $p.getControl('町域').addClass('p-street-address');
}
```

　yubinbango.jsライブラリは**テーブルの管理**の**HTML**タブにscriptタグで設定されています。

sample09-02-03-03.html

```
<script src="https://yubinbango.github.io/yubinbango/yubinbango.js"
charset="UTF-8"></script>
```

⚠ **WARNING**

ライブラリによっては、インターネットにデータを送信するものがあります。セキュリティ上のリスクを十分に考慮した上で、使用の可否を慎重に判断してください。

⚠ **CAUTION**

外部のライブラリを使用する場合、ライブラリの仕様変更や公開の停止などによって、動作に影響を及ぼす可能性がありますので、注意してください。

9.3 スタイル（CSS）

スタイル（CSS）を使用すると、**背景色**や**文字の色**、**項目の幅**など**画面のデザイン**を変更できます。

> ⚠ CAUTION
> 本節はCSSに関する基本的な前提知識がある方を対象とします。CSSの用語や記述方法についての説明は記載していません。

9.3.1 スタイルの設定手順

この操作を行う前に「4 プリザンターの基本操作」（P.107）を実施してください。他のユーザでログイン中の場合にはログアウトを行い、下表に示すユーザでログインしなおしてください。

名前	グループ	ログインID	パスワード
テナント管理者	なし	Tenant1_User1	pleasanter!

「4.4.3 テーブルの操作」（P.125）を参考に、トップに下表の内容のテーブルを作成してください。

項目	内容
テンプレートのタブ	標準
テンプレート	記録テーブル
タイトル	9.3.1 スタイルの設定

作成したテーブルのレコードの一覧画面を開いてください。下図の表示となります。

図9-14 9.3.1 スタイルの設定テーブルのレコードの一覧画面

テーブルの管理を開き、**スタイル**タブをクリックし、**新規作成**ボタンをクリックしてください。

図9-15 スタイルタブを開いた画面

ダイアログが開くので、**タイトル**に**TEST**、**スタイル**に以下のコードを入力してください。入力が完了したら**追加**ボタンをクリックしてください。

sample09-03-01-01.css

```css
#Results_Title {
    color: red;
    font-weight: bold;
}
```

図9-16 スタイルの新規作成ダイアログ

下図のように、スタイルが追加されます。コマンドボタンエリアの**更新**ボタンをクリックしてください。**" 9.3.1 スタイルの設定 " を更新しました。**と表示されます。

9.3　スタイル（CSS）

図9-17　テーブルの設定変更が完了した画面

レコードの一覧画面に戻り、ナビゲーションメニューの**新規作成**ボタン（＋ボタン）をクリックしてください。レコードの新規作成画面が開くので、タイトルに**テスト**など任意の文字列を入力してください。スタイルの設定により、タイトルの文字が赤で太字になっているのが確認できます。

図9-18　レコードの新規作成画面でタイトルが赤文字で表示された状態

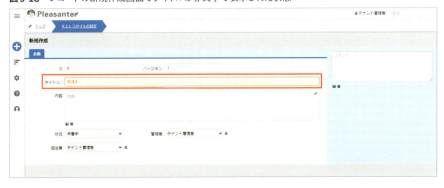

9.3.2　CSSクラス名の設定

複数の項目にまとめてスタイルを適用したい場合、フィールドCSSやコントロールCSSに独自のクラス名を設定しておくと便利です。この項ではCSSクラス名の設定方法について説明します。この操作は前項を実施した後に続けて行ってください。他のユーザでログイン中の場合にはログアウトを行い、下表に示すユーザでログインしなおしてください。

名前	グループ	ログインID	パスワード
テナント管理者	なし	Tenant1_User1	pleasanter!

411

Chapter 9 開発者向け機能とシステム間連携

「4.4.3 テーブルの操作」（P.125）を参考に、トップ画面に下表の内容のテーブルを作成してください。

項目	内容
テンプレートのタブ	標準
テンプレート	記録テーブル
タイトル	9.3.2 CSS クラス名の設定

作成したテーブルのレコードの一覧画面を開いてください。下図の表示となります。

図9-19　9.3.2 CSSクラス名の設定テーブルのレコードの一覧画面

テーブルの管理を開き**エディタ**タブを開いてください。左側のリストから**管理者**を選択し、**詳細設定**ボタンをクリックしてください。

図9-20　エディタタブを開き管理者を選択した状態

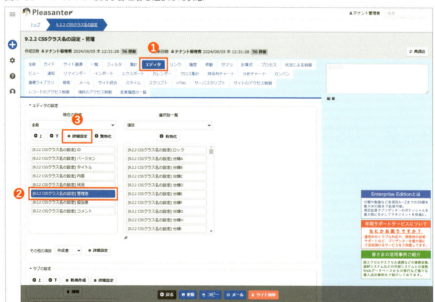

412

9.3 スタイル（CSS）

ダイアログが開くので、**フィールドCSS**に**my-field-css**、**コントロールCSS**に**my-control-css**と入力し、**変更**ボタンをクリックしてください。

図9-21 状況項目の詳細設定ダイアログ

コマンドボタンエリアの**更新**ボタンをクリックしてください。" 9.3.2 CSSクラス名の設定 " を更新しました。と表示されます。レコードの一覧画面に戻り、レコードの新規作成画面を開き、ブラウザの開発者ツールを開いてください。Google Chromeの場合はキーボードのF12キーを押下すると開発者ツールが開きます。開発者ツールが開いたら**Elements**タブを開いてください。`Results_ManagerField`の`class`に`my-field-css`が出力されているのが確認できます。同様に`Results_Manager`の`class`に`my-control-css`が出力されているのが確認できます。

図9-22 CSSクラス名が開発者ツールの画面にが表示された状態

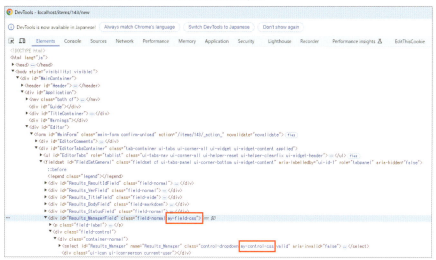

> **NOTE**
> 設定したCSSクラス名にスタイルを割り当てるには、「9.3.1 スタイルの設定手順」(P.409)を参考に、my-field-cssおよびmy-control-cssに対応するCSSを記述してください。

9.3.3 分類項目の選択肢の色

状況項目や**分類**項目は、スタイルを使用して選択肢に背景色や文字色を設定できます。この操作は前項を実施した後に続けて行ってください。他のユーザでログイン中の場合にはログアウトを行い、下表に示すユーザでログインしなおしてください。

名前	グループ	ログインID	パスワード
テナント管理者	なし	Tenant1_User1	pleasanter!

「4.4.3 テーブルの操作」(P.125)を参考に、トップに下表の内容のテーブルを作成してください。

項目	内容
テンプレートのタブ	標準
テンプレート	記録テーブル
タイトル	9.3.3 分類項目の選択肢の色

作成したテーブルのレコードの一覧画面を開いてください。下図の表示となります。

図9-23 9.3.3 分類項目の選択肢の色テーブルのレコードの一覧画面

テーブルの管理を開き**エディタ**タブを開いてください。左側のリストから**状況**を選択し**詳細設定**ボタンをクリックしてください。下図のダイアログが開きます。

9.3 スタイル (CSS)

図9-24 状況項目の詳細設定ダイアログ

選択肢一覧には次のようにカンマ区切りで選択肢が設定されています。

sample09-03-03-01.txt
```
100,未着手,未,status-new
150,準備,準,status-preparation
200,実施中,実,status-inprogress
300,レビュー,レ,status-review
900,完了,完,status-closed
910,保留,留,status-rejected
```

この設定は下表に示す意味を持っています。4つ目にCSSのクラス名が設定されているため、このクラス名を使って文字色や背景色を設定できます。

列位置	1行目の値	値の意味
1列目	100	データベースに格納する値
2列目	未着手	画面上に表示する文字列
3列目	未	レコードの一覧画面上に表示する短縮文字
4列目	status-new	CSSのクラス名

選択肢一覧に新しい選択肢（400）を追加します。以下のように修正してください。CSSクラス名は`status-remand`にします。修正が完了したら**変更**ボタンをクリックしてダイアログを閉じてください。

sample09-03-03-02.txt

```
100,未着手,未,status-new
150,準備,準,status-preparation
200,実施中,実,status-inprogress
300,レビュー,レ,status-review
400,差し戻し,戻,status-remand
900,完了,完,status-closed
910,保留,留,status-rejected
```

⚠ **CAUTION**

選択肢で使用するCSSクラス名は、先頭に必ずstatus-を付けてください。status-を付けないと正しく動作しません。

「9.3.1 スタイルの設定手順」(P.409) を参考に以下のスタイルを追加してください。タイトルはremandとしてください。

sample09-03-03-03.css

```css
.status-remand {
    color: red;
    background: pink;
}
```

🛈 **NOTE**

status-newやstatus-closedなどは、あらかじめ文字色と背景色が設定されています。

　レコードの一覧画面に戻り、レコードの新規作成画面を開いてください。**状況**項目のドロップダウンリストを開き**差し戻し**を選択してください。下図のように文字色が赤、背景色がピンクのスタイルで表示されます。

図9-25 状況項目で差し戻しを選択した状態

9.4 サーバスクリプト

サーバスクリプトはデータの加工や外部システムとの連携など、JavaScriptによるプログラミングが行える機能です。この節では、サーバスクリプトの具体的な利用シーンを説明します。

> ⚠ CAUTION
> 本節はJavaScriptに関する基本的な前提知識がある方を対象としています。JavaScriptの用語や記述方法、開発者ツールについての説明は記載していません。

9.4.1 サーバスクリプトの設定手順

この操作を行う前に「4 プリザンターの基本操作」（P.107）を実施してください。他のユーザでログイン中の場合にはログアウトを行い、下表に示すユーザでログインしなおしてください。

名前	グループ	ログインID	パスワード
テナント管理者	なし	Tenant1_User1	pleasanter!

「4.4.3 テーブルの操作」（P.125）を参考に、トップに下表の内容のテーブルを作成してください。

項目	内容
テンプレートのタブ	標準
テンプレート	記録テーブル
タイトル	9.4.1 サーバスクリプトの設定

作成したテーブルのレコードの一覧画面を開いてください。下図の表示となります。

図9-26　9.4.1 サーバスクリプトの設定テーブルのレコードの一覧画面

Chapter 9　開発者向け機能とシステム間連携

テーブルの管理を開き、**サーバスクリプト**タブをクリックして、**新規作成**ボタンをクリックしてください。

図9-27　サーバスクリプトタブを開いた画面

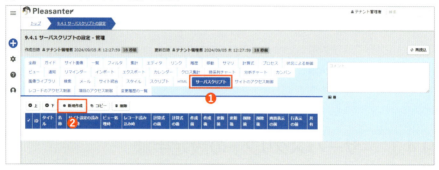

ダイアログが開くので、**タイトル**に**TEST**、**スクリプト**に以下のコードを入力し、**画面表示の前**のチェックをオンにしてください。入力が完了したら**追加**ボタンをクリックしてください。

sample09-04-01-01.js

```
context.Log('TEST');
```

図9-28　サーバスクリプトの新規作成ダイアログ

下図のように、スクリプトが追加されます。コマンドボタンエリアの**更新**ボタンをクリックしてください。**" 9.4.1 サーバスクリプトの設定 " を更新しました**。と表示されます。

図9-29 テーブルの設定変更が完了した画面

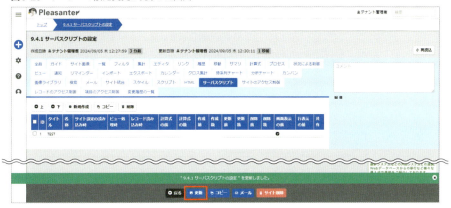

　レコードの一覧画面に戻り、ブラウザの開発者ツールを開いてください。Google Chromeの場合はキーボードのF12キーを押下すると開発者ツールが開きます。開発者ツールが開いたら**Console**タブを開いてください。下図のように、コンソールにTESTと出力されます。追加したスクリプトにより、ブラウザのコンソールに文字列を出力されたことが確認できます。

図9-30 開発者ツールのコンソールにログが出力された状態

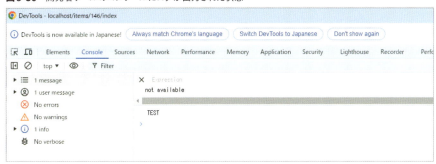

9.4.2　データの加工

　サーバスクリプトを使用すると、さまざまな条件で場合分けを行い、複雑なデータの加工ができます。この操作は前項を実施した後に続けて行ってください。他のユーザでログイン中の場合にはログアウトを行い、下表に示すユーザでログインしなおしてください。

名前	グループ	ログインID	パスワード
テナント管理者	なし	Tenant1_User1	pleasanter!

画面左上のロゴをクリックし、**トップ**画面に移動してください。ナビゲーションメニューの**管理**ボタン（**歯車**のアイコン）をクリックし、**サイトパッケージのインポート**をクリックしてください。下図のダイアログが開きます。**ファイルを選択**ボタンをクリックしてサンプルデータ**sample09-04-02-01.json**を選択し、**インポート**ボタンをクリックしてください。

図9-31 サイトパッケージのインポートダイアログ

サイト 1 件、データ 0 件 インポートしました。と表示されます。インポートしたテーブルを開いてください。下図のように**9.4.2 データの加工**テーブルのレコードの一覧画面が表示されます。

図9-32 9.4.2 データの加工テーブルのレコードの一覧画面

テーブルの管理を開き**サーバスクリプト**タブを開いてください。**TEST**のスクリプトを開くと、以下のJavaScriptが登録されていることが確認できます。このJavaScriptは、商品種別（ClassA）項目を変更した際に商品説明（Body）項目にテンプレートとなるテキストを設定します。（強調されたコードの詳細はユーザマニュアルを参照。）

sample09-04-02-02.js

```js
if (context.ControlId === 'Results_ClassA' ) {
    let text = '';
    switch (model.ClassA) {
        case '商品種別1':
        case '商品種別2':
        case '商品種別3':
            text = '重量：\n幅　：\n高さ：\n奥行：';
            break;
        case '商品種別4':
        case '商品種別5':
            text = '重量：\n長さ：';
            break;
        default:
            text = 'エラー';
            break;
    }
    context.ResponseSet('Body', text);
}
```

レコードの一覧画面に戻り、**新規作成**ボタン（＋のアイコン）クリックし、新規作成画面を開いてください。**商品種別**で**商品種別1**を選択すると、下図のように**商品説明**にテンプレートとなるテキストが挿入されます。

図9-33 商品種別の入力後、テンプレートが自動的に入力された状態

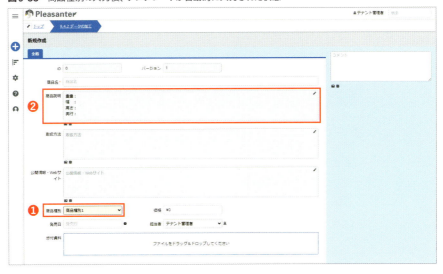

商品種別を商品種別4に変更してください。下図のようにテンプレートの内容が切り替わります。

図9-34 商品種別の変更後、テンプレートが切り替わった状態

> **! NOTE**
> 商品種別に自動ポストバックが設定されているため、サーバにリクエストが送信されサーバスクリプトが動作します。

9.4.3 表示の制御

サーバスクリプトを使用すると、レコードの一覧画面の特定の**行に背景色を付ける**ことができます。この操作は前項を実施した後に続けて行ってください。他のユーザでログイン中の場合にはログアウトを行い、下表に示すユーザでログインしなおしてください。

名前	グループ	ログインID	パスワード
テナント管理者	なし	Tenant1_User1	pleasanter!

画面左上のロゴをクリックし、**トップ**画面に移動してください。ナビゲーションメニューの**管理**ボタン（**歯車**のアイコン）をクリックし、**サイトパッケージのインポート**をクリックしてください。下図のダイアログが開きます。**ファイルを選択**ボタンをクリックしてサンプルデータ**sample09-04-03-01.json**を選択し、**インポート**ボタンをクリックしてください。

図9-35 サイトパッケージのインポートダイアログ

サイト 4 件、データ 24 件 インポートしました。と表示されます。インポートしたフォルダを開き、フォルダ内の商談テーブルを開いてください。下図のように商談テーブルのレコードの一覧画面が表示されます。

図9-36 商談テーブルのレコードの一覧画面

テーブルの管理を開きサーバスクリプトタブを開いてください。TESTのスクリプトを開くと、以下のJavaScriptが登録されていることが確認できます。このJavaScriptは、レコードの一覧画面で確度（ClassC）項目が90%のレコードに、CSSクラス my-attention を追加します。（強調されたコードの詳細はユーザマニュアルを参照。）

Chapter 9　開発者向け機能とシステム間連携

sample09-04-03-02.js

```js
if (model.ClassC === '90%') {
    model.ExtendedRowCss = 'my-attention';
}
```

スタイルタブを開いてください。**TEST**スタイルに以下のCSSが登録されているのが確認できます。このスタイルはCSSクラス**my-attention**にピンク色の背景色を設定します。

sample09-04-03-03.css

```css
.my-attention {
    background-color: pink;
}
```

レコードの一覧画面に戻り、画面を下方向にスクロールしてください。**確度**が**90%**の行がピンク色の背景色になっていることが確認できます。

図9-37　条件により行の背景がピンク色となっているレコードの一覧画面

9.4.4　独自の入力検証

サーバスクリプトで、ユーザの入力内容をチェックして、誤りがある場合にエラーを表示させることができます。この操作は前項を実施した後に続けて行ってください。他のユーザでログイン中の場合にはログアウトを行い、下表に示すユーザでログインしなおしてください。

名前	グループ	ログインID	パスワード
テナント管理者	なし	Tenant1_User1	pleasanter!

画面左上のロゴをクリックし、**トップ**画面に移動してください。ナビゲーションメニューの**管理**ボタン（**歯車**のアイコン）をクリックし、**サイトパッケージのインポート**をクリックしてください。下図のダイアログが開きます。**ファイルを選択**ボタンをクリックしてサンプルデータ**sample09-04-04-01.json**を選択し、**インポート**ボタンをクリックしてください。

図9-38 サイトパッケージのインポートダイアログ

サイト 1 件、データ 0 件 インポートしました。と表示されます。インポートしたテーブルを開いてください。下図のように**9.4.4 独自の入力検証**テーブルのレコードの一覧画面が表示されます。

図9-39 9.4.4 独自の入力検証テーブルのレコードの一覧画面

テーブルの管理を開き**サーバスクリプト**タブを開いてください。**TEST**のスクリプトを開くと、以下のJavaScriptが登録されていることが確認できます。このJavaScriptは、**日付A**と**日付B**を比較して**日付B**が**日付A**よりも未来日になっていない場合にエラーメッセージを表示します。（強調されたコードの詳細はユーザマニュアルを参照。）

sample09-04-04-02.js

```javascript
if (model.DateA >= model.DateB) {
    context.Error('日付Bは、日付Aより未来の日付を入力してください。');
}
```

レコードの一覧画面に戻り、**新規作成**ボタン（＋のアイコン）をクリックし、新規作成画面を開いてください。**タイトル**に任意の文字列を入力し、**日付A**には今日の日付、**日付B**には昨日の日付を入力し、**作成**ボタンをクリックしてください。**日付Bは、日付Aより未来の日付を入力してください。**というエラーが表示され、レコードが作成できません。

図9-40 独自の入力検証によりエラーが表示された画面

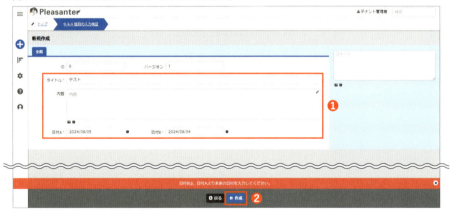

次に、**日付A**には今日の日付、**日付B**には明日の日付を入力し、**作成**ボタンをクリックしてください。**日付B**が**日付A**よりも未来日のため、サーバスクリプトによるチェックをクリアし、レコードが作成されます。

図9-41 エラーが解消しレコードの更新が完了した画面

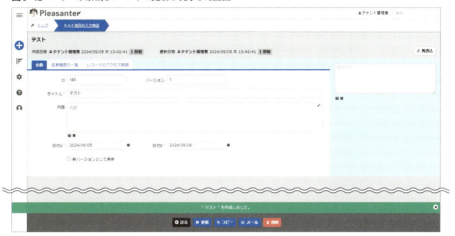

9.4.5 他のテーブルにレコード追加

サーバスクリプトを使用して、他のテーブルにアクセスログを記録する機能を追加できます。この操作は前項を実施した後に続けて行ってください。他のユーザでログイン中の場合にはログアウトを行い、下表に示すユーザでログインしなおしてください。

名前	グループ	ログインID	パスワード
テナント管理者	なし	Tenant1_User1	pleasanter!

画面左上のロゴをクリックし、**トップ**画面に移動してください。ナビゲーションメニューの**管理**ボタン（**歯車**のアイコン）をクリックし、**サイトパッケージのインポート**をクリックしてください。下図のダイアログが開きます。**ファイルを選択**ボタンをクリックしてサンプルデータ**sample09-04-05-01.json**を選択し、**インポート**ボタンをクリックしてください。

図9-42　サイトパッケージのインポートダイアログ

サイト 3 件、データ 14 件 インポートしました。と表示されます。インポートしたフォルダを開いてください。下図のように**9.4.5 他のテーブルにレコード追加**のフォルダ内に**顧客名簿**テーブルと**アクセスログ**テーブルが表示されます。

図9-43　9.4.5 他のテーブルにレコード追加のフォルダを開いた画面

顧客名簿テーブルの**テーブルの管理**を開き**サーバスクリプト**タブを開いてください。**TEST**のスクリプトを開くと、以下のJavaScriptが登録されていることが確認できます。このJavaScriptは、顧客名簿のレコードの編集画面を開いた際に、アクセスしたユーザと日時を**アクセスログ**テーブルに記録します。（強調されたコードの詳細はユーザマニュアルを参照。）

sample09-04-05-02.js
```
if (context.Action === 'edit') {
    let siteId = items.GetClosestSite('AccessLog').SiteId;
    let record = items.NewResult();
    record.Manager = context.UserId;
```

```
    record.ClassA = context.Id;
    items.Create(siteId, record);
}
```

顧客名簿テーブルのレコードの一覧画面に戻り、顧客名簿の任意のレコードを開いてください。その後、アクセスログテーブルを開いてください。下図のようにテナント管理者がアクセスしたアクセスログを確認できます。

図9-44 アクセスログテーブルのレコードの一覧画面

ログアウトを行い、下表のユーザでログインしなおしてください。

名前	グループ	ログインID	パスワード
鈴木 洋一	人事部	Tenant1_User7	pleasanter!

同様の操作で顧客名簿の任意のレコードにアクセスした後、アクセスログテーブルを開いてください。下図のように鈴木 洋一がアクセスしたアクセスログを確認できます。

図9-45 アクセスログが記録された状態

9.4.6 独自のメール送信

サーバスクリプトを使用して、独自フォーマットのメールを送信できます。通知機能でもメールを送信できますが、サーバスクリプトを使うことで、より自由度の高いフォーマットを実現できます。この操作は前項を実施した後に続けて行ってください。Community

Chapter 9　開発者向け機能とシステム間連携

Editionで実施する場合、「3.2.6 メールが送信できるよう設定する手順」（P.95）を事前に実施してください。他のユーザでログイン中の場合にはログアウトを行い、下表に示すユーザでログインしなおしてください。

名前	グループ	ログインID	パスワード
テナント管理者	なし	Tenant1_User1	pleasanter!

「5.9.2 受信可能なメールアドレスを設定する」（P.222）を参考に、**テナント管理者**に受信可能なメールアドレスを設定してください。

画面左上のロゴをクリックし、**トップ**画面に移動してください。ナビゲーションメニューの**管理**ボタン（**歯車**のアイコン）をクリックし、**サイトパッケージのインポート**をクリックしてください。下図のダイアログが開きます。**ファイルを選択**ボタンをクリックしてサンプルデータ**sample09-04-06-01.json**を選択し、**インポート**ボタンをクリックしてください。

図9-46　サイトパッケージのインポートダイアログ

サイト 1 件、データ 0 件 インポートしました。と表示されます。インポートしたテーブルを開いてください。下図のように**9.4.6 独自のメール送信**テーブルのレコードの一覧画面が表示されます。

図9-47 9.4.6 独自のメール送信テーブルのレコードの一覧画面

テーブルの管理を開き**サーバスクリプト**タブを開いてください。**TEST**のスクリプトを開くと、以下のJavaScriptが登録されていることが確認できます。このJavaScriptは、新規にお問合せのレコードを作成したユーザに、受付メールを送信します。（強調されたコードの詳細はユーザマニュアルを参照。）

sample09-04-06-02.js

```
let user = users.Get(model.Manager);
let address = `[User${user.UserId}]`;
let title =  `お問合せ「${model.Title}」を受け付けました`
let body = `${user.Name}様

以下の内容でお問合せを受付しました。担当者から返信いたしますので、今しばらくお待ちください。

件名：
${model.Title}

内容：
${model.Body}

番号：
${model.IssueId}

日時：
${new Date(model.CreatedTime).toLocaleString('ja-JP', { timeZone: 'JST' })}`;

let notification = notifications.New();
notification.Address = address
notification.Title = title;
notification.Body = body;
notification.Send();
```

レコードの一覧画面に戻り、「4.5.1 レコードの新規作成」（P.127）を参考に、下表の内容のレコードを作成してください。

項目	設定値
タイトル	パソコントラブル
顧客名	突然印刷が行えなくなりました。対処方法をご教示ください。
開始	（既定値のまま変更しない）
完了	（既定値のまま変更しない）
状況	起票
依頼者	（既定値のまま変更しない）
対応者	（空欄）

図9-48 レコードの作成画面

テナント管理者に設定したメールアドレスに以下のメールが到着します。番号や日付などは環境や実施した日時によって異なります。

メール件名：お問合せ「パソコントラブル」を受け付けました
メール本文：
テナント管理者様

以下の内容でお問合せを受付しました。担当者から返信いたしますので、今しばらくお待ちください。

件名：
パソコントラブル

内容：
突然印刷が行えなくなりました。対処方法をご教示ください。

番号：
187

日時：
2024/8/11 13:20:09

9.5 API

APIを使用すると、外部システムとリアルタイムに連携させることができます。また、スクリプト機能と組み合わせると、プリザンターの画面上でさまざまなデータの入出力を行うことができます。

9.5.1 APIキーの作成手順

外部システムからプリザンターにアクセスするには、事前にAPIキーを作成してください。この操作を行う前に「4 プリザンターの基本操作」（P.107）を実施してください。他のユーザでログイン中の場合にはログアウトを行い、下表に示すユーザでログインしなおしてください。

名前	グループ	ログインID	パスワード
テナント管理者	なし	Tenant1_User1	pleasanter!

ナビゲーションメニューのユーザボタン（人間のアイコン）をクリックしてください。メニューが開くので**API設定**をクリックしてください。**API設定**の画面が表示されますので、**作成**ボタンをクリックしてください。**APIキーが作成されました。**と表示され、下図のようにAPIキーが表示されます。このキーを後の手順で使用しますので、テキストエディタなどにコピーして控えておいてください。

図9-49 APIキーの作成が完了した画面

> ⚠ CAUTION
>
> APIキーは作成したユーザと紐づきます。外部システムからこのAPIキーを使用すると、**APIキーを作成したユーザの権限**でプリザンターにアクセスできます。セキュリティを高めるため、APIキーを作成するユーザの権限は、必要最小限に留めてください。例えば、外部からレコードを作成するだけに使用する場合には、レコードの読取り権限を与えず、レコードの作成権限のみを与えたユーザを作成し、そのユーザのAPIキーを使用してください。

9.5.2 外部システムからデータを取得する

APIキーを作成したら、外部システムから取得する練習用データをプリザンターへインポートします。この操作は前項を実施した後に続けて行ってください。他のユーザでログイン中の場合にはログアウトを行い、下表に示すユーザでログインしなおしてください。

名前	グループ	ログインID	パスワード
テナント管理者	なし	Tenant1_User1	pleasanter!

画面左上のロゴをクリックし、**トップ**画面に移動してください。ナビゲーションメニューの**管理**ボタン（**歯車**のアイコン）をクリックし、**サイトパッケージのインポート**をクリックしてください。下図のダイアログが開きます。**ファイルを選択**ボタンをクリックしてサンプルデータ **sample09-05-02-01.json** を選択し、**インポート**ボタンをクリックしてください。**サイト 1 件、データ 8 件 インポートしました。**と表示されます。

図9-50　サイトパッケージのインポートダイアログ

インポートしたテーブルを開いてください。下図のように**9.5.2 外部システムからデータを取得する**テーブルのレコードの一覧画面が表示されます。

Chapter 9 開発者向け機能とシステム間連携

図9-51 9.5.2 外部システムからデータを取得するテーブルのレコードの一覧画面

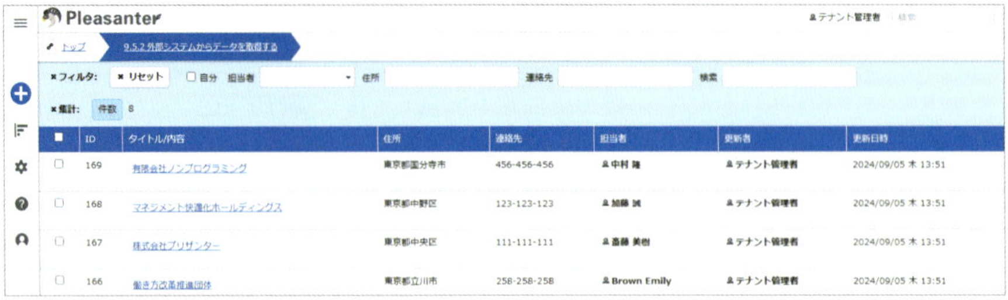

　インポートしたテーブルのデータを外部システムからAPIで取得します。以下のコードは PowerShellのコードです。サイトIDやAPIキーを修正し、**Windows PowerShell ISE**など PowerShellの実行環境で実行してください。ローカルPCにプリザンターを構築した場合のURLは以下のとおりです。環境にあわせて適宜、URLを変更してください。（強調されたコードの詳細はユーザマニュアルの**レコード取得API**を参照。）

sample09-05-02-02.ps1

```
$url = "http://localhost/api/items/ここにテーブルのサイトIDを入力/get"
$data = @{
    ApiVersion = 1.1
    ApiKey = "ここにAPIキーを入力"
    View = @{
        ColumnFilterHash = @{
            Title = "株式会社プリザンター"
        }
        ColumnFilterSearchTypes = @{
            Title = "ExactMatch"
        }
    }
}
$json = $data | ConvertTo-Json
$request = [System.Text.Encoding]::UTF8.GetBytes($json)
$response = Invoke-RestMethod -Uri $url -ContentType "application/json" -Method POST -Body $request
$response.Response.Data
```

> **ⓘ NOTE**
> デモ環境を使用している場合は $url を以下のように指定してください。

```
$url = "https://demo.pleasanter.org/api/items/ここにテーブルのサイトIDを入力/get"
```

APIの実行が正しく行われると、以下の結果が返却されます。外部システムからプリザンターのデータが取得できることがわかります。

```
SiteId            : 指定したサイトID
UpdatedTime       : 2024-08-03T10:09:00
ResultId          : 90
Ver               : 1
Title             : 株式会社プリザンター
Body              :
Status            : 0
Manager           : 5
Owner             : 5
Locked            : False
Comments          : []
Creator           : 5
Updator           : 5
CreatedTime       : 2024-07-27T16:56:00
ItemTitle         : 株式会社プリザンター
ApiVersion        : 1.1
ClassHash         : @{ClassA=東京都中央区; ClassB=111-111-111}
NumHash           :
DateHash          :
DescriptionHash   :
CheckHash         :
AttachmentsHash   : @{AttachmentsA=System.Object[]}
```

9.5.3　外部システムからデータを書き込む

前項ではプリザンターにインポートした練習用データを外部システムから取得しました。ここではプリザンターに空の練習用テーブルを作成し、外部システムからレコードを書き込んでみます。この操作は前項を実施した後に続けて行ってください。他のユーザでログイン中の場合にはログアウトを行い、下表に示すユーザでログインしなおしてください。

名前	グループ	ログインID	パスワード
テナント管理者	なし	Tenant1_User1	pleasanter!

「4.4.3 テーブルの操作」（P.125）を参考に、トップに下表の内容のテーブルを作成してください。

項目	内容
テンプレートのタブ	標準
テンプレート	記録テーブル
タイトル	9.5.3 外部システムからデータを書き込む

作成したテーブルのレコードの一覧画面を開いてください。下図の表示となります。

図9-52　9.5.3 外部システムからデータを書き込むテーブルのレコードの一覧画面

作成したテーブルにAPIでレコードを書き込みます。以下のコードはPowerShellのコードです。サイトIDやAPIキーを修正し、**Windows PowerShell ISE**などPowerShellの実行環境で実行してください。（強調されたコードの詳細はユーザマニュアルの**レコード作成API**を参照。）

sample09-05-03-01.ps1

```
$url = "http://localhost/api/items/ここにテーブルのサイトIDを入力/create"
$data = @{
    ApiVersion = 1.1
    ApiKey = "ここにAPIキーを入力"
    Title = "テストレコード1"
    Body = "レコードの書き込みテストです。"
}
$json = $data | ConvertTo-Json
$request = [System.Text.Encoding]::UTF8.GetBytes($json)
$response = Invoke-RestMethod -Uri $url -ContentType "application/json" -Method POST -Body $request
$response
```

APIの実行が正しく行われると、以下の結果が返却されます。

```
Id StatusCode Message
-- ---------- -------
```

| 172 | 200 | " テストレコード1 " を作成しました。 |

9.5.3 外部システムからデータを書き込むテーブルのレコードの一覧画面を確認してください。下図のように**テストレコード1**が追加されています。

図9-53 外部システムからレコードが作成された状態

9.5.4 画面に追加の情報を表示する

最後にプリザンターの画面内からAPI経由で内部情報を取得し、プリザンターの操作性を変更する方法を紹介します。この操作は前項を実施した後に続けて行ってください。他のユーザでログイン中の場合にはログアウトを行い、下表に示すユーザでログインしなおしてください。

名前	グループ	ログインID	パスワード
テナント管理者	なし	Tenant1_User1	pleasanter!

画面左上のロゴをクリックし、**トップ**画面に移動してください。ナビゲーションメニューの**管理**ボタン（**歯車**のアイコン）をクリックし、**サイトパッケージのインポート**をクリックしてください。下図のダイアログが開きます。**ファイルを選択**ボタンをクリックしてサンプルデータ**sample09-05-04-01.json**を選択し、**インポート**ボタンをクリックしてください。**サイト 1 件、データ 8 件 インポートしました。**と表示されます。

図9-54 サイトパッケージのインポートダイアログ

インポートしたテーブルを開いてください。下図のように **9.5.4 画面に追加の情報を表示する**テーブルのレコードの一覧画面が表示されます。

図9-55 9.5.4 画面に追加の情報を表示するテーブルのレコードの一覧画面

テーブルの管理を開き**スクリプト**タブを開いてください。**TEST**のスクリプトを開くと、以下のJavaScriptが登録されていることが確認できます。このJavaScriptは、レコードの編集画面で**担当者**にマウスを載せた際に、ユーザのメールアドレスを取得するAPIを呼び出し、ツールチップでメールアドレスを表示します。(強調されたコードの詳細はユーザマニュアルを参照。)

sample09-05-04-02.js

```
$p.on('mouseover', 'Owner', function () {
    $p.apiUsersGet({
        id: $p.getControl('Owner').val(),
        data: {
```

```
            View: {
                ApiGetMailAddresses: true
            }
        },
        done: function (data) {
            let mail = data.Response.Data[0].MailAddresses[0];
            $p.getControl('Owner').attr('title', mail);
        }
    });
});
```

　レコードの一覧画面に戻り、任意のレコードを開いてレコードの編集画面を表示してください。担当者が選択されていない場合は、任意の担当者を選択してください。その後、**担当者**項目にマウスを乗せると、下図のようにツールチップでメールアドレスが表示されます。

図9-56　マウスオーバーによりメールアドレスが表示された状態

> **❶ NOTE**
> スクリプトを使用して画面からAPIを呼び出す場合、APIキーを省略して呼び出すことができます。この場合はログインしているユーザの権限でAPIを実行します。また、ユーザにAPIキーの設定が無い場合でもAPIを呼び出すことができます。

COLUMN　認定パートナー制度の紹介

　プリザンターは、業種や業務を問わず導入できるソフトウェアであり、その認知度の向上に伴い、プリザンターを活用したシステムインテグレーション（SI）のニーズが高まっています。また、IT企業が自社内でプリザンターを活用する中で、顧客向けのビジネス展開を希望する声も増えてきました。このような背景から、プリザンターをビジネスに活用するための「認定パートナー制度」が開始されました。本制度は、顧客向けのSI提供などを支援するプログラムとして、多くのIT企業に活用されています。本書執筆時点で、認定パートナー制度の加盟企業は100社を超えており、さらに増加傾向にあります。

　認定パートナー制度に加盟すると、パートナー限定のオンライン勉強会や、パートナー同士の交流・ビジネスマッチングを行うためのオフラインイベントに参加することができます。

認定パートナー制度の活用方法

◉ 1. 認定パートナーとしてのアピール

　プリザンターを活用したSIを提供する際に、認定パートナーであることを顧客にアピールできます。また、プリザンターのWebサイトに社名が掲載されるため、プリザンターの導入や開発に関わる様々な支援を求める顧客からの問い合わせにつながります。

◉ 2. 商標を利用した各種サービスの販売

　登録商標「プリザンター」の利用が許可されます。また、プリザンターのメーカーである株式会社インプリムが提供する年間サポートサービスやトレーニングサービス、クラウドサービスといったサービス商品を仕切り価格で販売することができます。

◉ 3. 自社サービスへの組み込み

　自社のパッケージソフトウェアやクラウドサービスにプリザンターを組み込むことで、自社製品やサービスの機能を拡張できます。これにより、付加価値を高め、顧客にとってより魅力的なソリューションとして提供できます。

　認定パートナー制度の詳細については、以下のURLをご覧ください。

認定パートナー制度の詳細
https://pleasanter.org/partners_merit/

Chapter 10
便利な機能

　プリザンターには、本書で紹介しきれないほどの多彩な機能が備わっています。本章では、そのいくつかを概要レベルでご紹介します。プリザンターの魅力は、無償とは思えないほどの多機能性にあります。日々進化するプリザンターの機能を、ぜひ積極的に試してみてください。また、本章を読み進める前に、第4章から第7章の手順を実施しておくことをお勧めします。

> **❶ NOTE**
> プリザンターは毎月のように最新バージョンがリリースされています。ぜひマニュアルを参照し、最新の機能を試してみてください。最新バージョンのリリースノートは以下のURLで参照できます。
> https://pleasanter.org/ja/manual/release-notes-core

> **❶ NOTE**
> 本章の手順ではサンプルデータを使用します。手順で指示されたサンプルデータは、以下のURLからダウンロードしてください。
> https://pleasanter.org/books/000001/index.html

Chapter 10　便利な機能

10.1　フィルタ機能

フィルタは、期限付きテーブルと記録テーブルに保存されているレコード群から、特定の条件を満たすレコードを抽出する際に利用する機能です。フィルタを使いこなすことで、プリザンターに蓄積されたデータから必要なデータに即座にアクセスできるようになります。フィルタではさまざまな抽出条件を設定できます。本節ではそれらの設定方法や動作について説明します。

10.1.1　フィルタ機能の概要

フィルタ機能は主にレコードの一覧画面でレコードを抽出する際に使用しますが、エクスポート機能や、クロス集計機能などとも連動するため、検索結果をさまざまな形で利用できます。検索機能は一覧画面の上部にあり、項目毎にフィルタ条件を指定できます。例えば、下図は**顧客マスタ**の**住所**項目を**中野区**で検索した際の結果です。

図10-1　中野区で検索した際のレコードの一覧画面

フィルタ機能は設定により、動作を変更できます。フィルタの設定は**テーブルの管理**の**フィルタ**タブで行います。項目単位のフィルタ設定は項目を選択して**詳細設定**を開いて実施してください。

10.1 フィルタ機能

図10-2 フィルタタブを開いた画面

10.1.2 既定のフィルタ

既定で以下のフィルタが利用できます。不要な場合には**テーブルの管理**の**フィルタ**タブで非表示にできます。

● 未完了

状況項目が**完了**になっていないレコードを抽出します。タスク管理などで終わっていないタスクを抽出できます。

● 自分

管理者項目または**担当者**項目にログインしているユーザが設定されているレコードを抽出します。自分に割り当てられているレコードを抽出できます。**管理者**と**担当者**を個別に検索したい場合には、**自分**フィルタではなく各項目のフィルタで**自分**を選択してください。

図10-3 管理者が自分のレコードを抽出する場合のチェック

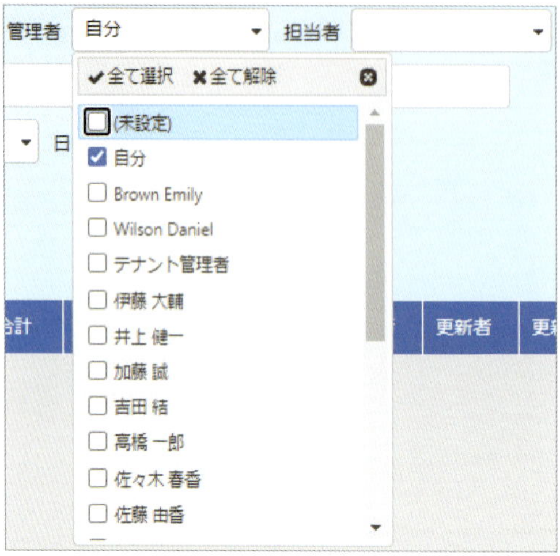

◉ 期限が近い

完了が前後7日以内に設定されているレコードを抽出します。範囲を変更するには**テーブルの管理**の**フィルタ**タブを開き、画面下部にある**「期限が近い」の日数（後）**と**「期限が近い」の日数（前）**の数値を変更してください。このフィルタは期限付きテーブルでのみ使用できます。

◉ 期限超過

完了に設定した日時を超過している未完了のレコードを抽出します。このフィルタは期限付きテーブルでのみ使用できます。

10.1.3 分類項目のフィルタ

分類項目は、選択肢がある場合と無い場合、項目の**検索機能を使う**が有効の場合と無効の場合など、項目の設定により検索のUIが異なります。分類項目では下表のように1〜3のUIがあります。

図10-4 項目の設定による検索のUIのパターン

選択肢	検索機能を使う	検索のUI
なし	―	1. テキスト検索
あり	無効	2. ドロップダウンリストによる検索
	有効	3. ダイアログによる検索

1. テキスト検索

　分類項目の選択肢が無い場合、テキストによる部分一致検索が行われます。完全一致検索を行いたい場合は、後述の**部分一致と完全一致**を参照してください。

図10-5　テキストによる部分一致の検索UI

2. ドロップダウンリストによる検索

　分類項目の選択肢があり、検索機能が無効の場合、下図のようにドロップダウンリストの検索対象にチェックを入れて検索できます。複数の対象を同時に検索できます。

図10-6　選択肢がある分類項目の検索UI

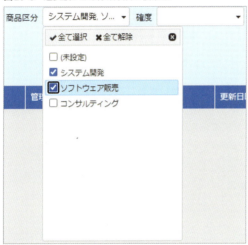

3. ダイアログによる検索

　分類項目に選択肢があり、検索機能が有効の場合、下図のように検索ダイアログから検索対象を指定できます。選択肢が多く、検索対象を探すのが困難な場合などに便利です。

図10-7　大量の分類項目を検索するためのダイアログUI

部分一致と完全一致

テーブルの**管理**画面で**フィルタ**タブを開き、分類項目を選択し**詳細設定**ボタンをクリックすると下図のダイアログが表示されます。ここでは**検索の種類**を**部分一致**、**完全一致**、**前方一致**から選択して設定できます。

図10-8　分類項目の検索の種類

> ⚠ **CAUTION**
> **部分一致**や**前方一致**になっていると意図しないレコードが抽出される場合があります。例えば**部分一致**の設定で、**車**と**電車**が登録されている場合、**車**で検索すると**車**と**電車**の両方が抽出されます。この動作はドロップダウンリストやダイアログで検索した場合も同様です。必ず検索の種類（部分一致と完全一致）の設定を確認してください。

> ⓘ **NOTE**
> **状況**、**管理者**、**担当者**、**作成者**、**更新者**の項目は、分類項目と同様にドロップダウンリストによる検索と、ダイアログによる検索が可能です。

10.1.4 数値項目のフィルタ

数値項目のフィルタは**既定**と**範囲指定**の2つのモードを選択できます。**テーブルの管理**画面で**フィルタ**タブを開き、数値項目を選択し**詳細設定**ボタンをクリックすると下図のダイアログが表示されます。必要に応じて**モード選択**を変更してください。

図10-9 数値項目のモード選択

◉ 既定

既定は数値の範囲をドロップダウンリストで選択するモードです。フィルタの詳細設定で、**最小**、**最大**、**ステップ**を設定すると、選択肢の内容を変更できます。**ステップ**は選択肢の数値の幅を示しており、**ステップ**が1000に設定されている場合は下図のように表示されます。

図10-10 数値項目で既定を選択した際の検索UI

Chapter 10　便利な機能

● 範囲指定

モード選択を**範囲指定**に変更すると数値の範囲を**開始**と**終了**から選択できます。**既定**に比べ柔軟に範囲を指定できるメリットがあります。

図10-11　数値項目で範囲指定を選択した際のダイアログUI

> **NOTE**
> **作業量**、**進捗率**項目でも、数値項目と同様に**既定**と**範囲指定**による検索が可能です。**ID**項目も**既定**と**範囲指定**を選択できますが、**既定**ではIDの番号の入力による完全一致検索となります。

10.1.5　日付項目のフィルタ

日付項目のフィルタは**既定**と**範囲指定**の2つのモードを選択できます。**テーブルの管理**画面で**フィルタ**タブを開き、日付項目を選択し**詳細設定**ボタンをクリックすると下図のダイアログが表示されます。必要に応じて**モード選択**を変更してください。

図10-12　日付項目のモード選択

● 既定

既定は日付の範囲をドロップダウンリストで選択するモードです。現在時刻を起点に、過去・未来の1年分の選択肢が表示されます。これらにチェックを入れることで日付の範囲による検索を行います。

図10-13 日付項目で既定を選択した際の検索UI

● 範囲指定

モード選択を**範囲指定**に変更すると日付の範囲を**開始**と**終了**から選択できます。**既定**に比べ柔軟に範囲を指定できるメリットがあります。

図10-14 日付項目で範囲指定を選択した際のダイアログUI

> **❶ NOTE**
> **開始**、**完了**、**作成日時**、**更新日時**の項目は、日付項目と同様に**既定**と**範囲指定**による検索が可能です。

10.1.6 チェック項目のフィルタ

チェック項目のフィルタは**オンのみ**と**オンとオフ**の2つの**コントロール種別**を選択できます。**テーブルの管理**画面で**フィルタ**タブを開き、チェック項目を選択し**詳細設定**ボタンをクリックすると下図のダイアログが表示されます。必要に応じて**コントロール種別**を変更してください。

図10-15 チェック項目のコントロール選択

◉ オンのみ

オンのみの設定はチェックがオンになっているレコードを検索できます。ワンクリックで検索ができる半面、**オフ**のレコードを抽出することができません。

図10-16 チェック項目でオンのみを選択した際の検索UI

◉ オンとオフ

コントロール種別を**オンとオフ**に変更すると、下図のようにドロップダウンリストによる検索が可能となります。これにより**オン**のレコードと**オフ**のレコードをそれぞれ検索することが可能となります。

図10-17 チェック項目でオンとオフを選択した際の検索UI

10.1.7　説明項目のフィルタ

説明項目は分類項目の選択肢が無い場合と同様に、テキスト検索が可能です。**テーブルの管理**画面で**フィルタ**タブを開き、**説明**項目を選択し**詳細設定**ボタンをクリックすると下図のダイアログが表示されます。このダイアログでは**検索の種類**を**部分一致**、**完全一致**、**前方一致**から選択して設定できます。

図10-18 説明項目の検索の種類

> **❶ NOTE**
> 説明項目のフィルタは既定で無効になっています。説明項目のフィルタを有効化するには**テーブルの管理**の**フィルタ**タブで、右側のリストから対象の項目を選択して**有効化**ボタンをクリックしてください。

10.1.8 添付ファイル項目のフィルタ

本書執筆時点で、添付ファイル項目のフィルタ機能はありません。後述の「10.1.10 検索」（P.454）を使用すると、添付ファイルのファイル名による検索が行えます。

10.1.9 否定フィルタ

否定フィルタを使用すると指定した検索条件の反対の条件で検索が行えます。既定では有効になっていません。有効にするには**テーブルの管理**の**フィルタ**タブを開き、**否定フィルタを使用する**をオンにしてください。有効になっているとフィルタの項目のラベルにマウスオーバーした際に下図のようにメニューが表示されます。ここで否定を選択すると動作します。

図10-19 否定と肯定の選択メニュー

否定の状態になっているとフィルタのラベルの前に ! が表示されます。もう一度メニューから**肯定**を選択すると解除されます。

図10-20 否定の状態

10.1.10 検索

レコードの一覧画面のフィルタの最も右下に表示される検索機能を使用すると、レコードに記録されている各項目を全体的にテキストで検索できます。ID、タイトル、内容、分類、担当者の名前など、さまざまな項目を柔軟に検索できます。

図10-21　キーワード検索を行った状態

ここでの検索対象の項目を変更するには、**テーブルの管理**の**エディタ**タブを開き、各項目の詳細設定ダイアログで**フルテキストの種類**を変更してください。この設定が**無し**になっている項目は検索にヒットしません。

> ⚠ **CAUTION**
> **フルテキストの種類**を変更しても、検索結果には即座に反映しません。**フルテキストの種類**を変更した場合は、**テーブルの管理**の**検索**タブを開き**フルテキストインデックスの再構築**をクリックしてください。

図10-22　検索タブを開いた画面

10.1.11 フィルタボタン

プリザンターのフィルタ機能は、検索条件を指定するとすぐに動作します。検索条件をすべて指定してから検索を行いたい場合には、**フィルタボタン**を有効にしてください。フィルタボタンを有効にするには**テーブルの管理**の**フィルタ**タブを開き、**フィルタボタンを使用する**をオンにしてください。下図のようにボタンが表示され、ボタンを押したときのみ検索が行われます。

図10-23　フィルタボタンを使用するをオンにした状態

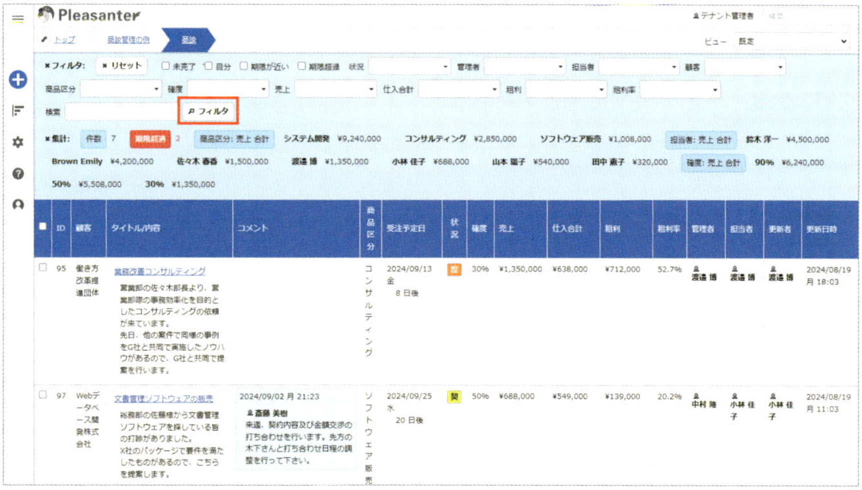

10.1.12 フィルタのリセット

指定した検索条件を全て解除するには、レコードの一覧画面の左上の**リセット**ボタンをクリックしてください。**ビュー**機能により既定の検索条件が設定されている場合、**リセット**ボタンを押すと選択中の**ビュー**の検索条件がセットされます。

Chapter 10　便利な機能

10.2　ソート機能

ソート機能を使用すると、レコードの一覧画面のデータを特定の規則に基づき並べ替えることができます。本節ではソート機能の使い方や動作について説明します。

> ⚠ **CAUTION**
> 数十万件以上の大量データが格納されたテーブルでソートを行うと、システムの負荷が上昇することがあります。負荷の高い操作を連続して行うと、システム全体の動作が遅くなるなどの影響が出る可能性がありますので、注意してください。

10.2.1　ソート機能の概要

項目に登録されたデータを**昇順**または**降順**に並べ替えて表示できます。レコードの一覧画面の表のヘッダ部分にマウスを乗せると、ソートのメニューが表示されます。このメニューで**昇順**または**降順**をクリックすると、表が並べ替えられます。

図10-24　マウスオーバーによりソートメニューが表示された状態

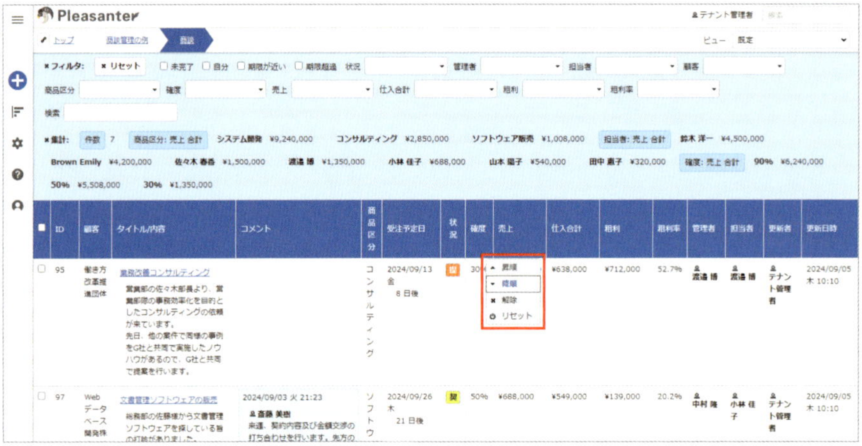

> ⓘ **NOTE**
> ソートの指定が無い場合、プリザンターは更新日時の降順でレコードを表示します。そのため、更新日時が最も直近のレコードが表の一番上（ヘッダの直下）に表示されます。

複数の項目でソートを指定すると、指定した順番で並び替えの処理が行われます。1つめのソート項目で同順のレコードがあると、2つめのソート項目でさらに並び替えが行われます。例えば、売上金額（降順）→受注確度（降順）と設定した場合には、下表のようにソートされます。

商談	売上金額	受注確度	売上金額が同順の時のソート
商談3	¥1,500,000	50%	
商談1	¥1,000,000	90%	金額が同順で、確度が高いので上
商談2	¥1,000,000	50%	金額が同順で、確度が低いので下
商談4	¥600,000	90%	
商談5	¥500,000	30%	

ソートを行う項目の順番を変えて、受注確度（降順）→売上金額（降順）とした場合には、下表のようにソートされます。

商談	売上金額	受注確度	受注確度が同順の時のソート
商談1	¥1,000,000	90%	確度が同順で、金額が高いので上
商談4	¥600,000	90%	確度が同順で、金額が低いので下
商談3	¥1,500,000	50%	
商談2	¥1,000,000	50%	
商談5	¥500,000	30%	

10.2.2 ソートの解除

ソートのメニューにある**解除**をクリックすると、指定した項目のソートが解除されます。複数のソートを指定している場合には、その項目のソート指定のみ解除となります。

10.2.3 ソートのリセット

ソートのメニューにある**リセット**をクリックすると、全てのソートが解除されます。**ビュー**機能により既定のソート条件が設定されている場合、**リセット**ボタンを押すと選択中の**ビュー**のソート条件がセットされます。

10.2.4 レコードの編集画面のレコード遷移

レコードの一覧画面からレコードの編集画面に遷移すると、画面の右上に**前**ボタンと**次**ボタンが表示されます。このボタンを押下すると、一覧画面の順番に従って、前のレコード、または次のレコードに遷移できます。この機能を使うと、会議でレコードの棚卸しを行う際に便利です。

図10-25 前ボタンと次ボタンが表示された状態

> ⚠ **CAUTION**
> レコードの一覧画面で500件以上のレコードが表示されている状態でレコードの編集画面に遷移すると、前ボタンと次ボタンは表示されません。500件以内になるようフィルタ機能で条件を絞ってから遷移すると表示されます。

10.3 ガイド機能

業務システムの導入目的を達成するには、利用者が利用方法を正しく理解している必要があります。ガイド機能は、利用者に必要な情報を提供するのに適した機能です。この節ではガイド機能の操作方法と動作について説明します。

10.3.1 ガイド機能の概要

ガイド機能は**フォルダの管理**や**テーブルの管理**などサイトの管理画面の**ガイド**タブで設定できます。下図はレコードの一覧画面にガイドを設定した例です。

図10-26 ガイドタブを開いた画面

レコードの一覧画面では下図のように表示されます。URLを入力すると、自動的にリンクとして機能するため、より詳しい説明が書かれたマニュアルページなどへ誘導できます。

図10-27 ガイドを設定したレコードの一覧画面

10.3.2 レコードの一覧画面以外へのガイド表示

ガイド機能は、レコードの一覧画面やレコードの編集画面に個別の内容を表示できますが、同じ内容を複数回入力する必要があり手間がかかります。レコードの編集画面にレコードの一覧画面と同じ内容を表示したい場合には、下図のように**編集画面**のテキストエリアに**[[GrudGuide]]**と入力してください。これは一覧画面のガイドと同じものを使うための設定です。

図10-28　編集画面のガイドに[[GrudGuide]]を設定した状態

上記の設定によりレコードの編集画面でも同様のガイドが表示されます。

図10-29　レコードの編集画面に同じガイドが表示された状態

上記では、レコードの一覧画面のガイドに設定したものをレコードの編集画面で参照するよう設定しましたが、レコードの一覧画面以外の他の画面に設定したものを参照することもできます。指定方法は下表のとおりです。

指定方法	説明
[[EditorGuide]]	レコードの編集画面のガイドと同じ内容にする
[[CalendarGuide]]	カレンダーのガイドと同じ内容にする
[[CrosstabGuide]]	クロス集計のガイドと同じ内容にする

[[GanttGuide]]	ガントチャートのガイドと同じ内容にする
[[BurnDownGuide]]	バーンダウンチャートのガイドと同じ内容にする
[[TimeSeriesGuide]]	時系列チャートのガイドと同じ内容にする
[[AnalyGuide]]	分析チャートのガイドと同じ内容にする
[[KambanGuide]]	カンバンのガイドと同じ内容にする
[[ImageLibGuide]]	画像ライブラリのガイドと同じ内容にする

10.3.3 ガイドの折りたたみ

ガイドに沢山の文章を掲載した場合、レコードの一覧画面や入力する画面が狭くなり使いにくくなることがあります。ガイドの折りたたみ機能を使うと、ガイドを必要としない場合に小さく折りたたんでおけます。サイトの管理画面の**ガイド**タブを開き、**折りたたみを許可**のチェックをオンにしてください。**既定の表示**は**開く**と**閉じる**から選択できます。初めから閉じた状態にしておきたい場合には**閉じる**に変更してください。

図10-30 折りたたみを許可をオンに設定した状態

ガイドの折りたたみを許可すると、下図のようにガイドの部分に−が表示されます。

図10-31 ガイドに−が表示された状態

−をクリックすると、下図のようにガイドが閉じた状態となります。この状態で+部分をクリックすると、ガイドがもう一度開きます。

Chapter 10　便利な機能

図10-32　ガイドが折りたたまれた状態

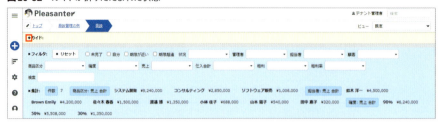

10.4 横断検索機能

プリザンターに格納されているデータを、キーワードにより横断的に検索できます。どのテーブルに格納されているかわからなくなった情報もテーブルに移動せずに検索できます。

10.4.1 横断検索機能の概要

横断検索は画面右上にあるテキストボックスに、キーワードを入力することで動作します。任意のキーワードを入力し、Enterキーを押下してください。下図のように検索結果が表示されます。

図10-33　横断検索の検索結果画面

検索結果をクリックすると、該当のレコードへ遷移します。

図10-34　検索結果をクリックして開いたレコードの編集画面

10.4.2 アクセス制御との関係

プリザンターの横断検索は権限の設定に基づき検索結果を表示します。そのため、読取り権限の無いレコードは検索結果に表示されません。

10.4.3 特定のテーブルを横断検索の対象外にする

テーブルによっては横断検索の結果に含めたくない場合があります。例えばタイムカードの記録など、横断検索の結果に含むとノイズになる可能性があるためです。プリザンターではこうしたデータを横断検索の対象から除外できます。

除外したいテーブルの**テーブルの管理**の**検索**タブを開いてください。**横断検索を無効化**のチェックをオンにすると、横断検索の対象から除外できます。

図10-35 横断検索を無効化の設定をオンにした状態

10.5 ビューモード

期限付きテーブルと記録テーブルには、登録されているレコードを8種類の異なる形式で表示するビューモード機能があります。ビューモードを変更することで、データを希望する形式に切り替えて表示でき、管理業務がより効率的になります。

> **NOTE**
> 本節ではビューモードの概要と種類について説明します。機能の詳細については以下のURLのマニュアルを参照してください。
> https://pleasanter.org/ja/manual?search=ビューモード

10.5.1 ビューモードの概要

ビューモードを切り替えるには、レコードの一覧画面でナビゲーションメニューの**グラフ**アイコンをクリックしてください。表示メニューが開くので任意のビューモードをクリックしてください。

図10-36 期限付きテーブルの表示メニューを開いた状態

> **CAUTION**
> 期限付きテーブルでは、すべてのビューモードを使用できますが、記録テーブルでは一部のビューモードが使用できません。

10.5.2 ビューモードの種類

- **カレンダー**

  カレンダー形式でレコードの**タイトル**を表示できます。**タイトル**は、レコードの**日付**項目に対応するカレンダー上の日付に表示されます。カレンダーで使用する**日付**項目は、変更できます。期限付きテーブルで**開始**と**完了**の項目を指定した場合、日付をまたいだレコードの表

示が可能です。カレンダー上で日付の枠内をダブルクリックすると、その日付が入力されたレコードの新規作成画面を表示できます。

図10-37 カレンダーによる表示

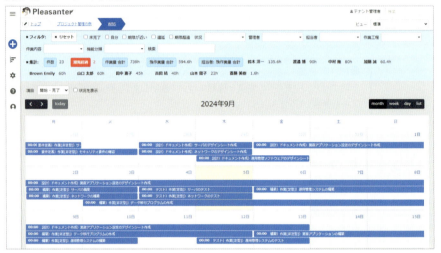

クロス集計

分類項目や状況項目など選択肢のある項目を使って、表形式の集計表を表示できます。列には日付項目を使って、年、月、週、日単位の集計も可能です。下図は、商談テーブルで**列の分類**に**状況**、**行の分類**に**商品区分**を指定し、**売上**の合計を表したクロス集計表です。集計した結果はコマンドボタンエリアの**エクスポート**ボタンでCSV形式でエクスポートできます。

図10-38 クロス集計による表示

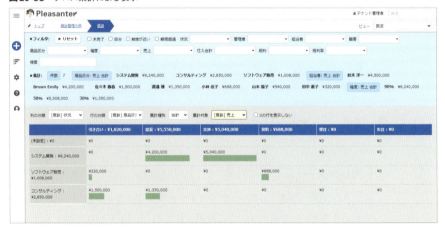

10.5 ビューモード

● ガントチャート

開始項目と**完了**項目の日付を元にガントチャートを作成します。また**進捗率**項目によって進捗状況を表示し、**状況**項目によってタスクの完了、未完了がわかるようにします。この機能を使うとプロジェクトの進捗状況やスケジュールを容易に把握できるようになります。この機能は期限付きテーブルでのみ使用可能で、記録テーブルでは使用できません。

図10-39　ガントチャートによる表示

● バーンダウンチャート

このチャートは、ガントチャートと同様に、**作業量**と**進捗率**によってプロジェクトの進捗状況を把握するためのものです。ガントチャートは進んでいるタスクと遅れているタスクを特定できますが、全体としての進捗率を把握することはできません。一方、バーンダウンチャートでは、作業量の消化率をグラフ化し、全体としてどの程度計画と乖離しているかを確認できます。この機能は期限付きテーブルでのみ使用可能で、記録テーブルでは使用できません。

図10-40　バーンダウンチャートによる表示

● 時系列チャート

蓄積された変更履歴を使って、時系列の面グラフを表示できます。面の分類は分類項目や状況項目など選択肢のある項目が利用できます。問題の発生状況の推移などを確認したい場合に使用します。

図10-41　時系列チャートによる表示

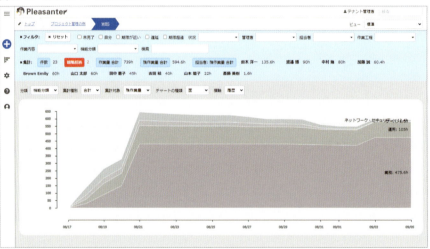

● 分析チャート

分類項目や状況項目など、選択肢のある項目を使って円グラフを表示できます。変更履歴を利用して過去のデータを表示することも可能です。また、円グラフは複数並べて表示できるため、先月と今月の比較を行うこともできます。

図10-42 分析チャートによる表示

● カンバン

　分類項目や状況項目など、選択肢のある項目を使って、縦と横の2次元のカンバンを表示できます。項目は任意のものに入れ替えることが可能です。一般的なプロジェクト管理ツールに備わっているカンバンは、ステータスの管理が目的ですが、プリザンターのカンバンは、担当者のアサインや商談確度の変更など、さまざまな状態変化のコントロールに使用します。

図10-43 カンバンによる表示

Chapter 10 便利な機能

● 画像ライブラリ

レコードに登録されている画像データをタイル形式で表示できます。画像を削除したい場合、この画面から操作できます。

図10-44 画像ライブラリによる表示

10.5.3 フィルタとビューモードの連動

ビューモードの表示は、フィルタと連動して変化します。下図は、**商品区分**項目のフィルタに**システム開発**を設定した状態のクロス集計です。クロス集計では、フィルタで選択した項目のみを表示するため、1行だけの表示となります。

図10-45 フィルタと連動したクロス集計

10.6 サイト統合機能

複数のテーブルの情報を1つのテーブルにまとめて表示することができる機能です。プロジェクト毎に分かれている課題管理テーブルの統合や、顧客毎に分かれているお問合せテーブルの統合などに利用できます。

10.6.1 サイト統合機能の概要

サイト統合は同じ意味のデータが登録されたテーブルを複数まとめて表示します。下図の例では、3つのタスク管理テーブルを1つの統合テーブルにまとめて表示しています。

図10-46　サイト統合のイメージ

設計タスク管理テーブル

ID	タイトル	担当者	期限
374	機能Aの設計	村上 佳奈	2024/5/17
375	機能Bの設計	井上 健一	2024/5/20
376	機能Cの設計	松本 美咲	2024/5/15

開発タスク管理テーブル

ID	タイトル	担当者	期限
380	機能Aの開発	山口 太郎	2024/6/19
381	機能Bの開発	佐々木 春香	2024/6/27
382	機能Cの開発	伊藤 大輔	2024/6/24

テストタスク管理テーブル

ID	タイトル	担当者	期限
384	機能Aのテスト	吉田 結	2024/7/15
385	機能Bのテスト	加藤 誠	2024/7/24
386	機能Cのテスト	小林 佳子	2024/7/24

統合タスク管理テーブル

ID	タイトル	担当者	期限
374	機能Aの設計	村上 佳奈	2024/5/17
375	機能Bの設計	井上 健一	2024/5/20
376	機能Cの設計	松本 美咲	2024/5/15
380	機能Aの開発	山口 太郎	2024/6/19
381	機能Bの開発	佐々木 春香	2024/6/27
382	機能Cの開発	伊藤 大輔	2024/6/24
384	機能Aのテスト	吉田 結	2024/7/15
385	機能Bのテスト	加藤 誠	2024/7/24
386	機能Cのテスト	小林 佳子	2024/7/24

> **⚠ CAUTION**
> 異なる種類のテーブル（期限付きテーブルと記録テーブル）を統合することはできません。サイト統合は同じ種類のテーブルでのみ動作します。

10.6.2 サイト統合の設定

サイト統合を行う際、統合元となるテーブルに、サイトグループ名を設定してください。サイトグループ名は**テーブルの管理**の**全般**タブで設定できます。統合するテーブル全てに同じ**サイトグループ名**を設定してください。

Chapter 10 便利な機能

図10-47 サイトグループ名を設定した状態

サイトグループ名を設定したら、統合先のテーブルで**テーブルの管理**の**サイト統合**タブを開いてください。**サイトID**の欄にサイトグループ名を入力してください。

> **! NOTE**
> **サイトID**の欄にサイトグループ名ではなく、サイトIDを指定することも可能です。複数のサイトやサイトグループを登録する場合には、カンマ区切りで指定してください。サイトIDで指定するとテーブル数が多くなった場合に管理が大変になるので、できるだけサイトグループ名を使用してください。

図10-48 サイト統合タブでサイトグループ名を設定した状態

サイト統合の設定が完了すると、下図のように複数のテーブルのレコードが一覧で表示されます。統合先のテーブルで**テーブルの管理**の**一覧**タブで**サイト**項目を有効化すると、下図のように統合元のテーブル名を表示できます。

10.6　サイト統合機能

図10-49　サイト統合が設定されたレコードの一覧画面

レコードをクリックすると統合元のテーブルのレコードの編集画面に遷移します。

図10-50　レコードをクリックし編集画面を開いた状態

> ⚠ **CAUTION**
>
> 統合先のテーブルに表示されるレコードは、統合元のテーブルにおいて読取り権限が必要です。読取り権限のないレコードは表示されません。

> ℹ **NOTE**
>
> サイト統合設定済のサイトパッケージがサンプルデータに登録してあります。サンプルデータ sample10-06-02-01.json をインポートして試してみてください

473

Chapter 10　便利な機能

10.7　アナウンス機能

システムがメンテナンスに入る日時など、利用者全体にアナウンスを出したい場合に利用できるのがアナウンス機能です。

10.7.1　アナウンス機能の概要

アナウンス掲載用の期限付きテーブルを作成し、アナウンスの内容と掲載時間を設定します。アナウンスはHTMLで記述できるため、自由にデザインをカスタマイズできます。下図は、利用者への注意喚起のため赤の背景で掲載した例です。

図10-51　アナウンスが表示された状態（レコードの編集画面）

アナウンスはログイン画面にも表示することができるため、ログインしていない場合でも確認できます。

図10-52　アナウンスが表示された状態（ログイン編集画面）

10.7.2 アナウンス機能の設定

アナウンス機能を使用するには、準備が必要です。アナウンスの情報を登録するための期限付きテーブルを作成し、下表の項目を設定してください。

項目	表示名	既定値
内容	公開する内容（HTML）	（空欄）
状況	公開状況	200
チェックA	ログイン画面とトップ画面にのみ表示	オフ
チェックB	ログイン画面に表示しない	オフ
チェックC	トップ画面に表示しない	オフ
チェックD	閉じるボタンを表示する	オフ

状況項目の選択肢は以下のように設定してください。

sample10-07-02-01.txt

```
200,公開中,公,status-inprogress
900,公開終了,終,status-closed
```

テーブルの作成が完了したら、パラメータファイルの設定を変更します。Service.jsonの"AnnouncementSiteId"を以下のように修正して保存してください。

/web/pleasanter/Implem.Pleasanter/App_Data/Parameters/Service.json

```
{
～～ 中略 ～～
    "AnnouncementSiteId": 9999, // 作成した期限付きテーブルのサイトIDを指定
～～ 中略 ～～
}
```

パラメータファイルの修正が完了したら、「4.1.3 再起動」（P.110）を参考にプリザンターを再起動してください。再起動が完了したら、アナウンス用に作成したテーブルに下表のレコードを作成してください。

項目	設定値
タイトル	定期メンテナンスのお知らせ
内容	（後述のHTMLの内容）
開始	（現在時刻の1時間前）
完了	（現在時刻の1時間後）
状況	公開中
ログイン画面とトップ画面にのみ表示	オフ
ログイン画面に表示しない	オフ
トップ画面に表示しない	オフ
閉じるボタンを使用する	オフ

sample10-07-02-02.html

```
<div style="background-color:red;color:white;padding:5px;font-weight:bold;">
  定期メンテナンスのため、2024年8月14日 9:00〜12:00 はサービスを停止します。
</div>
```

　レコードの作成が完了すると、下図のように画面上部にアナウンスが表示されます。HTMLの内容を変更すると表示が変わります。

図10-53　アナウンス用のレコードを作成した状態

状況項目を**公開終了**にすると、アナウンスは非公開となります。

10.7 アナウンス機能

図10-54 状況項目を公開終了にした状態

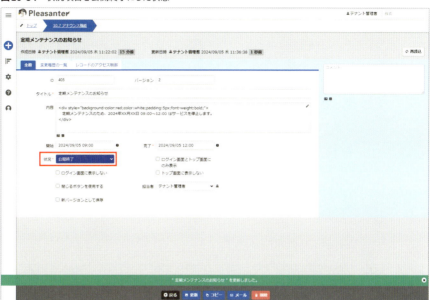

　状況項目が**公開中**でも**開始**〜**完了**項目の時間に入っていない場合、アナウンスは非公開となります。そのため、開始時間を過ぎると自動的に公開され、完了時間を過ぎると自動的に非公開となります。

10.7.3　アナウンス機能のオプション

　アナウンス機能には、4つのオプション機能があります。レコードに設定されたチェックA〜チェックDのチェックボックスのオン/オフで切り替えることができます。この項ではオプション機能の動作について説明します。

● ログイン画面とトップ画面にのみ表示

　アナウンスが全ての画面に表示されると、画面のスクリーンショットを利用する業務の邪魔になる可能性があります。**ログイン画面とトップ画面にのみ表示**のチェックをオンにすると、ログイン画面とトップ画面以外にアナウンスが表示されなくなります。

● ログイン画面に表示しない

　アナウンスによっては、ログインしていないユーザに見せたくない場合があります。そのようなケースでは**ログイン画面に表示しない**のチェックをオンにすると、ログイン画面にアナウンスが表示されなくなります。**ログイン画面とトップ画面にのみ表示**と併用することで、トップ画面にのみアナウンスを表示できます。

477

Chapter 10　便利な機能

◉ トップ画面に表示しない

アナウンスをトップ画面に表示したくない場合に使用します。**トップ画面に表示しない**の
チェックをオンにすると、トップ画面にアナウンスが表示されなくなります。**ログイン画面と
トップ画面にのみ表示**と併用することで、ログイン画面にのみアナウンスを表示できます。

◉ 閉じるボタンを使用する

表示されているアナウンスをユーザの操作によって閉じることを許可したい場合がありま
す。**閉じるボタンを使用する**をオンにして、HTMLに閉じる用のボタンを設置すると、一度
確認したアナウンスを非表示にできます。HTMLを下図のように書き換えると、画面の右に
×アイコンが表示されます。`data-id="405"`の部分は、レコードのIDにする必要がありま
すので、一度、作成ボタンを押してIDが割り当てられたあとに修正してください。

sample10-07-03-01.html

```html
<span class="ui-icon ui-icon ui-icon-closethick close-announcement"
data-id="405"
    onClick="$p.closeAnnouncement($(this));"
    style="float:right;margin-right:2px;margin-
top:2px;cursor:pointer;" ></span>
<div style="background-color:red;color:white;padding:5px;font-
weight:bold;">
  定期メンテナンスのため、2024年8月14日 9:00～12:00 はサービスを停止します。
</div>
```

×アイコンをクリックすると、ログアウトするまでの間、アナウンスは表示されなくなりま
す。ログイン画面では×アイコンは表示されないため、ログイン画面で非表示にすることは
できません。

478

10.7　アナウンス機能

図10-55　閉じるボタンを使用するを設定した状態

> **ⓘ NOTE**
> アナウンス用に設定済のサイトパッケージがサンプルデータに登録してあります。サンプルデータ sample10-07-02-01.json をインポートして試してみてください。

10.8 ダッシュボード機能

利用者へのお知らせ、タスクの一覧、各種テーブルへのリンク、カレンダーやカンバンなどをダッシュボードにまとめて表示し、利用者がシステムをより使いやすくできます。

> **NOTE**
> 本節ではダッシュボードの概要と種類について説明します。具体的な操作方法については以下のURLのマニュアルを参照してください。
> https://pleasanter.org/ja/manual/dashboard

10.8.1 ダッシュボード機能の概要

ダッシュボードはサイトの種類の1つです。フォルダやテーブルの作成と同様に、サイトの新規作成画面の**標準**タブから作成できます。ダッシュボード内には**ダッシュボードパーツ**と呼ばれる任意の部品を配置できます。フォルダ内にダッシュボードを作成すると下図のように表示されます。

図10-56 フォルダ内にダッシュボードを作成した画面

下図はダッシュボードに**ダッシュボードパーツ**を配置した画面です。後述するダッシュボードパーツを、任意の位置、任意の大きさで自由にレイアウト可能です。

10.8 ダッシュボード機能

図10-57　ダッシュボードにダッシュボードパーツを配置した画面

10.8.2 ダッシュボードパーツの種類

ダッシュボードパーツは本書執筆時点で7種類あります。この項ではダッシュボードパーツの種類と概要について説明します。

● 1.クイックアクセス

プリザンター内のサイトへのリンク集を作成できます。サイトIDを指定すると、下図のようにリンク集が表示されます。リンク先には、フォルダ、期限付きテーブル、記録テーブル、Wiki、他のダッシュボードが使用できます。

図10-58　ダッシュボードパーツ クイックアクセス

● 2.タイムライン

タスクの一覧など、レコードの情報を一覧で表示できます。

図10-59 ダッシュボードパーツ タイムライン

● 3. カスタム

システムの利用方法など、利用者にお知らせしたい情報を掲載できます。テキスト形式またはマークダウン形式での設定が可能です。

● 4. カスタムHTML

カスタム同様に任意の情報をお知らせできます。HTML形式で設定できるため、さまざまな表現を行うことが可能です。動画サイトの動画の埋め込みや、分析ツールの画面の埋め込みなど他システムとの連携が可能です。

図10-60 ダッシュボードパーツ カスタムHTMLに他のアプリの画面を埋め込み表示

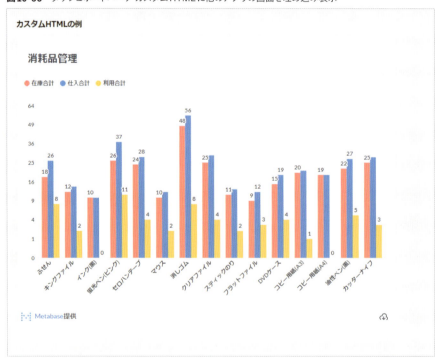

10.8　ダッシュボード機能

5. カレンダー

ビューモードのカレンダーと同じ内容の表示が行えます。

図10-61　ダッシュボードパーツ　カレンダー

6. カンバン

ビューモードのカンバンと同じ内容の表示が行えます。ダッシュボード上で、カンバンを操作してレコードのステータスを変更できます。

図10-62　ダッシュボードパーツ　カンバン

7. 一覧

レコードの一覧画面の表示と同じ内容を表示できます。タイムラインと異なり表形式での表示となります。

図10-63　ダッシュボードパーツ　一覧

483

10.8.3 トップ画面の設定

テナントの管理画面で**ダッシュボード**項目に、任意のダッシュボードを設定すると、左上のロゴのリンク先が指定したダッシュボードに変わります。

図10-64　トップ画面にダッシュボードを設定した状態

⚠ CAUTION

直接、トップ画面のURLを入力した際には、指定したダッシュボードではなく、プリザンターのトップ画面が表示されます。

10.9 サイトパッケージ機能

サイトパッケージを使用すると、複数のサイトやレコードを含むアプリケーションをJSON形式でエクスポートし、別のシステムなどにインポートできます。また、アプリケーションのひな形をもとに、別のアプリケーションを作成する際にも利用できます。

> ⚠ **CAUTION**
> サイトパッケージでは、画像や添付ファイルのエクスポート、インポートが行えません。そのため、データのバックアップや移行の用途には使用できませんので、注意してください

10.9.1 サイトパッケージ機能の概要

サイトパッケージ機能には、サイトパッケージのエクスポート機能と、サイトパッケージのインポート機能があります。サイトパッケージには、サイトの設定情報、レコードの情報、アクセス権の情報が含まれています。サイトパッケージはJSON形式で出力されるため、テキストエディタなどで内容を確認できます。

サイトパッケージを移行する際、サイトIDは新しく割り当てられたIDに変更されます。リンク機能など、他のテーブルでサイトIDを参照している設定も、新しくインポートされたサイトのIDに自動的に置き換えられます。

図10-65 サイトIDの自動変換のイメージ

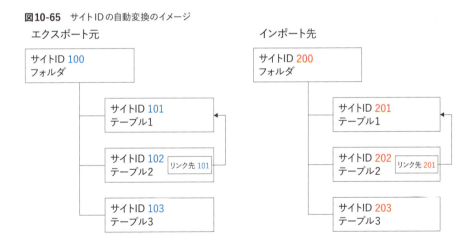

10.9.2 サイトパッケージのエクスポート

サイトパッケージのエクスポートを行うには、エクスポートを行う対象となるサイトに移動して、ナビゲーションメニューの**歯車**アイコンをクリックし、**サイトパッケージのエクスポート**をクリックしてください。

図10-66 サイトパッケージのエクスポートメニュー

下図のダイアログが開きます。左側のリストにあるサイトがエクスポートの対象となります。不要なサイトは選択して、**無効化**ボタンをクリックしてください。また、テーブルについては中のレコードをエクスポートできます。対象のテーブルを選択して、**データを含める**ボタンをクリックすると（データを含める）と赤字で表示されます。その他のオプションについては、後述します。**エクスポート**ボタンをクリックすると、商談管理の例_2024_08_15_15_07_07.jsonのようなファイル名のJSONファイルがダウンロードされます。これがサイトパッケージです。

図10-67 サイトパッケージのエクスポートダイアログ

以下、エクスポート時のオプションについての説明です。

10.9　サイトパッケージ機能

⊙ インデント機能を使う

サイトパッケージは JSON 形式でエクスポートされます。JSON データを見やすくするために、改行およびインデントをつけた状態で出力する場合にはオンにしてください。オフに設定すると、出力される JSON データのサイズを小さくできます。

⊙ サイトのアクセス制御を含める

サイトに設定されているアクセス制御の設定をエクスポートする場合は、このオプションをオンにしてください。ただし、移行先のシステムに同じ組織、グループ、ユーザが存在しない場合、アクセス権の移行はできません。また、インポート時にインポート先のシステムでログイン ID などが偶然一致した場合、アクセス権が誤って設定される可能性があります。そのようなリスクを避けたい場合は、このオプションをオフにしてからエクスポートしてください。

⊙ レコードのアクセス制御を含める

テーブルのレコードに設定されているアクセス制御の設定をエクスポートする場合は、このオプションをオンにしてください。サイトのアクセス制御と同様の理由でオンとオフの設定を使い分けてください。

⊙ 項目のアクセス制御を含める

テーブルの項目に設定されているアクセス制御の設定をエクスポートする場合は、このオプションをオンにしてください。サイトのアクセス制御と同様の理由でオンとオフの設定を使い分けてください。

⊙ 通知を含める

テーブルに設定されている通知の設定を含めてエクスポートする場合には、オンにします。不用意に通知を含んだサイトパッケージを他システムに移行すると、意図しない通知が発報される可能性があります。そのようなリスクを避けたい場合は場合は、チェックをオフにしてからエクスポートしてください。

⊙ リマインダーを含める

テーブルに設定されているリマインダーを含めてエクスポートする場合には、オンにします。こちらも、通知と同様の理由で必要に応じて、チェックをオフにしてからエクスポートしてください。

10.9.3　サイトパッケージのインポート

サイトパッケージのインポートを行うには、インポートを行う対象となるサイトに移動して、ナビゲーションメニューの**歯車**アイコンをクリックし、**サイトパッケージのインポート**をクリッ

クしてください。下図のダイアログが開きます。インポートするJSONファイルを選択してください。エクスポート時と同様のオプションスイッチがありますので、必要に応じてオン/オフの設定をしてください。**インポート**ボタンをクリックするとサイトパッケージのインポートが行われます。

図10-68　サイトパッケージのインポートダイアログ

インポートが完了すると、下図のようにサイトが展開されます。

図10-69　インポートされたフォルダを開いた画面

⚠ **CAUTION**

サイトパッケージは、既存のサイトに上書きインポートすることができません。そのため、インポートを行うと常に新しいサイトが作成されます。

10.10 システムログ機能

プリザンターは、ユーザの操作をすべて記録するシステムログ機能があります。この節ではシステムログ機能の設定方法、ログの内容、ログの自動削除について説明します。

10.10.1 システムログ機能の概要

プリザンターのシステムログはRDBMSに保存されます。この内容は通常のユーザには閲覧できません。システムログを閲覧するには、特権ユーザの権限が必要です。特権ユーザとしてプリザンターにアクセスすることで、画面からシステムログの内容を確認できます。システムログの確認は、以下の用途で使用します。

- ユーザの操作ログの確認
- ユーザリクエストの内容確認
- 不具合発生時のエラーログ確認
- 性能問題発生時の原因調査

10.10.2 システムログの確認方法

システムログを表示するには、特権ユーザでログインしてください。特権ユーザの設定が済んでいない場合、「8.4.5 特権ユーザの設定」(P.361) を実施してください。ログイン後、ナビゲーションメニューの**歯車**アイコンをクリックし、**システムログ**をクリックしてください。特権ユーザ以外でアクセスした場合には**システムログ**のメニューは表示されません。**システムログ**をクリックすると下図のように、システムログの一覧画面が表示されます。この時点でログは表示されません。

図10-70 システムログの一覧画面

画面上部のフィルタの**作成日時**をクリックし、開いたダイアログで今日をクリックします。その後、**フィルタ**ボタンをクリックすると、下図のようにログが表示されます。検索条件は必須です。

Chapter 10　便利な機能

図10-71　システムログのフィルタを設定し一覧を表示した状態

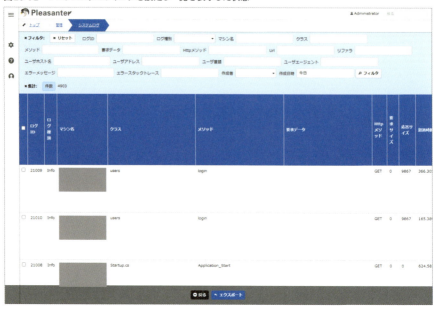

　行をクリックすると下図のように1行分の情報を1画面で表示します。内容は読取専用となっています。

図10-72　システムログの1行分の情報を開いた画面

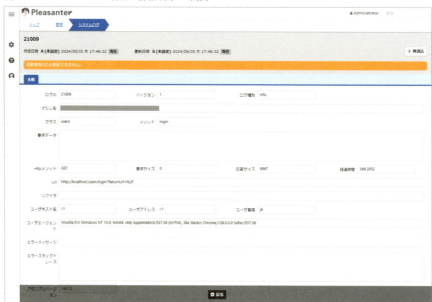

10.10.3 システムログの内容

システムログの一覧画面には21種類の項目が表示されます。各項目の内容は以下の通りです。

1. ログID

自動連番で記録されるシステムログのIDです。

2. ログ種別

ログの種類には、下表のいずれかが記録されます。Infoは通常の操作を記録しますが、それ以外は警告やエラーを示します。

種類	説明
Info	情報
Warning	警告レベルのログ
UserError	ユーザ操作のエラー
SystemError	システムのエラー
Execption	予期せぬエラー

3. マシン名

プリザンターを実行しているサーバのホスト名とOSのバージョンです。ロードバランサーなどを使用して負荷分散をおこなっている場合には、接続されたWebサーバを特定できます。

4. クラス

アクセスしてきたユーザの入力を受け取るクラスのクラス名です。後述のメソッド名とあわせて、ユーザがどの操作を要求したか判断できます。

5. メソッド

アクセスしてきたユーザの入力を受け取るメソッドのメソッド名です。

6. 要求データ

アクセスしてきたユーザが送信したフォームデータの内容が記録されます。画像や添付ファイルなどのバイナリデータは記録されません。また、パスワードやAPIキーはマスクされます。

Chapter 10 便利な機能

⦿ 7. Httpメソッド

GET/POSTなどのHTTPメソッドです。

⦿ 8. 要求サイズ

アクセスしてきたユーザの要求データのバイト数です。

⦿ 9. 応答サイズ

アクセスしてきたユーザに対し、応答時に返却したHTMLやJSONなどのバイト数です。応答した内容はアクセスログには記録されません。

⦿ 10. 経過時間

プリザンターがユーザの要求を受け付けてから、HTMLやJSONなどを返却するまでにかかった時間です。単位はミリ秒です。この数字が大きい場合、パフォーマンス上の問題が出ている可能性があります。

⦿ 11. Url

アクセスしてきたユーザが要求したURLです。

⦿ 12. リファラ

アクセス元のURLで、ユーザがリンクをクリックしてプリザンターにアクセスした際に記録されます。これにより、外部サイトからの遷移状況や、プリザンター内部での導線を確認できます。

⦿ 13. ユーザホスト名

アクセスしてきたユーザの接続元IPアドレスです。プロキシサーバーやロードバランサーを経由する場合、直前のノードのIPアドレスを示します。

⦿ 14. ユーザアドレス

アクセスしてきたユーザの接続元IPアドレスです。リクエストヘッダーにX-Forwarded-Forが含まれている場合は、そのアドレスを示します。

> **❶ NOTE**
>
> X-Forwarded-Forは、HTTPリクエストに含まれる情報で、クライアントの元のIPアドレスを示します。通常、プロキシサーバーやロードバランサーを経由する場合、リクエストの送信元IPが上書きされてしまうため、X-Forwarded-Forヘッダーを使って元のIPアドレスを伝達します。クライアントの元のIPアドレスを確認したい場合は、こちらの項目を参照してください。

10.10 システムログ機能

15. ユーザ言語

アクセスしてきたユーザがプリザンター上で利用している言語です。

16. ユーザエージェント

アクセスしてきたユーザが使用しているブラウザの種類やバージョン、オペレーティングシステムなどの情報です。

17. エラーメッセージ

エラーが発生した際のエラーメッセージです。画面上に**アプリケーションで問題が発生しました**と表示された際、エラーメッセージと、後述のエラースタックトレースを確認することで、原因を推測できる可能性があります。

18. エラースタックトレース

エラーが発生した際に、プログラムコード上の関数やメソッドの呼び出し履歴を表示するデバッグ情報です。

19. アセンブリバージョン

動作しているプリザンターのバージョン情報です。

20. 作成者

アクセスしてきたユーザです。空欄の場合、ログインしていないユーザを示します。

21. 作成日時

ログが記録された日時です。

10.10.4 システムログの自動削除

システムログは、既定の設定では自動的に削除されません。定期的に削除を行うには、パラメータの設定および再起動が必要です。`BackgroundService.json`の`DeleteSysLogs`を`true`に設定してください。また、システムログを自動的に削除する時間を`DeleteSysLogsTime`に設定してください。既定では深夜2:00の設定です。

/web/pleasanter/Implem.Pleasanter/App_Data/Parameters/BackgroundService.json

```
{
～～ 中略 ～～
    "DeleteSysLogs": true,
    "DeleteSysLogsTime": [ "02:00" ],
```

Chapter 10 便利な機能

```
～～ 中略 ～～
}
```

SysLog.json の RetentionPeriod に、システムログを残す日数を設定してください。
既定では90日です。90日を過ぎたシステムログは自動的に削除されます。

/web/pleasanter/Implem.Pleasanter/App_Data/Parameters/SysLog.json

```
{
～～ 中略 ～～
    "RetentionPeriod": 90,
～～ 中略 ～～
}
```

パラメータの設定が完了したら、「4.1.3 再起動」（P.110）を参考にプリザンターを再起
動してください。再起動後は、毎日 DeleteSysLogsTime に指定した時間に、自動的に古
いログを削除します。

索 引

索 引

記号・数字

$CONCAT	258
$p.apiUsersGet	440
$p.events.on_editor_load	405, 407
$p.getControl	408
.NET	12
.NET8	61, 79, 88
[[Self]]	288
[[Users]]	154
3つのスピード	17

A

Active Directory	331
Active Directoryと同期	338
ADSIエディター	340
ADのセキュリティグループ	342
ADのユーザ情報	346
AGPL	14, 280
AlmaLinux	87
API	15, 434
APIキー	434
APIキーを作成したユーザの権限	434
APIキーを省略	441
ASP.NET Core ランタイム8 Hosting Bundle	61
AttachmentsA ～ AttachmentsZ	400
Authentication.json	324
Azure	61

B

BackgroundService.json	348, 493
BinaryStorage.json	265
BIツール	15
Body	400

C

C#	12
Chat	15
CheckA ～ CheckZ	400
ClassA ～ ClassZ	400

CodeDefiner

CodeDefiner(Linux)	91
CodeDefiner(SQL Server)	82
Community Edition	60, 280
CompletionTime	400
context.Action	428
context.ControlId	421
context.Error	426
context.ResponseSet	421
CreatedTime	400
Creator	400
CRM	14
CSS	15, 409
CSSクラス名	411, 415
CSV	128, 137, 198

D

Dashboards	399
DateA ～ DateZ	400
DescriptionA ～ DescriptionZ	400
Docker	61
DX	53

E

Enterprise Edition	139, 280
Excel業務	12
Excelとプリザンターの比較	42

F

FAX	33

G

GitHub	54

H

HAYATO	18
Hosting Bundle	80
HTTPS	336

索 引

I

ID ································ 148
ID/パスワード通知台帳 ·········· 39
Identity Provider ·············· 333
IDの上限値 ····················· 148
IIS ························· 61, 83
IPアドレス ················ 254, 492
Issue ·························· 54
IssueId ······················ 399
Issues ························ 399
items.Create ················· 429
items.GetClosestSite ·········· 428
ITreview ······················ 54

J

JavaScript ··············· 401, 417
jQuery.qrcode.js ·············· 405

L

LDAP ················· 15, 322, 331
LDAPS ························ 336
LdapSyncGroupPatterns ········· 342
Linux ················· 60, 61, 87
Locked ······················· 400
LoGoフォーム ··················· 36

M

Mail.json ····················· 95
Manager ····················· 400
MembersOnly ·················· 157
model.ExtendedRowCss ·········· 424
MySQL ························· 61

N

nginx ························· 93
notification.Send ············· 431
NULL許容 ····················· 160
NumA 〜 NumZ ·················· 400

O

OR条件で検索 ·················· 132
Owner ························ 400

P

PDCA ······················ 17, 50
PDF ····················· 97, 229
Pleasant ······················ 18
Pleasanter Lounge ·············· 54
Pleasanter User Meetup ·········· 54
pleasanter.conf ················ 93
Pleasanter.net ················· 96
pleasanter.service ·············· 91
PostgreSQL ················ 61, 88
PowerShell ··················· 436
PrivilegedUsers ··············· 362
ProgressRate ················· 400

Q

QRコード ················· 275, 404
RDBMS ························ 60

R

Rds.json(PostgreSQL) ··········· 90
Rds.json(SQL Server) ··········· 81
ReportCreate ·················· 97
ResultId ····················· 399
Results ······················ 399

S

SaaS ························· 96
SAML ····················· 15, 333
Security.json ················· 325
SELinux ······················ 92
SendGrid ····················· 95
SFA ··························· 14
SI ··························· 442
SiteId ······················ 399

索　引

Sites……………………………………399
SMTP…………………………………15, 95
SQL Server……………………………61, 66
SQL Server Management Studio…………61, 76
StartTime………………………………400
Status……………………………………400
SyncByLdap……………………………348

T

Title……………………………………400
TLS………………………………………336

U

UpdatedTime……………………………400
Updator…………………………………400
URL……………………………………161, 162
URLの確認………………………………276

V

Ver………………………………………400

W

Webデータベース………………………13, 36
Webブラウザ……………………………60
Wiki………………………………………118
Wikis……………………………………399
Windows………………………………60, 61
Windowsの機能の有効化………………63
WorkValue………………………………400

X

X-Forwarded-For………………………492

Y

yubinbango.js…………………………407

ア行

アカウントの貸与………………………24
アクセス権……………………………121, 181
アクセス制御……………………………365
アクセス制御の継承……………………375
アクセス制御の詳細設定（サイトのアクセス制御）………369
アクセス制御の詳細設定（レコードのアクセス制御）…380
アジャイル開発…………………………37
アップロード……………………………227
アナウンス………………………………474
アフターサービス………………………22
案件管理システム………………………21
一意なID…………………………………276
一般ユーザ………………………………361
インシデント管理台帳…………………40
インストール……………………………60
インターネット…………………………60
インポート（権限）……………………366
受付システム……………………………22
運用支援ツール…………………………280
営業活動…………………………………171
エクスポート（権限）…………………366
エラーメッセージ………………………493
円記号……………………………………209
横断検索…………………………………463
横断検索の対象外………………………464
オープンソースカンファレンス………54
オープンソースソフトウェア…………14, 54
お問い合わせ……………………………5
オンとオフ………………………………452
オンのみ…………………………………452
オンプレミス……………………………15

カ行

開始………………………………………150
ガイド……………………………………459
ガイドの折り畳み………………………461
開発支援ツール…………………………280
開発者向け機能…………………………397
外部システム……………………………435
書き込み（権限パターン）……………189

学習	320
拡張SQL	398
拡張機能	15
画像	263
画像ライブラリ	470
紙削減	33
画面からAPIを呼び出す	441
画面の呼称	113
画面のデザイン	409
カレンダー	47, 465
関数	215
完全一致	448, 452
感染者情報	37
ガントチャート	467
カンバン	229, 469
管理業務の問題点	12
管理者	154
管理者(権限パターン)	189
完了	150, 153
完了(フィルタ)	446
キーが一致するレコードを更新する	130
期限が近い	446
期限超過	446
期限付きテーブル	118
技術サポート	280
既定のフィルタ	445
起動	108
機能制限	14
岐阜県	36
基本操作	107
機密情報アクセス申請	23
キャラクター	18
旧バージョン	270
行に背景色を付ける	422
業務の断捨離	53
切り上げ	160
切り下げ	160
切り捨て	160
記録テーブル	118
銀行家の丸め	160
クラウドサービス	15, 27, 96
グループ	116

グループの一覧から選択	156
グループの操作	351
グループの同期	342
グループメンバー	353
クレーム報告	25
クロス集計	41, 236, 466
クロス集計のエクスポート	241
クロス集計のビュー	242
計算式	215
計算式の同期	218
契約書類	32
権限設定のパターン	188
権限の管理(権限)	366
権限の種類	188
検索	454
検索機能を使う	159, 446
検索システム	19
検索ダイアログ	159
現場の管理業務	16
合計	208
更新(権限)	366
更新時のアクセス制御(項目のアクセス制御)	391
更新者	163
更新日時	163
構成要素	60
交通費立て替え精算申請	23
項目	138, 148
項目のアクセス制御	388
項目の位置	142
項目の追加(一覧画面)	164
項目の追加(編集画面)	140
項目の幅	409
項目の無効化(一覧画面)	167
項目の無効化(編集画面)	143
項目のリセット	145
顧客アンケート	25
顧客情報	171
顧客向けビジネス	442
子グループ	354
このユーザに切り替え	363
コマンドボタンエリア	113
ごみ箱	362

索 引

コメント	32, 162
コンサルティング	27
コンセプト	17
コントロール CSS	413

サ行

サーバスクリプト	15, 289, 417
サーバレス	61
再起動	110
在宅勤務申請	23
サイト	118
サイト ID	157, 193
サイトテンプレート	44
サイト統合	471
サイトのアクセス制御	122, 188, 367
サイトの管理（権限）	366
サイトパッケージ	35, 44, 485
サイトパッケージのインポート	284, 487
サイトパッケージのエクスポート	486
作業量	151
削除（権限）	366
作成（権限）	366
作成時のアクセス制御（項目のアクセス制御）	396
作成者	162
作成日時	163
サポートサービス	26, 280
サポートチケット	280
サマリ	208
サマリ同期	212
サムネイル	264
残作業量	152
サンプルコード	5
サンプルデータ	5
時系列チャート	468
資産管理	245
四捨五入	160, 216
自社サービスへの組み込み	442
システムインテグレーション	442
システム間連携	397
システム内部の名称	399
システムログ	489

システムログの自動削除	493
指定された情報は見つかりませんでした	374
自動採番	259
自動バージョンアップ	268
自動ポストバック	317, 422
自分	445
写真	262
集計	52
出張申請	23
試用期間の制限	14
状況	152
状況による制御	311
条件による項目の入力必須	317
条件による項目の表示 / 非表示	314
小数点以下桁数	160, 216
商談管理	171
承認者マスタ	285
承認ボタン	291
情報の記録簿	24
商用ライセンス	280
商用利用	14
事例	29
新型コロナ管理台帳システム	37
シングルサインオン	333
申請と承認	293
進捗率	151
新バージョンとして保存	268
スイッチユーザ	361
数値	160
数値項目のフィルタ	449
スクリプト	15, 40, 401
スタイル（CSS）	409
スタックトレース	493
スマートフォン	275
正規表現	254
セキュリティ	322
接続文字列（PostgreSQL）	90
接続文字列（SQL Server）	81
説明	161
説明項目のフィルタ	452
選択肢	155, 446
選択肢一覧	141, 415

500

前方一致	448, 452
ソースコード	14, 54
ソータ（ビュー）	206
ソート	456
ソートの解除	457
ソートのリセット	457
組織とグループとユーザ	349
組織の一覧から選択	156
組織の操作	349
組織の同期	338

夕行

ダイアログによる検索	446
大規模な用途	15
タイトル	148
タイトル/内容	149
タイトル結合	149
ダウンロード	228
タスク管理システム	20
ダッシュボード	118, 480
棚卸し	275
他のテーブルにレコード追加	427
単位	160, 216
担当者	155
チェック	162
チェック項目のフィルタ	451
帳票	97
重複禁止	257
通貨	209
通信の暗号化	336
通知	220
通知（プロセス）	301
停止	109
データ可視化	15
データの加工	419
データの変更（プロセス）	299
データベースの作成（PostgreSQL）	91
データベースの作成（SQL Server）	82
テーブル	125
テーブルの管理（HTMLタブ）	408
テーブルの管理（一覧タブ）	164

テーブルの管理（エディタタブ）	140
テーブルの管理（ガイドタブ）	459
テーブルの管理（計算式タブ）	217
テーブルの管理（検索タブ）	454
テーブルの管理（項目のアクセス制御タブ）	390
テーブルの管理（サーバスクリプトタブ）	418
テーブルの管理（サイトのアクセス制御タブ）	182
テーブルの管理（サマリタブ）	210
テーブルの管理（スクリプトタブ）	405
テーブルの管理（スタイルタブ）	410
テーブルの管理（通知タブ）	220
テーブルの管理（ビュータブ）	204
テーブルの管理（フィルタタブ）	444
テーブルの管理（履歴タブ）	270
テーブルの管理（レコードのアクセス制御タブ）	383
テーブルの作成	177
テーブルの紐づけ	191
テーブルのロック	52
テキストエリア	161
テキスト検索	446
デジタル回付	31
テナント管理者	361
テナントの管理	361
デモ環境	56
添付ファイル	162, 226
添付ファイル項目のフィルタ	453
テンプレート	125, 175
動作環境	61
登録商標	18
独自の入力検証	424
独自のメール送信	429
読者向け最新情報	5
特権ユーザ	361
トラブル対応	280
トレーニングサービス	26, 320
ドロップダウンリスト	155
ドロップダウンリストによる検索	446

ナ行

内容	149
ナビゲーションメニュー	113

索 引

入退室記録簿 ······················· 24
入力制限 ····························· 251
入力制限（プロセス）··············· 296
入力チェック ························· 41
入力必須 ····························· 252
認定パートナー制度 ················· 442
年月日 ······························· 161
ノーコード開発ツール ··············· 13

ハ行

バージョン ·····················148, 268
パートナー企業 ······················ 27
バーンダウンチャート ··············· 467
背景色 ······························· 409
ハイパーリンク ·················161, 162
端数処理 ····························· 160
端数処理種類 ························· 216
パスワードの変更 ··················· 359
パスワードの有効期限 ··············· 325
パスワードのリセット ··············· 358
パスワードポリシー ················· 328
ハッシュ化 ··························· 325
パフォーマンス ····················· 492
バラバラなフォーマット ·············· 37
範囲指定（数値項目のフィルタ）······ 450
範囲指定（日付項目のフィルタ）······ 451
伴走型サポート ······················ 43
汎用項目 ····························· 139
汎用性 ···························· 14, 17
否決ボタン ··························· 303
ビジネスマッチング ················· 442
日付 ································· 160
日付項目のフィルタ ················· 450
日付と時刻 ··························· 161
否定フィルタ ························· 453
備品予約・貸出管理 ·················· 46
ビュー ···························47, 203
ビューモード ························· 465
表示の制御 ··························· 422
表示名 ······························· 141
ファイル数制限 ····················· 162

フィールドCSS ····················· 413
フィルタ ························130, 444
フィルタ（ビュー）·················· 205
フィルタエリア ····················· 113
フィルタとビューモードの連動 ······· 470
フィルタのリセット ················· 455
フィルタボタン ····················· 455
フォルダ ····························· 118
フォルダの作成 ····················· 175
複数選択 ····························· 159
複数の項目で重複チェック ··········· 258
復旧支援 ····························· 280
部分一致 ························448, 452
フリーソフトウェア ·················· 14
フリーテキスト入力 ················· 155
プリザンター Users Group ············ 54
プリザンターにできること ··········· 19
プリザンターの特徴 ·················· 14
フルテキストインデックスの再構築 ··· 454
フルテキストの種類 ················· 454
プルリクエスト ······················ 54
プログラミング ······················ 13
プロセス ························· 46, 291
分析チャート ························· 468
分類 ································· 155
分類項目の選択肢の色 ··············· 414
分類項目のフィルタ ················· 446
ペーパーレス化 ··················31, 37
ヘルプデスク ························· 22
勉強会 ······························· 54
変更履歴 ····························· 268
変更履歴から復元 ··················· 271
変更履歴を削除 ····················· 273
本田技研工業 ························· 44

マ行

マークダウン ·················139, 161, 162
前ボタンと次ボタン ················· 457
マネジメント快適化 ·················· 17
マネタイズ ··························· 26
未完了 ······························· 445

502

無償	14, 26
メールアドレス	222
メール送信（権限）	366
メッセージ	113
メンテナンス	474
文字の色	409
モチベーション	18

ヤ行

ユーザ	114
ユーザ数制限	14
ユーザ認証	324
ユーザの一覧から選択	156
ユーザの操作	356
ユーザの同期	345
ユーザの認証方式の種類	324
ユーザのロック	326
有償サービス	26
郵便番号から住所入力	406
容量制限	162
読取り（権限）	366
読取り時のアクセス制御（項目のアクセス制御）	390
読取専用	251
読取専用（権限パターン）	189

ラ行

ライセンス	280
リアルタイムな状況把握	34
リーガルチェック	22
リーダー（権限パターン）	189
りそな銀行	30
リマインダー	306
リリースノート	443
履歴	32
稟議申請	23, 281
リンク	51, 156, 190
リンクの解除	194
レコード	127
レコード更新時の許可	384
レコード作成 API	438

レコード作成時の許可	384
レコード取得 API	436
レコードのアクセス制御	39, 378
レコードの一覧画面	164
レコードのインポート	128, 198
レコードのエクスポート	136, 200
レコードの検索	130
レコードの更新	135
レコードの削除	196
レコードの新規作成	127
レコードのソート	132
レコードの編集画面	138
レコードのロック	155
レコードのロックの解除	361
レスポンシブ	278
レビューサイト	54
ローカル認証	325
ローカル認証と LDAP 認証の併用	333
ローカル認証と SAML 認証の併用	336
ローカルネットワーク	60
ログアウト	112
ログイン	111
ログイン試行回数	326
ロゴマーク	18

ワ行

ワークフロー	23

著者プロフィール

内田 太志（うちだ たいじ）

株式会社インプリムの代表取締役社長。システムエンジニアとして大手IT企業に在籍しながら個人でプリザンターを開発し、2016年にファーストバージョンをリリース。2017年に独立・起業し、現職に就任。事業のコンセプトとして「マネジメント快適化」を掲げ、大規模組織の業務効率化やDX推進のために、プリザンターの機能強化とパートナー企業との連携によるエコシステムの拡大に取り組んでいる。

DTP
有限会社中央制作社

カバーデザイン
クオルデザイン 坂本 真一郎

入門プリザンター

発行日	2025年 2月 3日	第1版第1刷

著　者　内田 太志

発行者　斉藤　和邦
発行所　株式会社　秀和システム
〒135-0016
東京都江東区東陽2-4-2　新宮ビル2F
Tel 03-6264-3105（販売）Fax 03-6264-3094

印刷所　株式会社シナノ

©2025 Taiji Uchida　　　　　　　　　Printed in Japan

ISBN978-4-7980-7296-8 C3055

定価はカバーに表示してあります。
乱丁本・落丁本はお取りかえいたします。
本書に関するご質問については、ご質問の内容と住所、氏名、電話番号を明記のうえ、当社編集部宛FAXまたは書面にてお送りください。お電話によるご質問は受け付けておりませんのであらかじめご了承ください。